U0295344

科学编史学研究

STUDIES ON
HISTORIOGRAPHY OF
SCIENCE

刘兵 等著

上海交通大学出版社
SHANGHAI JIAO TONG UNIVERSITY PRESS

内容简介

科学编史学,是对科学史的理论性研究,包括科学史学史研究、科学史学家研究、科学史著作研究、科学史研究理论思潮研究等。作者刘兵教授是国内最先在此领域中进行系统研究的学者,曾出有影响颇大的《克丽奥眼中的科学:科学编史学初论》。在该书出版后的十多年中,作者刘兵教授本人及其所指导的从事科学编史学研究的研究生们又陆续在科学编史学方面合作发表了大量的研究成果,既对一些新的科学编史学问题进行了探索,也对一些重要的案例进行了深入的研究。本书即是在这些前沿性研究论文的基础上,选择其最精华者汇集而成,反映了国内科学编史学研究的最新成果。

本书适合关心科学史、科学哲学、科学技术与社会等相关学科研究的学者,及关心相关科学与人文问题的其他读者阅读。

图书在版编目(CIP)数据

科学编史学研究/刘兵等著. —上海:上海交通大学出版社,2015(2016重印)
ISBN 978-7-313-13108-9

Ⅰ.①科… Ⅱ.①刘… Ⅲ.①科学史学—研究 Ⅳ.①N09

中国版本图书馆 CIP 数据核字(2015)第 122354 号

科学编史学研究

著　　者:刘兵　等			
出版发行:上海交通大学出版社		地　　址:上海市番禺路 951 号
邮政编码:200030		电　　话:021-64071208
出 版 人:韩建民			
印　　制:常熟市文化印刷有限公司		经　　销:全国新华书店
开　　本:787mm×960mm　1/16		印　　张:20
字　　数:262 千字			
版　　次:2015 年 8 月第 1 版		印　　次:2016 年 6 月第 2 次印刷
书　　号:ISBN 978-7-313-13108-9/N			
定　　价:88.00 元			

序 "看风景的人在楼上看你"

　　《科学编史学研究》是刘兵教授及刘门弟子关于科学编史学 (historiography of science)，即关于如何研究科技史、如何撰写科技 史的最新成果，从中能够了解到女性主义、后殖民主义、地方性知识、 社会建构论、文化相对主义以及博物学与科技史研究之间的关联。 在官方教育体系中我国共设 13 个学科门类 110 个一级学科。在分 类上，科学技术史(代号 0712)与数学、物理学、哲学、政治学、生物学、 临床医学、冶金工程、土木工程、应用经济学等地位相当，是一级学 科，本书的出版对于此一级学科的建设具有实质性贡献。国内外探 讨科学史理论的著作本来就少，探讨前沿进展的更少。许多科技史、 科技哲学的硕士、博士学位点培养研究生做科技史研究苦于找不到 合适的教材，这样一部著作对于长期重实践轻理论、发展缓慢的中国 科学技术史学科来讲有着特殊意义。

　　下面的讨论中，为叙述简洁，文字上对"科学"作广义指代，"科 学"包含技术、工程。

　　如果把一线科学家的研究视为一阶探索，那么科学哲学、科学 史、科学社会学、科学传播学、科学政治学等便是二阶探索，而科学编 史学则属于三阶探索。这样讲有人不懂，我便想到了卞之琳先生的 一首诗："你站在桥上看风景，看风景的人在楼上看你。明月装饰了 你的窗子，你装饰了别人的梦。"这里，"风景变幻"属于一阶，"你看风 景"属于二阶，"楼上人看你"属于三阶。理论上，阶数和从业者数量 的不同只反映分工的不同，并不意味着价值和地位的高低，犹如上场踢足球的球员与教练、足球评论员各有各的工作分工一样。小说评论家、影评者、足球评论员可能还不少，但针对科学，就业者的数量倒是依阶数的升高而降低，这也在情理之中。难以想象一个国家的科学家少于科学史家、科学编史学家。

自新中国成立到 2014 年，我国在科学史领域已有四代学人登上舞台。举例说来，相关谱系为席泽宗—江晓原—钮卫星，许良英—刘兵—章梅芳。江晓原、刘兵算是第二代，而钮卫星、章梅芳所带的研究生（第四代）也已走上工作岗位。

刘兵在一个就业面极窄的领域科学编史学中辛勤耕耘已有 20 余载，身份也从学生、讲师变成了副教授、教授。除此之外，刘兵在物理学史、科学传播学、科学文化、性别研究等领域亦能纵横驰骋。在我看来，在中国刘兵无疑是科学编史学最权威的学者，《克丽奥眼中的科学》是其经典之作，我名下的学生必须阅读此书，时间恰当的话还要让他们到课上亲自听刘兵讲授。多年来，刘兵培养了大批弟子，仅 2014 年岁末的一次聚会，"刘门"弟子就有 30 余人到场。当然，其中从事科学编史学研究的只占少数。

做科学编史学研究的确不需要太多人，但这并不意味着它不重要。

科学编史学对于科学史专业训练极为关键。需要强调，科学史工作者应接受科学编史学的训练，这对于扬弃朴素的科学实在论（scientific realism）、历史实在论有帮助，避免成为"科学真理教"的帮凶。说到这里，马上会有人质疑："我做科学史研究 N 年了，论文、论著发表了一大堆，却从来不曾关注过科学编史学！"言外之意，科学编史学用处不大。我不能认同这样一种论调。不关注甚至反对科学编史学，并不等于当事人没有科学编史学立场，很可能他（她）取的是一种"缺省配置"，而这种配置对于揭示丰富的历史场景可能是有问题的。就像某些工人不懂得也不关心政治学，但不等于工人看问题没有阶级立场。

科学史研究、写作受理论影响，门外汉理解不了。一般历史的研

究或写作与立场、视角有关联,这似乎比较容易理解。比如荷马写特
洛伊战争与维吉尔写特洛伊战争就有所不同;而三国史、抗日战争
史、"文革"史、世界美术史,不同人来写也会有很大差别。读者相信
谁呢? 谁更把握了历史真相? 择善而从之? 不清楚谁更善。对于普
通人,这些事通常不需要争论;对于学者,要从容研究,尽可能了解各
家的说法,然后得出自己的理解。但最终都是由读者自己去判定,尽
管作者可以宣传自己做得最好,自己的作品代表了或者接近史实。
有的人自己不思考,喜欢听别人讲故事。思考不思考是相对的,极端
地说,我们每个凡人都在听不断改写的历史故事。其实,真相、事实、
史实不是事先给定的,而是事后建构的,每个人都生活在某个虚拟的
"话语建构球"中。需要立即补充一点:"建构"本身是中性词,是主观
与客观的融合,不能只还原为主观;"建构"不是胡来,要讲道理。不
能一听"建构"就急了,就以为要否定历史事实、客观真理(学者最好
少用这样的词汇)。

在某种意义上,可以去掉关于"真相""事实""史实"之类的用词,
因为理论上这并不关乎学术研究的可信性,保留它们的唯一好处是
符合日常语言的朴素理解,偶尔也会给自己壮胆。当某种实在论和
某种工具论(instrumentalism)具有相同的解释力时,作为学者应当
尽可能选择工具论,因为这样显得谦虚一点,一定程度上可避免独断
论,也为自己学说的日后修订留有余地。

科学编史学与哲学观念深度耦合。对于科学史工作者来说,经
验论、唯理论、实在论、工具论、建构论、相对主义、绝对主义等讨论并
非无聊的哲学吵闹,因为这涉及如何看待当下的科学和历史上的科
学。长期以来,自然科学被认为是比较特殊的人类文化的一部分。
其实跟悠久的人类历史相比,这仍然是短时间内的事情。早期的科
学史研究多多少少把自然科学看作非常特殊的事物,甚至认为它是
唯一显示出进步的人类事业,这些学人自然非常在乎科学的认知内
容及科学知识的单向演化,喜欢把科学从社会历史环境中剥离出来
考察(这跟科学内部的一个传统"控制实验"的思路比较接近),实证

主义、实在论的影响不可避免。内史派与此是相关的,这一学派的研究当然也有突出的成就。后来,外史派兴起。发展到现在,很难找到极为典型的单纯内史和单纯外史研究进路了。在科学知识社会学(SSK)之后,内史与外史之分在理论层面已经完全消解,因为在大科学时代,科学与社会(广义的理解,包括经济、政治、习俗等)是分形交织的(fractally-woven),"你中有我、我中有你"。一旦得到这样一种本体论意义上的猜测,回过头来,从分形的角度看历史上的科学,竟然也是有启发性的:其实过去的科学,也是与社会交织的,只是没有现在这么明显。

在剧烈变动的经济大潮中,总体而言,科学编史学是无用的学问,但对于少数人也有点用。根据我的体会,了解一点科学编史学的进展,科学史便与文化史、社会史、政治史、生活史打通了。借用摄影操作来叙述,存在这样四个方面的具体作用:①去遮蔽;②加滤镜;③换视角;④变焦距。相关效应,古人(杜甫、韩愈、王安石、苏轼等)实际上都有体会,如"荡胸生层云,决眦入归鸟";"天街小雨润如酥,草色遥看近却无";"不畏浮云遮望眼,只缘身在最高层";"横看成岭侧成峰,远近高低各不同"。这四个方面的操作决定了科学史工作者能看到什么。于是,离真理更近了,看到了更多的真理?不敢也不应该那样想,那样想又回到了从前。不过,科学史会变得丰富起来,科学变得有人味了、有文化了。其实,科学本来就有人味、有文化,只是曾经被人施了魔咒而变没了。有意识地学习科学编史学,能够判别某种科学史写得好与不好;更进一步,会解放自己,看到不一样的世界、不一样的历史、不一样的科学。

刘华杰

2015 年 1 月 1 日于北京

目录 | Contents

第一编

基础理论研究

1 科学编史学的身份：近亲的误解与远亲的接纳①

一、何为"科学编史学"

在英语中，"historiography"一词通常有两种含义：一是被人们所写出的历史；二是对于历史这门学问的发展的研究，包括作为学术的一般分支的历史的历史，或对特殊时期和问题的历史解释的研究（Ritter. 1986：188—193）。在这里，我们取其第二义，即所谓"编史学"。

相应地，所谓"科学编史学"，则只需对其研究对象再加以限制，即把一般历史用科学史来取代。那么，相应地，像对于科学史的历史研究，对于科学史家的人物研究，对于科学史方法论的研究，对于科学史观的研究，对于科学史思潮、流派的研究等，都属于科学编史学的范畴。在国内，有人将此称为"科学史理论"，以区别于普通意义上的科学史研究。另外，也有人坚持使用"科学史学"的概念来指称"科学编史学"。

二、研究对象、阶数与身份定位

科学、科学史和科学编史学的研究对象如表 1 所示。

① 本文作者刘兵，原载《中国科技史杂志》，2007 第 4 期。

表1 科学、科学史以及科学编史学的研究层次和研究对象

类　别	研究对象
科学研究	自然
科学史研究	科学和科学家
科学编史学研究	科学史和科学史家

由表1可以看出，如果我们把科学家对自然界的研究作为一阶研究的话，科学史就已经是二阶的研究（这类似于对科学和科学家进行哲学研究的科学哲学）。相应地，科学编史学则是三阶的研究。按此分类，科学编史学与科学史在研究的对象上、阶数上显然是有所不同的。

对于一般编史学或者史学理论或者历史哲学的研究来说，目前虽然还很难说它们对于从事具体历史研究的历史学家有多大的直接影响，但至少这些研究者自身已经形成了相对成熟的共同体，有专门的刊物，经常召开相关的学术会议，出版有较多的专著、文章等研究成果，也形成了自己的学术评价标准。但是，与一般历史学相对应的编史学有所不同，科学编史学因其发展的时间短，研究者少，还远没有形成一个相对独立的研究者共同体。因而，其学术交流和学术评价主要是在科学史的领域中进行，交流的对象和评价者，也主要是直接从事具体科学史研究工作的科学史家。而这与同样是以科学和科学家为研究对象的科学哲学学科又有不同，因为科学哲学家们也同样有自己的学术共同体，其交流和评价也主要是在科学哲学家的学术共同体中进行，而并非是在作为其研究对象的科学家共同体中进行的。

但科学编史学与一般编史学、科学哲学等学科这种在发展阶段上的差异，以及因为这种差异而导致的在学术交流、评价圈子上的差异，就导致了科学编史学所处的特殊不利生存环境，因为在不同阶的研究者之间的交流，往往会引发矛盾和冲突。

三、一个"现象"或者说"规律"

之所以不同阶的研究者之间的交流会带来矛盾和冲突,似乎是一个具有普遍性的现象或规律。其中一个重要的原因是:被研究者总是对研究者和研究者的成果有所保留,甚至于不理解和反感。

例如,我们可以看到文学家对于文学评论家和文学理论家的态度:在很多情况下,文学家并不看好文论研究,甚至认为那是空谈,是没有用的研究,对于"指导"文学创作无益。

又如,科学家对于科学哲学家的态度(甚至在某种程度上科学家对科学史家的态度):许多科学家也并不看好、并不重视科学哲学和科学史的研究。也有许多的"理由",如认为这些研究对科学家的具体研究没有用,认为研究者并不理解科学家和他们的科学工作,认为这不是原创性的研究,甚至认为科学和他们的科学研究经常被这些研究所曲解等。当然,在科学史家或科学哲学家自身的学术共同体中,虽然在学术交流和评价上也会有观点上的差异(在科学领域中亦同样如此),但那并不会引起如此大的矛盾;而当这些属于"一阶"的科学家与属于"二阶"的科学哲学家或科学史家在一起交流和对话时,冲突有时就会非常激烈,甚至于这种在科学家和科学哲学家之间"跨阶"的交流,也可以说是西方近些年来"科学大战"的重要原因之一。

科学史家对于科学编史学的态度,也是类似的。尽管在现实中,科学史表面上看似乎是科学编史学的"近亲",但实际上这个"近亲"却经常对科学编史学持一种拒斥的态度,科学编史学在科学史家那里所受到的待遇,经常就像科学哲学家和科学史家在科学家那里受到的待遇一样。

其实,在学术研究的意义上,并不存在有研究者和被研究者谁高谁低的价值区分。任何人都可以成为被研究者;任何被研究者自身,并不能说比研究者更为了解自身,这也是当代学术分工之细化和专业化的具体表现。

四、科学编史学被"近亲"拒斥的"理由"以及对这些"理由"的反驳

科学史家对于科学编史学之拒绝有多种"理由",在此列举出其中一些有代表性的:

（1）科学编史学这样的理论研究对于科学史的研究"无用",不能"指导"具体的科学史研究工作;

（2）与科学史的研究不同,科学编史学的研究不是在"一手材料"的基础上进行的,因而不是"原创性"的研究;

（3）科学编史学的研究者因其不做具体、直接的科学史研究,因而没有"资格"对科学史和科学史家"品头论足";

如此等等。当然,还可以举出更多的一些科学史家对科学编史学之拒斥的说法,但上述三种说法大约是最为典型的。

站在科学编史学的立场上,可以简要地分析和反驳上述"理由":

（1）科学编史学这样的理论研究,对于科学史的研究是否有用,取决于对"用"的理解,或者说,是对"用"的问题的直接性与间接性的理解。正如许多科学家尽管对科学哲学表示不感兴趣或者持歧视态度,但他们在其科学研究中,并不能回避其仍具有科学观和科学方法的理解（这些恰恰是科学哲学的研究内容）一样,科学史家在进行科学史研究时,也无法回避其所带有的科学史观以及相应的科学史方法论,也无法回避其持有的理论视角。问题只是在于,对于在其研究中起作用的科学史观和科学史方法论等内容,是有着自觉的意识,还是只以一种朴素、模糊、不自觉的方式来把握,而这种仅仅是朴素、模糊、不自觉地对科学观、科学史观、科学史方法等的把握,在科学史家们当中倒是比较常见的情形。

（2）其实,任何研究,都因其有着直接的对象,也因而可以有相应的"一手材料"。只是因为研究的"阶数"不同、对象不同,这些"一

手材料"的类型也不同。如果说科学家的著作、笔记、档案、谈话等可以作为科学史研究的"一手材料",那么科学史家的著作、笔记、档案、谈话等同样也是科学编史学的"一手材料"。相应地,任何针对"一手材料"的研究也都可以是"原创性"的研究。如果混淆了不同阶的研究,就会带来问题。例如,科学家若对科学史家提出其研究的"一手材料"和"原创性"问题,认为科学史家只是阅读科学家所写的东西,并未做直接的理论和实验研究,因而科学史的研究也不是依赖于"一手材料"进行的"原创性"工作,那么,科学史家们又应该如何回答?

（3）任何学科,在发展到一定程度后,都可以有其独立性和自主性,也即有其自身特殊性的学术研究规范和学术评价标准。任何一阶的研究者都可以专业化,而不必按其上一阶之研究的标准来要求。例如,文学评论家并不一定要直接创作文学作品,科学史家也并不一定要从事具体的科学研究。相应地,科学编史学家,也同样可以凭其自身特殊的训练和资格从事对以科学史和科学史家为对象的科学编史学研究。

五、"远亲"的接纳

这里所讲的科学编史学的"远亲",是指科学哲学。在我们现实的机构和学科设置中,有相当一部分科学史家,是在像科学哲学这样的学科点中从事研究的,这并未在很大程度上影响其研究。同样,科学编史学的研究者也有可能（甚至是更为可能）在科学哲学的学科点中从事工作,并在与科学史家们进行学术交流的同时,也与科学哲学家们进行学术交流。在现实中,在与科学哲学家的交流中,科学编史学受到的待遇,要远好于来自科学史家的待遇。

究其原因,这种差异之产生,可能是出于以下几个方面:

（1）科学编史学的内容与科学哲学有相近之处,都涉及对科学之本质、科学发展的特点等的理论性看法;

（2）科学哲学家的研究,虽然在从科学家作为起点的阶数上算是二阶的(而以这种方式科学编史学则是三阶的),但因为科学哲学家并非是科学编史学研究的直接对象,因而不存在前面所讲的被研究者与研究者之间的冲突、反感和不理解的问题;

(3)比起科学史家,科学哲学家因其研究内容与科学家有更为密切的关系,受到来自科学家的轻视和非议要更多,因而更可以理解科学编史学的处境。

六、再谈"有用性"

前面已经谈过了有用性的问题,这里再展开谈一点。

科学哲学对具体的科学研究有用吗?

科学编史学对具体的科学史研究有用吗?

类似的问题,还有一些。比如,科学史对科学有用吗?

科学哲学或科学史的学者经常会面对上述提问,也经常不得不思考,并以各种方式来解释和说明自己的学科和研究确实是"有用"的。

这里首位的问题,是对于"有用性"之直接和间接的理解。对此,人们已经说了不少,也都有相当的道理,在此不再赘述。

但除此之外,其实我们还可以在另一个层次上来看待"有用性"的问题,即抛开直接甚至间接的"有用性"的考虑。这也就是说,在更广泛的"观察者"中的一种对于上一阶工作的"理解"的问题。这里的"理解",也是一种"有用性"。而且,文学评论的读者,并不只限于文学家,还包括了关心文学的其他人;科学哲学的读者,也不只限于科学家,还包括了所有对科学感兴趣的人;科学编史学也是类似的,所有科学史的阅读者,也都可以是科学编史学的潜在读者(尽管现实还远远达不到这样的理想状况)。

这也就是说,抛开直接的实用性,在更广泛的范围内,因可以带来一种对其研究对象的理解,这也是所有更高阶的研究的意义之所在。

这样，科学哲学就不必只听命于科学家的直接需求，而科学编史学也不必只针对科学史家的直接需要，正如文学评论并不一定承担指导如何进行文学创作的使命一样。

当然，我们也需要承认，当有可能满足那些"直接需求"时，相关的研究也是值得去做的事。

七、理想与现实

在现实中，由于发展程度的限制，以及学科体制的限制，科学编史学仍然要经常与科学史打交道，要密切关注科学史家，也经常要接受来自科学史家的评价。在这种情况下，不同阶的研究者之间的彼此理解就是关键。

在发展中，我们可以希望，科学编史学应有自身的独立性和价值标准。研究者和被研究者之间在保持有适度的联系沟通的同时，彼此间因学科和研究内容的不同而保持适度的独立性也是必需的。

2 科学史中"内史"与"外史"划分的消解:从科学知识社会学的立场看①

科学史中的"内史论"与"外史论"已经是科学史界和科学哲学界十分熟悉的概念。可以说,对这个问题的讨论构成了科学编史学研究的一个重要方面,对其进行分析,对于一阶的科学史研究来说,具有特殊的价值和意义。本文从科学知识社会学(Sociology of Scientific Knowledge, SSK)的立场出发,指出这种划分实际上是可以被消解的,而且这种消解又可以带来科学观和科学史观上的新拓展。

一、科学史的"内外史"之争

在讨论科学知识社会学对"内外史"划分的消解之前,我们先按传统的标准和划分方式,对"内史论"与"外史论"的含义及"内外史"之争做简单的回顾与分析。

一般而言,科学史的"内史"(internal history)指的是科学本身的内部发展历史。"内史论"(internalism)强调科学史研究只应关注科学自身的独立发展,注重科学发展中的逻辑展开、概念框架、方法程

---

① 本文作者刘兵、章梅芳,原载《清华大学学报》(哲学社会科学版),2006 年第 1 期。

序、理论的阐述、实验的完成,以及理论与实验的关系等,关心科学事实在历史中的前后联系,而不考虑社会因素对科学发展的影响,默认科学发展有其自身的内在逻辑。科学史的"外史"(external history)则指社会等因素对科学发展影响的历史。"外史论"(externalism)强调科学史研究应更加关注社会、文化、政治、经济、宗教、军事等环境对科学发展的影响,认为这些环境影响了科学发展的方向和速度,在研究科学史时,把科学的发展置于更复杂的背景中(刘兵.1996:24)。

从时间上来看,20世纪30年代之前的科学史研究(包括萨顿的编年史研究在内)基本上都属于"内史"范畴。直到20世纪30年代默顿和格森发表了有关著作之后,科学史研究才开始重视外部社会因素对于科学发展的影响,并逐渐形成了与传统"内史"研究不同风格的编史倾向。这才出现了科学史的"外史"转向,并引起了所谓的"内外史"之争。

具体而言,"内外史"之争的焦点在于外部社会因素是否会对科学的发展产生影响,或者说,在科学史的研究中,这些外部影响是否可被研究者忽略。其中,"内史论"者认为,科学的发展有其自身的内在发展逻辑,是不断趋向真理的过程;科学内在的认知概念和认知内容不会受到外部因素的影响,且科学的真理性和内在发展逻辑往往使得其发展的速度和方向也不受外部因素的影响。相反,"外史论"者则坚持认为,尽管科学有其内在的概念和认知内容,但是科学发展的速度和方向,往往是社会因素作用的结果。在其看来,社会的、经济的、宗教的、政治制度的和意识形态的因素,无一不对科学研究主题的变化和科学发展进程的快慢产生重要影响。

在20世纪三四十年代,因为格森和默顿等人的工作,"外史论"在科学史界逐渐开始引起人们的注意。然而,"二战"后期直接源于坦纳里、迪昂、迈耶逊、布鲁内和黙茨格的法国传统的观念论纲领开始流行。正如科学史家萨克雷所说,由于观念论的哲学性历史占主导地位,在20世纪五六十年代的大部分时期,人们很自然地注意远离任何对科学的社会根源的讨论。即使出现这种讨论,那也是发生在一个明确界定的领域,并由社会学家而非科学史家进行(吴国盛.1994:55)。在这一时期,柯瓦雷关于伽利略和牛顿的经典研究奠定了观念论科学史的主导地位。20世纪60年代后期到70年代初,"外史论"在另一种意义上又重新发挥了影响,显示出较为活跃的势头,这与科学哲学中历史学派的出现不无关系。而自20世纪80年代以来,随着科学知识社会学(SSK)的发展,对科学的社会学分析开始兴起。其中,不仅科学的形成过程和形式,连科学的内容也被纳入了社会分析的范围。科学知识的内容因其社会建构过程,也受到各种外在因素的影响,科学既被看成是一种知识现象,更被看成是一种社会和文化现象。

可以说,半个多世纪以来,科学史家在研究方法和解释框架上的一些变化和争论,大多是围绕着界定、区分和评价"内史论"与"外史论",是在这两者彼此对立存在(虽然也有认为两者可以综合融通的看法)的前提下展开的。从某种程度上来说,对"内外史"研究的变化与争论进行分析,可以窥见20世纪以来西方科学史研究侧重点和范式变化的历史脉络。

二、国内学者的态度及其前提假定

对于西方科学史研究的"内外史"演变和争论,国内学者的态度大抵可以分为以下两类:一种是埋首于个人的具体研究,不去关心和讨论这个编史学理论问题,但潜在地却基本同意"内外史"的划分,这类学者占大多数;另一种是对该问题做了专门的研究和讨论,当然这些学者在人数上不是很多。在这类学者当中,通常极端的"内史论"和"外史论"都不被他们接受,他们从某种程度上坚持两者的综合运用。

具体而言,在第一类学者看来,具体的一阶研究更为重要,讨论"内外史"之争问题往往是"空谈理论",对于实际的科学史研究没有多大意义。究其原因可能在于国内科学编史学研究相对来说一直是较为薄弱的环节,其价值和意义尚未引起足够的重视。不过,值得注意而且也不可否认的一点是:在这些一阶的研究中,"内史"所占的比重远远超过"外史"。在许多学者看来,科学有其内在的发展逻辑,科学史描述的就是科学自身发展的历史和规律。少数"外史"研究也大多停留在描述社会、文化、政治、经济等因素对科学发展的速度、形式的影响上,把社会因素作为科学发展的一个外在的背景环境来考虑,尚未触及社会因素对科学内容的建构与塑型的层面。

在第二类学者中,20 世纪 80 年代末就已经有人讨论过这个问题。他们指出科学中的多数重大进展都是由内因和外因共同作用促成的,认为在"内史"和"外史"之间必须保持必要的张力(邱仁宗.1987)。随后一些学者较为系统地对 20 世纪 80 年代以来西方科学史研究的"外史"转向进行了专门研究。他们通过对国际科学史刊物 *ISIS* 自 1913 年到 1992 年的论文和书评进行的计量研究发现,科学史的确发生了从"内史"向"外史"的转向,20 世纪 80 年代之前以"内史"研究为主,80 年代之后以"外史"研究为主(魏屹东,邢润川.1995)。此外,他们还就"内史"为何先于"外史"、"内史"为什么转向"外史"、"内史"与"外史"的关系究竟如何进行了分析,总结了国外学者关于"内外史"问题的观点,并认为"内外史"两者应该有机地结合起来(魏屹东.1995)。其理由在于"极端的'内史论'会使科学失去其赖以生存的社会动力和基础,无法解释科学的发生和发展;极端的'外史论'又会使科学失去科学味,而显得空洞"(魏屹东.2002)。除此之外,还有一些学者虽然未对"内外史"问题进行专门研究,但从不同的关注角度出发,大多都认为科学史的"内史论"与"外史论"必须进行某种综合(江晓原.2000;肖运鸿.2004)。

无论是不去讨论"内外史"问题,还是总结国外学者的观点并主张"内外史"综合,第一类学者和第二类学者都默认了"内史"与"外史"的划分方式,且大多更为看重"内史"。如果对他们的观点做深入分析,不难发现在背后支撑着这种划分及侧重的仍然是传统的实证主义科学观。这种科学观认为,科学是对实在的揭示和反映,它的发展有其内在的逻辑规律,不受外在的社会因素的影响,科学的历史是一系列新发现的出现,以及对既有观察材料的归纳总结过程,是不断趋向真理和进步的历史。这种科学观指导下的科学史研究就必须揭示出科学发展的这种"内在"发展逻辑,揭示科学的纵向的"进步"历史。例如,有学者在从本体论、认识论、方法论和科学、科学史的发展来谈"内史"先于"外史"的合理性时,提到"科学史一开始的首要任务就是对科学史事实(包括科学家个人思想、科学概念及理论发展)的内部因素及产生机制的研究。而这一科学史事实在内部机制的研究构成了科学史区别于别的学科的特质和自身赖以存在的基石,也就是说'内史'研究是科学史的基础和起点","'外史'是在'内史'研究的基础上随着科学对社会的影响增大而非研究'外史'不可的地步时才逐渐从'内史'中生长出来的"(魏屹东,1995)。这些观点大致包含了这么几层含义:首先,科学史事实在内部蕴含了科学发展有其独立于社会因素影响之外的内部机制、逻辑与规律;其次,对这些科学发展规律、机制及内部自主性的研究构成了科学史学科的特性;最后,注重科学内部理论概念等的自主发展的"内史"研究先于"外史"研究,"外史"在某种程度上只是"内史"的补充。尽管一些作者坚持一种"内外史"相结合的综合论,但仔细分析起来,其"外史"仍然没有取得与"内史"并重的位置。而且,其强调的"外史"研究也只是重视"分析科学发展的社会历史背景,如哲学、社会思潮、社会心理、时代精神,以及非精神因素,诸如科学研究制度、科学政策、科学管理、教育制度,特别是社会制度和社会经济因素对科学发展的阻碍或促进作用"(魏屹东,1995)。此外,从一些学者的总结性论文中可以发现,在那些围绕着"李约瑟问题"而讨论"近代科学为什么没有在中国产生"的诸多研究中,也存在着同样的问题(胡化凯,1998)。在这里,种种社会因素只被看成是科学活动的背景(尽管可能是非常重要乃至于决定性的因素),而不是其构成因素。因为在他们看来,科学有其自身发展的内在逻辑,科学方法、程序以及科学结果的可检验性保证了科学本身的客观性,对科学的历史的研究,必然要以研究科学本身的内在逻辑发展为主要线索,科学史仍然是普遍的、抽象的、客观的、价值中立的、有其独立的内在发展逻辑科学活动的历史。

由此可见,对"内史"与"外史"的传统划分的坚持以及在此基础上的"综合"运用,都是以科学的一种内在、客观、理性及自主独立发展为前提假定的,只有基于这样的科学观,才可能使得"内史"研究和"外史"研究分别得以成立,"内史"与"外史"的划分才成为可能。从某种程度上可以说,西方科学史界"内史论"与"外史论"的争论之所以长期持续,原因可能恰恰在于这种科学观本身。它使得研究者或者片面强调"内史",完全否认"外史"研究的合法性;或者虽偏重"外史",却仍只将社会因素作为科学发展的背景来考察;或者虽强调"内外史结合",却仍以"内史"为主,"外史"为辅。要结束这种争论,就必须在科学观和科学史观的层面进行超越。科学知识社会学正是基于对这一科学观和前提假定的解构,消解了传统的"内史"与"外史"的划分。

三、科学知识社会学对"内外史"划分的消解

科学知识社会学出现于 20 世纪 70 年代初的英国,以爱丁堡大学为中心,形成了著名的爱丁堡学派,其主要代表人物为巴恩斯、布鲁尔、夏平和皮克林等。SSK 明确地把科学知识作为自己的研究对象,探索和展示社会因素对科学知识的生产、变迁和发展的作用,并从理论上对这种作用加以阐述。其中,巴恩斯和布鲁尔提出了系统的关于科学的研究纲领,尤其是因果性、公平性、对称性和反身性四条"强纲领"原则。除此之外,SSK 的学者如谢廷娜、夏平和拉图尔等,在这些纲领指导下做了大量成功的、具体的案例研究。

"爱丁堡学派"自称其学科为"科学知识社会学",主要是为了与早期迪尔凯姆和曼海姆等人建立的"知识社会学",以及当时占主流地位的默顿学派的"科学社会学"相区别。在曼海姆的知识社会学中,对数学和自然科学知识是不能做社会学的分析的,因为它们只受

内在的纯逻辑因素的决定,它们的历史发展在很大程度上决定于内在的因素(赵万里.2002:68—69)。在默顿的科学社会学中,科学是一种有条理的、客观合理的知识体系,是一种制度化了的社会活动,科学的发展及其速度会受到社会历史因素的影响,科学家必须坚持普遍性、共有性、无私利性等社会规范的约束(Merton. 1973:267—278)。而科学知识社会学则首先不赞成曼海姆将自然科学排除在社会学分析之外的做法,它们认为独立于环境或超文化的所谓的理性范式是不存在的,因而对科学知识进行社会学的分析不但可行而且必须,布鲁尔对数学和逻辑学进行的社会学分析便充分说明了这一点(布鲁尔.2002:133—249)。由此也可看到,SSK 与默顿的科学社会学最重要的区别在于,它进一步将科学知识的内容纳入社会学分析的范畴。在 SSK 看来,科学知识并非由科学家"发现"的客观事实组成,它们不是对外在自然界的客观反映和合理表达,而是科学家在实验室里制造出来的局域知识。通过各种修辞学手段,人们将这种局域知识说成是普遍真理。科学知识实际上负载了科学家的认识和社会利益,它往往是由特定的社会因素塑造出来的,与其他任何知识一样,也是社会建构的产物(赵万里.2002:2)。

　　SSK 与传统知识社会学、科学社会学的上述区别直接反映在其相关的科学史研究上,表现为对"内外史"的不同侧重和消解。传统知识社会学在自然科学史领域仍然坚持的是"内史"传统,科学社会学虽然开始重视"外史"研究,但正如有的学者所说,时至今日它只讨论科学的社会规范、社会分层、社会影响、奖励体系、科学计量学等,而不进入认识论领域去探讨科学知识本身;在其看来,研究科学知识的生产环境和研究科学知识的内容本身是两回事,后者超出了社会学家的探索范围(刘华杰.2000)。可见,传统的科学观在科学社会学那里仍没有被打破,科学"内史"与"外史"的划分依然存在,两者的界限依然十分清晰。但 SSK 却坚持应当把所有的知识,包括科学知识,都当作调查研究的对象,主张科学知识本身必须作为一种社会产品来理解,科学探索过程直到其内核在利益上和建制上都是社会化的(刘华杰.2000)。这样一来,因为连科学知识的内容本身都是社会建构的产物,独立于社会因素影响之外那种纯粹的所谓科学"内史"便不复存在,原来被认为是"内史"的内容实际上也受到了社会因素无孔不入的影响,从而,"内史"与"外史"的界限相应地也就被消解了。正如巴恩斯所说,柏拉图主义对于科学而言是内在的还是外在的,柯瓦雷本人的观点也含糊不清(巴恩斯.2001:150)。又如布鲁尔就开尔文勋爵对进化论的批判事件进行分析时指出的那样,该事件表明了社会过程是内在于科学的,因而也不存在将社会学的分析局限在对科学的外部影响上的问题了(Bloor.1991:6—7)。

　　SSK 对于科学史的内在说明和外在说明问题也有直接的分析。其重要代表人物布鲁尔在对"知识自主性"进行批判时,就对科学自身的逻辑、理性说明和外在的社会学、心理学说明之间的关系问题进行过讨论。他指出,以往学者一般将科学的行为或信仰分为两种类型:对或错、真或假、理性或非理性,并往往援引社会学或心理学的原因来说明这些划分中的后者。对于前者而言,则认为这些正确的、真的、理性的科学之所以如此发展,其原因就在于逻辑、理性和真理性本身,也即它是自我说明的。更为重要的是,人们往往认为这种内在的说明,比外在的社会学和心理学的说明更加具有优先性(Bloor.1991:9)。

　　实际上,布鲁尔所要批判的这种观点代表着 SSK 理论出现之前,科学哲学和科学史领域里的某种介乎于传统实证主义和社会建构主义之间的过渡性科学编史学思想。其中,拉卡托斯可以被看成是一位较具代表性的人物。一方面,他将科学史看成是在某种关于科学进步的合理性理论或科学发现的逻辑的理论框架下的"合理重建",是对其相应的科学哲学原则的某种史学例证和解释,也就是说科学史是某种"重建"的过程,而非科学发展历史的实证主义记录或者某种具有逻辑必然性的历史;另一方面,拉卡托斯又认为科学史的合理重建属于一种内部历史,其完全由科学发现的逻辑来说明,只有当实际的历史与这种"合理重建"出现出入时,才需要对为什么会产生这一出入提供外部历史的经验说明(拉卡托斯.1999:163)。也就说,科学发展仍然有其内在的逻辑性、理性和真理性,科学的内部历史就是对这种逻辑性和合理性方面的内部证明,它具有某种逻辑必然性;而社会文化等方面因素仍然外在于科学的合理性和科学的逻辑发展,仍然外在于科学的"内部历史",是科学史家关注的次要内容。但这种历史观内在的悖论在于:那种纯内史的合理重建,实际上又离不开科学史家潜在的理论预设,因而是不可能的。

正如布鲁尔所说,考察和批判这种观点的关键首先在于认识到,它们实际上是把"内部历史"看成是自洽和自治的,在其看来,展示某科学发展的合理性特征本身就是为什么历史事件会发生的充分说明;其次还在于认识到,这种观点不仅认为其主张的合理重建是自治的,而且对于外部历史或者社会学的说明而言,这种内部历史还具有优先性,只有当内部历史的范围被划定之后,外部历史的范围才得以明确(Bloor 1991:14)。实际上,布鲁尔强调科学知识本身的社会建构性,恰恰是基于对这种科学内部历史的自治性和随之而来的"内史"优先性假定的批判,而这一批判又导致了科学编史学上"内外史"界限的模糊和"内外史"划分的消解。

四、其他相关分析与评论

SSK 之于科学的社会学分析以及随之可能带来的科学史"内外史"界限的消除,也引起了国内少数学者的注意,但他们对此所持的态度基本上是否定的。例如,有的学者认为,科学社会学、知识社会学和 STS 研究,缺乏思想的深度,偏重了科学外部的社会性分析,如能注入科学思想的成分和哲理性的分析会更好些(魏屹东.2002)。此外,还有些学者肯定了 SSK 研究的价值,并从中看到了科学知识社会学和默顿学派对待科学合理性和科学知识本性态度的不同,但认为在一定意义上 SSK 是用相对主义消解了在科学理性旗帜下"内外史"观点之争(赵乐静,郭贵春.2002)。实际上,认为社会学的分析缺乏深度,本身就是在对科学知识、科学理性与内在逻辑性不可做社会学分析的观点的一种认可,并潜在地赋予社会学的"外史"研究以较低的地位。认为"内史"与"外史"的划分必须存在,认为 SSK 对"内外史"之争的消解来自于其相对主义的科学观等,实际上都反映了对传统的科学理性、客观性、价值中立性、真理性与实在性的坚守,这种坚守又意味着对科学内在的发展逻辑做"内史"考察是可能的,并且是第一位的。

　　然而,在国际学术背景中,后库恩时期研究的整体趋势确已开始走向了将"内史论"和"外史论"相结合的道路,只不过这种结合更多是将"内史"与"外史"的界限逐渐模糊和消除。例如,除了 SSK 的理论可以消解传统的"内史"与"外史"的划分之外,类似地,从女性主义的立场出发,同样可以对这一划分进行解构。在女性主义者看来,并不是科学研究的结果被政治家误用或滥用,而是社会政策的议程和价值已内在地包含于科学进程的选择、科学问题的概念化理解以及科学研究的结果中(吴小英.2000:81)。因而,科学本身即是社会建构的产物,为此也就不存在对科学内在独立逻辑的某种真理性的挖掘,也不存在关于社会因素加于科学发展之上的某种作用关系的考察。正如女性主义科学哲学家哈丁所认为的:"内史论"与"外史论"之间的界限是人为的,两者之间的共同特点是赞同纯科学的认知结构是超验的和价值中立的,以科学与社会的虚假分离为前提,因此他们并没有为考察社会性别关系的变迁和延续对科学思想和实践的发展所产生的影响,留下认识论的空间(吴小英.2000:82)。

　　这种整体趋势在关于中国科学史的研究中也有实际的体现。在李约瑟去世后,2000 年,由研究中国科学史的美国权威学者席文负责编辑整理的《中国科学技术史》第 6 卷"生物学与生物技术"第 6 分册《医学》得以出版,这是一个很有象征意义的事件。此卷此分册与《中国科学技术史》其他已经出版了的各卷各分册有明显的不同。席文将此书编成仅由李约瑟几篇早期作品组成的文集。对于席文编辑处理李约瑟文稿的方式,学界当然存有不同的看法。不过,席文的做法确也明显地表现出他与李约瑟在研究观念等方面的不同。他在为此书所写的长篇序言中,系统地总结了李约瑟对中国科学技术史与医学史的研究成果与问题,并对目前这一领域的研究做了全面的综述,提出了诸多见解新颖的观点。在他那篇重要的序言中,席文明确指出:"由于对相互关系之注重的革新,内部史和外部史渐渐隐退。在 80 年代,最有影响的科学史家,以及那些与他们接近的医学史家,承认思想和社会关系的二分法使得人们不可能把任何历史的境遇作为一个整体来看待。"(Sivin. 2000)

　　"内史"与"外史"的划分、"内史"与"外史"何者更为重要,以及"内史"与"外史"二元划分的消解,分别代表了不同的科学观。在这些不同的科学观下,又产生了科学史研究的不同范式和纲领。"内史"的研究传统在柯瓦雷关于 16、17 世纪科学革命时期哥白尼、开普勒、牛顿等人的研究那里,取得了巨大的成功;"外史"的研究方法则在 18 世纪工业革命时期的科学技术的互动方面,找到了合适的落脚点;而 SSK 的案例研究则充分体现了打破"内外史"界限之后,对科学史进行新诠释的巨大威力。尽管科学哲学领域对于 SSK 的"相对主义""反科学",以及围绕科学实在论与反实在论的争论仍在持续,但在某种意义上讲,对于科学史研究来说,SSK 对"内外史"界限的消除也可以被看作是打通了"内史"和"外史"之间的壁垒,从而形成了一种统一的科学史。在这种新的范式下,科学史研究能够大大拓展自己的研究领域,给予科学与社会之间的互动关系以更为深入的分析和诠释。

3 科学史中理解古人如何可能:劳埃德科学史与跨文化观点的启示①

一、问题的提出

历史学家要讲述过去的故事,以期带来今天人们对过去的某种理解。但是,对于出现在很久以前的社会如何去理解? 对于古代的知识体系,我们究竟能获得多大程度上的理解? 用当今的观点去看待古代的人和事,这种方式是否使得理解成为可能? 或者说对过去的理解包含着的仅仅是我们自身观念的先入之见呢? 这些问题对于历史学家,其实是颇有值得思考的深意的。

实际上,在 20 世纪 60 年代,哲学家、人类学家鉴于考察异域文化,对这些问题展开了较为深入的讨论,也产生了较大的分歧,传统对于客观性的叙述遭受了根本性的挑战和质疑。对于人类过去的探索是历史学家的工作,在历史研究中,如果从更高层面去思考,会遇到这样一些问题。如何认识过去,又能获得多大程度上的理解,在普遍意义上,这些问题一直存在。历史研究面临着理论和实践的问题,基于实践考虑,"作为今天的人如何能理解过去?"这一问题的提出是

---

① 本文作者刘兵、王晶金,原载《上海交通大学学报》(哲学社会科学版),2012 年第 6 期。

很重要的。同样,科学史作为研究科学发展的历史,也必须面对这些问题:对于古代世界的"科学"是否可以理解、怎么理解,以及谈论它们究竟有没有意义?然而,所有历史学家都必然要面对的一个问题却被许多只注重实证研究的历史学家忽视了,对于这些历史研究者来说,他们实际上是默认了"古代社会是可以理解的"这一前提。英国学者劳埃德关注到这一问题,认为在这个问题背后更深刻的理论根源在于跨文化的观点。每个个体或者群体都依赖于他或者他们所适应的社会的文化类型,研究者通常受特定的文化类型影响。抛开具体的方法而言,研究者也要面对着自我与他者、本文化与异文化等等的问题,历史学家在进行历史考察、研究时不可避免地要遭遇到现代文化与古代文化关系的问题,站在今人的角度去理解古代的社会就涉及跨文化的问题。

同样,对这样一些问题的研究也是科学编史学所关注的。编史学,是对于历史这门学问的发展的研究,"在扩充意义上,编史学的研究范围延伸到当代,包括分析和研究历史学中当下的各种思潮,力图帮助史学家们发现他们的研究兴趣、方法等与范围更广的思潮的联系"(刘兵. 2009:4)。而"科学编史学是对科学史进行编史学的研究"(刘兵. 2009:4),关注的是科学史自身的发展,必然涉及科学史观、科学史的研究方法。不同的科学史观会对科学史带来深刻的影响,对于选择怎样的科学史观、科学史研究方法这一更高层次的问题,在科学编史学领域也是值得探讨的。在科学史研究中进行反思,并对一些关键性问题进行理论思考,理解科学史研究的思潮和走向,分析和借鉴各种视角和方法,应当成为科学编史学研究的一项重要内容。

正是在这两个背景下,对跨文化观点进行借鉴成为可能。对于在科学史研究中,对观念、方法、理念等的借鉴和应用作科学编史学的考察,无疑具有重要的意义。本文即站在编史学的角度,分析跨文化在科学史研究中的变化及意义,重点论述劳埃德关于科学史与跨文化普遍主义和文化相对主义思想的分析,以及这一观念在科学史研究中的意义和对科学编史学的贡献。

二、劳埃德的跨文化观点

面对各学科对于人类认知的跨文化的普遍主义和文化相对主义之争,劳埃德给出了自己的理解,提出"研究风格"(styles of enquiry)和"现象的多维度性"(multidimensionality of the phenomena)(Lloyd, 2010)等概念,试图用这样两个概念来帮助解决两者间的一些争论,并结合具体的案例分析,想要说明其实并不存在唯一一条必须如此发展的道路。

在劳埃德的文章中,"研究风格"不仅指覆盖研究问题的界定方式和研究结果的表达方式,也包含为判定这些研究而作出的隐含假设,以及研究者的关键性兴趣和先入之见(劳埃德, 2008:88)。"研究风格"是从克龙比和哈金那里借鉴过来并修改过的一个概念。最早,克龙比在《欧洲传统中的科学思维风格》一书中提出,在欧洲科学的发展史上先后出现了六种"科学思维风格",分别是:希腊数学所代表的简单假设方法;实验的运用;类推模型的构造;比较和分类法;统计分析和概率演算;遗传发展的历史起源。哈金认为"思维"这个词主观的味道太浓,用"推理"代之,提出"推理风格"。推理风格关注命题的真假性(truth or falsehood),这区别于库恩范式、奎因的"翻译的不确定性"对于命题之真的关心。也就是说,一个推理风格代表着一个真假可能性的空间,一个命题在风格 A 中也许有真假,但在风格 B 中可能没有任何意义,无法确定其真值,我们既不能说它真,也不能说它假。推理风格的另一特征是"自我确证"(self-authenticating)。自我确证意味着,我们只有运用某种推理风格才能确定一个语句为真,但这类语句只有在此风格中才能成为真假的候选项,因此风格是免于反驳的。

显然,从定义可以看出,研究风格受到一系列因素的影响。如研究者的艺术风格、文学风格或甚至哲学探讨风格等不同的因素,会产生出不同的研究风格,而研究风格是会影响研究结果的。具体到科学家,他们所具备不同的研究风格,从而得出了不同的研究结果。我们可以从一些例子来看研究风格是如何影响研究结果的。劳埃德曾举例讨论在这些领域中对跨文化的普遍性的认识的问题。比如涉及动物的分类,普遍认为的观点是:普遍接受的动物分类遵循的是一种普适的分类标准,在全世界各地,不分民族、国别、宗教信仰所认可的是同样的分类体系。劳埃德举亚里士多德的动物分类,"亚里士多德分类所采取的主要办法是解剖和活体解剖的方法,他给出的分类结果部分依赖于他这种解剖法所得到的信息,离开他的解剖方法就得不出他所关心的一些信息及就动物各部分的功能、组成进行的分类"(Lloyd. 2010)。这时,有人会质问:当研究方法一定,得出的分类也是一定的,而每个学科只有一个正确的研究方法,所以必然只会得出一个确定的分类法。劳埃德认为可以从他提出的现象的多维度来断定这种观点是错误。还是动物分类的例子,劳埃德指出"不同的选择标准可以得出不同的分类,不同的标准可以决定一种物种的种群划入哪种分类层"(Lloyd. 2010)。又如涉及对"颜色的分类,有的分类关注在色调,有些关注光度或者色饱和度"(Lloyd. 2010),我们至少可以从以上三个维度去关注,在这里"不是说哪一个是对、哪一个是错的问题,也不应该武断地断言哪一个提供了正确的框架,而其他两个错误,是现象本身就存在多个维度"(Lloyd. 2010),从哪个维度看都可以得到一定的结果,基于不同的视角和立场,能发现它的不同侧面。那我们可以看到,"为了得到一种有序的分类学,所援引的相似性和差异性不得不先进行加权处理,而这一做法显然冒着循环论证的风险,You get out what you put in(你取出来的就是你放进去的)"(Lloyd. 2010),用什么方法去看就会得到什么结果。既然没有一个确定性的决定分类的方法,那么就没有确定的动物分类。劳埃德在这里强调的是跨文化的普遍性和文化相对论都有缺陷。跨文化的普遍性必须接受没有一个统一的解决问题的方法(诸如动物分类),相对主义须注意的是这种差异不仅仅是文化的分歧,比如还有观察者和被观察者相互影响、相互作用产生的不同方法。真实的情况更为复杂,而导致存在不同和差异的因素,在劳埃德看来是由现象本身多维度和研究他们的方法所致。

前面提到,风格本身有着"自我确证",研究风格本身的特性就暗示了其有着循环的意味。风格本身成为客观性的标准,我们无法在风格之外寻找客观推理的方式,或者寻找一个语句之为真假的条件,因为语句的真假性取决于推理风格本身。那么,相对主义似乎就不可避免。劳埃德在这里虽试图避开这一问题,但其所持温和的相对主义立场也流露出来。他的策略是把一些问题,如真假性等置于风格的内部,从而避开了任何外部的比较,因为任何外部的比较如果不处于特定的研究风格内部,就是没有意义的。

我们看到,同一个本体依据不同的研究风格得到的是不同的结果。为什么同一本体会有如此多的表达形式?是否存在一种共同本体论呢?而所有的本体论相关学说所关注的、所描述和解释的,是就同一个世界而言吗?或者是否本体本来就不唯一,我们应该承认世界的多元性,这样,每一部分都构成独立有效的研究对象吗?

从比较宽泛的意义上,这些问题的两个对比对应于两种强烈对立的科学哲学观点。多元世界认为世界上不同的人思想意识不同,彼此之间没有共性,它的答案对应于哲学上的相对主义。相对主义者坚持真理是相对于个人或者团体而言的,是具有地方性的,采取这种观点,我们就可以认为现代意义上的科学也只是地方性科学的一种。各种地方性科学可以并存,可以独立,更多的情况是在少数重合之外保持彼此的独立,整合起来构成一种多元的科学的整体图景。这种多元的科学图景实际上带给我们思考的是何谓"真理"、科学真理的唯一性、科学客观性的含义等等问题,是要引入新的思考。单一世界认为差异只是由于看世界的角度不同,它的答案对应于各种哲学实在论中的各种分支。实在论坚持只有一个可供研究的世界,这样,对于东西方之间的差异就被归于是对于同一个唯一存在的世界的不同解释。

在这里,首先遇到的需要澄清的是关于"世界"的含义,劳埃德处理了世界的含义,"一方面,当作为宇宙、整体的东西使用时,它只能有一个。另一方面,世界经常不是指所有的,而是指可以经历到的真实,这样,因为不同的人群、组织有不同的经历,所以就不存在一个共同的基础"(Lloyd, 2010)。劳埃德这里是在实践的意义上谈论世界的含义,既然通常意义上指的世界没有一个共同的基础,那么,关于本体论,劳埃德认为"一方面,我们要抵制追求一个单一的本体,去要求别人认为的真实和我们接受的真实(不管实际怎么样)获得一致等同"(Lloyd, 2010)。并且"关于世界是怎样的回答也不存在与理论无关的描述"(Lloyd, 2010),所有关于世界是怎样的回答都需要一些人工语言表达的概念框架作为中介,这种框架、这种语言都隐含着或显现着假设,都是有理论负载的,所依赖的证据具有多维度和开放性,对理论又是非充分决定,导致了不可能形成一个单一的、普遍的本体论答案。另一方面,认可多元世界时,没必要因为彼此之间的差异认为他们之间不可理解,研究者通过努力可以,抑或是可以部分地理解被研究者。

在整个讨论中,劳埃德给出了四个方法论意义上的原则性假设:第一,在解读古代材料时,使用"宽容原则",要求"我们必须假定发出的信息是可理解的"(劳埃德. 2008:8)。历史研究中,确实存在一种进退两难的局面,"一方面,如果我们使用我们熟悉的概念工具,就会产生曲解的危险。尤其是在科学史中,这种曲解既导致年代误植(anachronism),又导致目的论(teleology)"(劳埃德. 2008:1);如果用古人的概念去理解古人,先不说这种可实现性有多大,那这究竟算不算是一种理解还是个问题,或者所呈现的只是对古代材料的复述。面对这种两难境地,劳埃德在这里强调的是尽可能从我们的观点、标准出发,假定其他信仰体系下的人给出的陈述是真的,基于这种基础去解读材料,研究古代社会。实际上,对于任何复杂的历史,如果我们没有掌握"文化整体"①,便很容易导致理解错误,但这不能阻止研

---

① 文化整体(culture manifold):劳埃德和席文合著的《道与名:早期中国和希腊的科学和医学》提出的新概念。

究的进行。当我们掌握了更多的背景知识,虽然对于对象仍显得无知,但至少对其有了更为确切的把握。当然,我们也不必一直坚持原初的陈述,当我们获得更多的理解后,我们可以进行修改。第二,"不存在通往'外部'实在的直接入口——这种入口不以语词为媒介,语词或多或少都负载着理论"(劳埃德.2008:59)。劳埃德认为不存在与理论无关的描述,所有描述都是有理论负载的,所有证据对理论都是非充分决定的,这些证据具有多维度和开放性。当然,认识到观察中的理论和价值判断无法避免,并不等于说,在研究中可以采用任何基本框架了,我们反而应该说:首先,要尽量把理论偏见搞清楚。其次,"把更多的注意力转入理论负载的程度","嵌入观察陈述里面的理论因素,不仅随着理论本身的不同而不同,还随着理论负荷(theoretical charge)或理论负载(theoretical)的可大可小而发生变化"(劳埃德.2008:94),所以,我们在更为仔细地检查理论负载的程度,尽可能利用能觉察到的理论渗透程度上的差异,对不同理论框架做出最大可能的比较。再次,不能期望有最后确定的答案,所有结论都处在修正中。"历史反反复复地表明,绝大多数被那些曾经信以为真的人宣称为客观真实的物理学和哲学主张,最后证明都无法让那一群支持者深信不疑"(劳埃德.2008:70),我们需要对真实性保持警惕,当然,意识到这一点,这并不意味着要去放弃寻找答案,放弃去得出各种理论和解释,总还是存在一些行得通的概念,特别是科学上的结论,明显就比其他一些可靠些。最后,尽量避免危险的二分法,极端的语言学决定论不可取(Lloyd.2010),对词项的单义性的追求是一种理想情形或者多少受到限制,不能作为可理解性的标准来持有,也不能指望绝大多数词汇能够遵循这一条单义性原则。

三、问题与争鸣

跨文化的观点对于科学史、人类学、社会学、制度与观念史甚至认知心理学,都不可或缺。科学知识社会学是公开承认自己的哲学认识论立场是相对主义,并极力为相对主义辩护。实际上,SSK 的相对主义只是文化相对主义的一支。这种相对主义认为客观知识不存在,客观真理也不存在;知识是一种社会建构,真理并非与事实相符,而只是和文化或者用符号表达出来的意义体系的相符。这同样是对多元的推崇。相对主义的对立面是理性主义,如果说理性主义是二元论,则相对主义并非一元论,甚至是根本没有标准,而是多元论。这一点布鲁尔和巴恩斯也在《相对主义、理性主义和知识社会学》一文中提到:"相对主义绝不是对知识形式和科学理解的一种威胁,恰恰相反,它是这种理解所需要的。我们认为,相对主义对于所有这些学科都是必不可少的,人类学、社会学、制度史和思想史,甚至认知心理学等等,这些学科说明了知识系统的多样性、它们的分布以及它们的变化方式。"

劳埃德观点在《认知的变种》(*Cognitive Variations*)一书中有表现,更突出地,在《跨学科科学评论》(*Interdisciplinary Science Reviews*)杂志发表的《历史和人性:跨文化的普遍性与文化相对主义》(*History and Human Nature:Cross-cultural Universals and Cultural Relativities*)一文引起了广泛关注。《跨学科科学评论》杂志以劳埃德的观点为中心,就相关的争鸣做了一期专号。争论有来自科学史家、人类学家及科学家等,他们从不同的角度涉及这个问题。相关的评论和意见有的谈及书以及文章本身,如对其证据、案例进行考证,认为缺乏有力系统的证明;有的涉及跨文化的普遍主义和文化相对主义问题本身,比如,这个问题究竟从何而来,问题是否存在,这种二分是否成立。

以科学史家 Daston 为代表,对这种二分持怀疑态度,认为认知应该既体现了自然、文化的多样性,又存在着一定的普遍性。Daston 考察劳埃德关于认知普遍性和文化相对性的对比源于对先天遗传和后天培养(nature versus nurture)的对比理解、发展的结果,但"这种联系不是必然的,劳埃德在文中过于强调先天和培养的对比,这种先天对比培养的争论和由此带来的许多问题更多的是意识形态层面

的,而没有使科学研究内容更为丰富"(Daston. 2010)。最后 Daston
用花园作比喻,"花园是先天和培养的结合,人们很少问自己'花园是
自然的还是文化的结果',因为花园是两者皆有。花园既有植物、种
子等自然的成分,又是艺术、文明、培养和文化相互作用的结果"
(Daston. 2010)。可以看出,这种观点是说普遍主义与文化相对主
义的二元对立在某种程度上是不成立的,在这里所展示的是,普遍主
义与文化相对主义实则构成了文化的"一体两面"的辩证结构,即普
遍性中孕育着相对性,相对性中又存有普遍性。我们可以举语用学
与语义学的例子,人类的会话活动之所以能够成立,是由于当中既是
一种语义学维度的实现,又是一种语用学维度的实现。如果说语义
学代表了语言的普遍性,那么语用学则代表了语言的相对性;语言的
语义是与所指的普遍认可相关的,而语用是与具体语境分不开的。
因此,人类的日常语言运用本身,就已经为我们彰显出语义学与语用
学二者不可分的情形。科学史家、亚述专家 Francesca Rochberg 则
用古巴比伦的例子说明还存在二分之外的情况,"美索不达米亚出现
过多种文明,而其科学的发展也是存在着多样性,现代意义上的西方
和非西方的划分在美索不达米亚是难以澄清的,那么,从其地理位置
上的这种特殊性来代表其科学的发展历史就再好不过了。在多样系
统,通过概念使得不同视角和观点可以比较、可通约,甚至超越我们
自己的经验和观点,以达到理解其他文化的可能"(Rochberg.
2010)。文化学者张隆溪认为"普遍和相对主义都存在一定的缺陷,
真实的情况更为复杂,不是二分可以让我们信服的,我们更应该选择
知道真实的复杂性,而不是相信一个是完全一致或者完全不同的错
误情况"(Zhang Longxi. 2010)。关于文化的普遍主义与相对主义之
争的问题,就其理论层面进行探讨丧失了许多实际的意义。张隆溪
也试图要摆脱关于不可通约性的论断,"一方面,存在逻辑上的困难,
认为没有人能做出不可通约性的推断,因为做出这样的判断预设着
这个人对两方面都了解,知道他们真正地不可通约,但这样跨文化的
知识是不可通约性排除和否定的。另一方面,否认理解跨文化的可

能性,坚持东西方的不可通约性,只会导致另一个极端,隔离文化和文明冲突的危险"(Zhang Longxi. 2010)。同样质疑这种二分的还有生物学家 Patrick Bateson。

认可多样性的学者也有,他们从各自的学科领域来提倡多样性的重要性。最典型的是人类学家 Robert A Foley,他从生物视角出发,通过考察进化过程来改变我们对于认知普遍性的预期。认为"人们通常持有的观点是普遍的就是生物的,但是整个进化生物学是依靠物种多样性的存在,关于普遍性和生物之间的联系的观点就是错误的,生物的不一定是普遍的,文化的也不一定是多样性的,通常持有的论断是错误的。理论上,从进化的视角,没理由相信普遍性"(Foley. 2010)。多样性是生物机制和文化过程、环境相互影响的结果,应该注意到多样性的重要而不只是普遍性。Viveiros de Castro 也是推崇多样性的。

对于劳埃德提出"研究风格",试图来解决所有相关问题,人类学家 Marilyn Strathern 提出,有些问题还不仅仅是风格的问题,"有时学术著作为了在不同程度上引起注意,或达到自己要表达的意思,采取不同的修饰和写作方法,可以说写作方法上的问题不仅仅是风格的问题"(Marilyn. 2010)。

从上文几个不同的论述中,可以很明显地看到这些学者们在某些方面的一致性,如对于过分简单二分的论断并不赞同,认为实际是更为复杂的情形,需要在特定的范围内做出判断。其实,这也是劳埃德一直在努力做的,他希望通过对不同"研究风格"的关注,以及对理论渗透的不同程度进行考察,来消弭既要承认普遍性又要承认不同的古代研究者描述的实在之间的差异性这两方面的张力。虽然如上所述,跨文化普遍主义和文化相对主义在不同的学派之中的应用也有所差异,但是"历史学家要阅读人类学家的著作……意识到人类学解释的不同学派,并且把这些融入历史学家自己的社会组织观念之中,而不是要……介入到他们之间的内部争论之中"(Goodman. 1997)。

四、结论

首先，可以看到，劳埃德的确提出了一个在历史研究中（特别是在科学史研究中）十分重要的更高层面的历史观问题，对其进行理论思考并给出回答。虽然在不同阶段、不同领域的人们对此问题的看法各有不同，但对此问题提出的意义和重要性却是一致肯定的。我们同时也应该看到，跨文化的问题就其实质而言，是研究面临的一个现实问题。

其次，应该注意到，这里关于跨文化普遍主义与文化相对主义的争论并不单纯是具体的方法层面上的，更重要的是方法背后存在的观念。跨文化普遍主义体现在传统的科学观上，传统科学观对科学的定义，就像当代科学史奠基者萨顿所说的那样，认为科学是系统的、实证的知识，或在不同时代、不同地方所得到的、被认为是如此的那些东西；科学的定理，即这些实证的知识的获得和系统化，是人类唯一真正积累性的、进步的活动。这是一种一元论的科学观，其背后假定了几个条件：一是真理的唯一性；二是认识唯一真理的可能性；三是在西方近代科学传统中，观察实验作为基础的可靠性。文化相对主义对应于新的科学观，提倡科学的多元文化性，也就是一种新型的多元的科学观。我们既不能采取极端的跨文化普遍主义的方法，也不能因此走向另一个极端，去采取极端的文化相对主义的方法，真实的情况更为复杂，是在特定的范围内存在的。

再次，科学史领域同样反映了对普遍主义的反思，体现在西方科学史研究经历以西方"主流"科学为主要研究对象，到以西方近代科学为参照系的非西方科学史研究，再到后殖民主义和人类学等立场下的多元文化科学观基础上的科学史研究的大致发展脉络。这一方面启示我们的科学史要摆脱以西方科学为参照系的辉格式的研究范式的束缚；另一方面，要求我们对于西方近代科学的普适性、唯一性保持一种清醒的批判态度。

　　最后,人们应采取多元的视角,强调各自语境存在的自身价值和意义,对具有不同文化背景、不同时代的历史的多元性持开放态度。研究科学史,所采取的科学史观既不能是完全按照当代人的价值标准去衡量古人,这样写出来的科学史无疑只能是朝着今天现代科学不断累积和发展进步的表象,是一种辉格史,历史内容本身的丰富性与多样性却在此过程中逐渐丧失了;但另一方面,也不能强调完全要按古人的概念框架进行研究,先不说这种研究如何可能,因为如果全部用古人的语言来解读那充其量也只能是一些概念的复制而已。"回过头来看看历史,任何语境都不是完全孤立的,历史就是各个不同语境的系统碰撞和融合的过程,是一种再创造的过程,但并非意味着个性的完全消失,更不能以某种方式过分强化地、人为地将二者结合在一起"(刘兵.2007)。因此,应该在这两种倾向之间保持一种适度平衡,也许只有这样,才可能带来对科学史的真正理解。

4 人类学与科学史研究立场的异同：关于"主位""客位"与"辉格""反辉格"的比较研究①

一、引言

目前，学科间的交叉已经成为一种普遍现象，也因而产生了众多引人注目并富于启发性的新成果。然而，在我们注意人文社会科学领域中的学科交叉时，也注意到不同学科之间一些最基本的概念与方法在最基础性的意义上的异同，也会让我们对于学术研究的某些"共性"与"差异"有更好的理解。近些年来，在人类学与科学史方面的交叉日益增多，尤其是站在科学史的立场上看，科学史这个学科可以从人类学的理论立场和研究方法中获益良多。当然，人类学与科学史本是两个不同的学科，其间无论在对象、理论、方法、趣味上都有着极大的不同，但在更深层的意义上，其间一些最基本的问题，也还是存在着某些共同性，甚至是近乎平行的发展。本文，即立足于此，将人类学中的"主位"与"客位"这一对核心的概念，与科学史中的"辉格式"解释与"非辉格式"解释，作一比较性的科学编史学研究。

---

① 本文作者刘兵、包红梅，原载《云南师范大学学报》(哲学社会科学版)，2011年第2期。

二、一组对立的概念与两种对立的立场

（一）在人类学中主、客位概念

"主位"与"客位"概念是人类学研究中较为重要和基础性的一对范畴，尤其在如今的人类学田野调查以及随后的民族志写作过程中具有不可替代的地位。如果要仔细地追溯人类学中主、客位概念的引入，前后有着比较复杂的过程。简单地说，"主位"（emic）与"客位"（etic）最初是由语言学家派克（Ken-neth Pike）在 1954 年所使用的。他指出这两个词分别是利用"音位学"（phonetic）和"音素学"（phonemic）的后缀创造出来的（Pike. 1954:42）。"语音学（即音素学）根据发音研究某种语言的声音，这些语言的发音因通过人体各部分发挥的不同作用和声波对环境产生的独特影响而被分门别类"，"音位学研究的声音属于某种隐含而无意识的语音对比系统，本地语者藉着内在于他们头脑中的对比系统，识别其语言中有意义的发音"（哈里斯. 2006）。也就是说，不懂本地语的人（外部视角）看语言看到的是其结构，即其物理属性，而以其母语者（内部视角）看到的是语言本身的意义，即其社会属性。派克认为这种语言学上的分析方法对于文化研究同样具有重要意义。文化的主位研究，类似语言学中的音位分析方法，从文化内部看文化，更容易理解特定文化所包含的特殊意义；文化的客位研究，类似语言学中的音素分析方法，从文化外部看文化，更多是和自身文化的相比较当中去理解文化差异。

其实早在派克创造"主位""客位"两个词之前，类似的研究方法已经被人类学家所运用，只是没有对其进行明确的论述和讨论。比如，以博厄斯（Franz Boas）为首的历史学派在田野调查当中，就已经非常强调当地人的想法（即后来被称为的"主位方法"）。博厄斯指出，"如果理解一个民族的思想就是我们严肃的目的，那么对经验的全部分析就必须建立在他们的概念基础上，而不是建立在我们的概

念基础上"（Boas. 1943）。

此外，也有一些人类学学者在田野工作中实践着这两种不同的研究立场。而"有关民族志主位方法的一些更重要的纲领性阐述是由弗雷克、格拉德温、斯特蒂文特和古迪纳夫 1957 提出的"（皮尔托，帕梯.J. & 皮尔托，格丽特尔. H. 1991）。例如，其中古迪纳夫就通过关注文化和语言的关系，认为语言是文化的一部分，也是学习文化的工具。通过学习和使用其语言去了解和获得另一个社会的文化——对文化的分析可以通过对具有文化意义的语言的分析、语义学分析来获得。通过对言语行为的观察可发现文化的形式。不过，像这样的分析虽然与前面所说的派克的"主位""客位"更立足于语言学的概念有所相关，却已经更以人类学家的立场在与文化相关的意义上来进行讨论。当然，这与后来更为明确的人类学中的"主位""客位"的方法概念相比，应该还算是中间过渡的发展形式。

在诸多前人基于语言学和文化人类学讨论的基础上，美国人类学家哈里斯（Marvin Harris）对主客位方法进行了较为系统的阐述。他最初是在 1964 年的《文化事务的本性》一书中引用派克的"主位""客位"两个术语（Harris. 1964：133—150），主要还是讨论有关语言行为方面的内容，后来在其《文化唯物主义》和《文化人类学概论》两本书中则进一步明确阐述了主位、客位研究方法。哈里斯认为，想要全面地说明一种文化，可以从事件参与者和旁观者两个不同的角度去观察这一文化中人们的思想和行为，前一种方法叫"主位法"，后一种叫"客位法"。这两种方法对于田野调查来说都是必要的。哈里斯指出，"在进行主位文化研究时，人类学者要努力去获得必要的有关类别和规律的知识，以便能像当地人那样去思考问题、去行动"，"客位研究方法常把当地提供情况的人认为是不恰当或无意义的活动和事件进行比较和评价"（哈里斯. 1988：17）。

（二）在科学史中"辉格"与"反辉格"概念

本文作者之一，曾专门讨论过科学史中的辉格解释问题（刘兵.

1991）。为了讨论的方便，这里对有关情况再简述一下。在英国历史上，曾有过两个对立的政党：辉格党（Whig）和托利党（Tory）。早在19世纪初期，辉格党阵营中的一些历史学家从辉格党的利益出发，用历史作为工具来论证和支持辉格党的政见。同样，托利党的历史学家也有着鲜明的党派立场。这正如辉格党的历史学家麦考莱（T. B. Macaulay）所明确地指出的，在很长的时间中，"所有辉格党的历史学家都渴望要证明，过去的英国政府几乎就是共和政体的；而所有托利党的历史学家都要证明，过去的英国政府几乎就是专制的"（Fisher. 1928:6）。

1931年，英国历史学家巴特菲尔德（H. Butterfield）出版了《历史的辉格解释》一书。在这部史学名著中，巴特菲尔德将"辉格式的历史"（或称"历史的辉格解释"）的概念作了重要的扩充。巴特菲尔德明确地指出，这本书"所讨论的是在许多历史学家中的一种倾向：他们站在新教徒和辉格党人一边进行写作，赞扬使他们成功的革命，强调在过去的某些进步原则，并写出即使不是颂扬今日，也是对今日之认可的历史"（Butterfield. 1978:V）。

据此，巴特菲尔德提出了一个广义的辉格式（whig）历史的概念，它涉及历史学研究中更为一般和更具有普遍性的一种倾向，是一种任何历史学家都可能陷入其中而又未经检查的心智习惯。也就是说，这是指历史学家们采用今日的立场、观点来编织其撰写的历史，认为只有这样，历史上的事件才是有意义的和重要的。巴特菲尔德认为这样的立场是有问题的，历史学家不应强调和夸大过去与今日之间的相似性，相反，他的主要目标应是去发现和阐明在过去与今日之间的不相似性，认为历史学家们的立场应该是："不是要让过去从属于今日，而是……试图用与我们这个时代不同的另一个时代的眼光去看待生活。假定路德、加尔文和他们那代人只不过是相对的，而我们这个时代才是绝对的，这样做是不能获得真正的历史理解的；要获得这种理解只能是通过充分承认这样一个事实，即他们那代人与我们这代人同样正确，他们争论的问题像我们争论的问题一样重要，

力。"(Butterfield. 1978:16—17)

　　巴特菲尔德对于辉格式历史研究立场的批评,后来在科学史界产生了深刻的影响。此前,科学史界几乎一直是在以这种"辉格式"的立场来撰写科学史。例如,站在今天科学的立场上,将历史上的"科学"和"伪科学"截然分开,写出科学一路走向今天的胜利的光辉历史。大约从 19 世纪 50 年代开始,在专业的科学史学家当中,极端的辉格式研究倾向开始逐渐为"反辉格式"的研究所取代。尤其是,随着美国科学史家职业化,新一代科学史家的一个鲜明的标志就是对"辉格式"历史的拒斥(刘兵. 1999:44)。也正是在这样的立场和倾向中,才会出现后来对于像牛顿的炼金术手稿的研究,以及其他更多对于在以往的科学史中被忽视了的内容的研究,从而向人们展示了科学史的另一种面貌。

三、两组概念在两个学科中的意义与争议

(一) 关于人类学中主、客位研究立场

　　在人类学中,虽然对于究竟采用主位还是客位的立场等问题还有争论,但至少主位和客位已经成为人类学领域中研究方法或立场方面的基本概念了。

　　对于主客位研究方法,在人类学发展的不同阶段有不同的侧重,不同的人类学家也有不同的偏好。在人类学发展的早期,人类学家们更多是运用我们现在认为的客位意义的研究方法,即将自己完全当作局外人来看待土著人及其日常生活,按研究者的价值判断去评价土著人的文化行为,其结果是形成了进化论和传播论等西方中心主义的文化理论。但从英国人类学家马林诺夫斯基(Bronislaw Malinowski)开始,情况有了转变。经过长时间的田野调查,马林诺夫斯基领悟到:想要真正了解土著人的想法,必须要贴近他们的生

活,尽可能用他们的思维方式去想问题,从而开创了这种"移情"式的研究方法。之后很多著名的人类学家都沿着马林诺夫斯基的道路,在田野调查中非常注重当地人的想法,"尤其从 60 年代开始,人类学、民族学的理论话语和研究兴趣已经转移到理解本土人的思想观点、理解他们与生活的关系、理解他们对于他们自己世界的看法上来"(马尔库斯,费彻尔. 1998:47)。又如,历史学派的博厄斯等人和解释学派的吉尔兹(Clifford Geertz)等都比较强调主位研究方法。

但是,这并不表明这两种方法哪个更优。实际上,它们作为人类学研究的两种不同的视角和取向,各有各的优缺点。主位视角由于是"从内部看文化"能够从当地人的立场去思考当地人的问题,从而相对来说更容易理解被研究者的思维方式、情感表达和行为活动背后的意义,对于理解特殊群体独特的文化体验和解释一个特殊群体文化的细微差异有更大的作用。由于长期共同生活体验产生的情感共鸣,能够更深刻地体悟"局外人"所无法理解的文化细节,获得更多的在"局外人"看来无意义的,而实际上却非常重要的文化信息。但是主位研究方法也有它自己无法克服的理论困境。如何能真正做到从当地人的立场和视角看问题,这是个难题。如果研究者就是当地人那么情况可能会好一点,毕竟他对当地的语言到文化都很熟悉,能更好地理解当地人的想法。但与此同时,由于太了解反而对很多重要问题会熟视无睹,失去研究者需有的敏感性,从而可能会影响其研究结果。而如果研究者是个对当地毫无了解的外地人,且对其语言也不熟悉,这虽然能使他保持对各种现象的敏感性,但同时却降低其从"内部视角看文化"的质量。因为,语言的障碍会使研究者缺失很多有用的信息,即使学会了当地语言,但语言所负载的各种文化内容却不是一年半载能够领悟到的。此外,毕竟一种经过千百年的积淀而形成的特殊文化形式,并不是研究者一朝一夕就能习得的。这也正如布迪厄(Pierre Bourdieu)所说,人类学家经过一段时间的田野调查也许能够洞悉这个社会在历史上形成的各种权利(或资本)形式的一系列关系,即其"客观结构",而很难"习得"积淀在个人身上的由一系列历史关系构成的"身体化"结构。因此，"在很大程度上，一个文化人类学研究者并不能感知一个当地文化持有者所拥有的相同感知。他所感知的是一种游离的，一种'近似的'或'以……为前提的''以……而言的'，抑或诸如此类通过这种修饰语言所涵示的那种情景"（吉尔兹.2000:75）。

客位研究方法，从外部视角看他者的文化，也有其自身的优点。就如我们通常所说"当局者迷，旁观者清"，人类学家作为旁观者看异文化时，更容易看到这一文化相对于其他文化的独特特征，能够发现很多被他们自己习以为常的，自己发现不了的问题和意义；"更容易看到事物的整体结构，更容易看到整体和其他相关现象之间的联系，也更易于发现和预测研究对象的发展脉络和趋向"（岳天明.2005）。但同时客位分析方法也有很多缺点，比如单一的客位描述往往造成不同文化之间的误解，用研究者的思维模式、价值观念和道德标准等去衡量另一种文化，很容易排斥和贬低对方或者强加给它原本不存在的意义，做出不合理的解释等。

事实上，在实际的研究中，主位视角和客位视角并不是截然对立和相互排斥的，而是互相补充、相互渗透的一对范畴，很多情况下两者也很难进行绝对的区分。如在人类学的结构调查中，"因为任何结构调查都必须依赖于人的言语反应（而不是直接观察），按照哈里斯的定义，可能认为这是主位方法的。但是结构调查经常由田野工作者根据自己的观察者的理论观点来设计，并按照人类学的（而不是"土著"的）范畴来解释"（皮尔托，帕梯·J. & 皮尔托，格丽特尔·H. 1991）。

因此，实际上，并不存在绝对的主位研究或绝对的客位研究，人类学家所要做的更多的是对两者取长补短，将两者结合起来，寻找一个平衡点。就如吉尔兹所说，"既不应完全沉湎于文化持有者的心境和理解，把他的文化描写志中的巫术部分写得像是真正的巫师写的那样；又不能像请一个对于音色没有任何真切概念的聋子去鉴别音色似的，把一部文化描写志中的巫术部分写得像是一个几何学家写的那样"（吉尔兹.2000:75）。至于如何做到这一点，还要看研究者本人的能力和悟性了。

(二) 关于科学史中"辉格式"与"反辉格式"立场

前面提到,在科学史领域中,从 20 世纪 50 年代开始,出现了对于"辉格式"科学史的拒斥,职业科学史家们热情地追求和拥抱"反辉格式"的立场。然而,到 20 世纪 70 年代以来,在科学史家们当中对此问题又出现了新的反思,让人们认识到了那些职业科学史家们所追求的极端的反辉格式历史的不可能性。

颇有反讽意味的是,人们首先注意到了一个矛盾的现象,即最先提出"辉格式"历史来作为历史学一般性概念,并对这种立场持批评和反对态度的巴特菲尔德本人,后来也曾涉及科学史的实际撰写,在1949 年出版了一部重要的科学史著作——《近代科学的起源》,但他的这本科学史著作的写法,却正是他所强烈批评的那种辉格式的写法。在书中,他并未试图在一个时代的总体构成中(即社会的、智力的乃至政治的构成中)去理解那个时代的科学,甚至于预先便知道近代科学的起源在何处,这样,他描述的只是能够表明在 17 世纪的科学中带来了近代对物理世界的看法的那些成分,更不用说他也根本就没有提到像帕拉塞尔苏斯、海尔梅斯主义和牛顿的炼金术等内容。

1968 年,还是在科学史家们热情追随"反辉格式"科学史的时候,著名的美国科学史家和科学哲学家库恩在为《国际社会科学百科全书》撰写的条目"科学的历史"中,曾提出了科学史家们持"反辉格式"立场的理想做法,即"在可能的范围内……科学史家应该撇开他所知道的科学,他的科学要从他所研究的时期的教科书和刊物中学来……他要熟悉当时的这些教科书和刊物及其显示的固有传统"(库恩.1981:108)。但问题是,科学史家真的能够彻底忘记他所知道的当代科学,让自己的头脑变成"真空"再回到过去吗? 显然,这是不现实的。

在科学史家中,毕竟还有一些人持有不同程度的"科学主义"立场,认为科学这个科学史研究的特殊对象不同于其他历史研究的对象,因为它带有了某种客观性,可带着人们走向"真理"。当然,这种坚信科学的"进步"的信念,已经被后现代主义等新兴的科学史研究在相当程度上所解构,但无法否认的是,今天人们即使进行"反辉格式"的科学史研究,仍无法彻底摆脱今天的科学背景知识和社会价值取向的影响。

纵观 20 世纪七八十年代科学史家对此问题的反思,一个共同点就是,认为极端反辉格式的研究方法是不可能的,也是有问题的,但他们通常也不赞成极端辉格式的倾向,而是赞同两者的有机结合。克拉(H. Kragh)在其 1987 年出版的《科学编史学导论》中的观点似乎是有代表性的,他认为:作为一种方法论的指南和对辉格式历史的解毒剂,反辉格式的编史学是必不可少的,但它只能是一种理想。历史学家无法将他们从自己的时代中解放出来,无法完全避免当代的标准。在对一特殊时期进行研究的初期,人们无法按那个时代自身的标准作评价和选择,因为这些标准构成了还未被研究的时代的一部分,它们只能逐渐得以揭示。为了要对所研究的课题有任何观点,人们就不得不戴上眼镜,不可避免地,这副眼镜必然是当代的眼镜。克拉的结论是:在实践中,历史学家并不面临在反辉格式的和辉格式的观点之间的选择。通常两种思考方式都应存在,它们的相对权重取决于所研究的特定课题。历史学家必须具有像罗马神话中守护门户的两面神(Janus)一般的头脑,能够同时考虑彼此冲突的辉格式与反辉格式的观点(Kragh, 1987:104—107)。

四、简要的比较与分析

前面分别讨论了人类学领域中的"主位"与"客位"的研究立场,以及科学史中的"辉格式"和"反辉格式"立场。如果将这两件事放到一起进行比较和分析,我们会发现一些有趣的共同之处、一些差异,也可以尝试得出一些有启发性的结论。

先说差异,由于传统中人类学与科学史研究的对象不同,差异是明显的,首先是在研究的共时性和历史性方面的差异。但其实这种差异在我们所关心和讨论的问题中并不十分重要,而且,后来像历史人类学的出现,以及科学史中对人类学方法的借鉴,又在一定程度上减小了这种差异。

由于学科的不同,还有另一个差异存在,即这在两个学科中这两组对立的概念出现的根源不同。主位和客位的对立,主要是源于研究者和被研究者之间的不同。解释人类学的代表者吉尔兹曾这样说:"最重要的是,我们(人类学家)首先坚持认为,我们是透过自己打磨的透镜去观察其他人的生活,而他们则是通过他们自己打磨的透镜回过头来看我们。"(莱德曼等.2009:25)而科学史中的"辉格式"与"反辉格式"立场的对立,表面上似乎是源于是否采用当代的标准的问题,实则是源于历史研究必须要对那种原则上无限丰富的"历史"进行节略,辉格式的历史只不过是给出了一种简便但又过于简便的节略标准,而反辉格式的历史,则体现出了一种试图对抗节略但又无法彻底实现的理想。

尽管有这样的差异,但共同性还是明显的。在这两个领域中,这两组对立的概念和相对应的立场,分别对应着两个领域中在研究方法、视角和立场上两种极端的理想化。而在现实的研究中,这种理想化却是无法真正彻底实现的,于是,人们只能根据不同的与境进行自己的选择,不同的选择,其实恰恰带来了在各自研究领域中研究结果的多样性。

再向深处,也许这种讨论还可以引申出一种哲学上的思考,即传统中所谓客观性和主观性的对立。从形式上看,主位,或者反辉格式的科学史,似乎代表着对于某种"客观"的追求;而客位,或者辉格式的科学史,则因承载了研究者的立场和观点而带有某种主观性,但在现实的研究中,实际上两种极端的客观与主观又都是无法实现的。也许,正是在这两种理想的主观与客观之间不同的妥协和有差异的选择,才带来了对于文化和历史的多样性的写作。

5 科学史研究中的"地方性知识"与文化相对主义①

近年来,学科之间的对话和交流已经成了各个学科发展的一个趋势,学科之间互相交叉、互相渗透,其中历史学与人类学这两个学科之间的对话和互通十分引人注目。从目前科学史界的研究状况来看,在国际科学史界,一些学者也开始积极探索与人类学相结合的研究路径,并做出了若干实际的研究成果。而在科学编史学领域,对于"从人类学视角来研究科学技术史"这一新的编史学方向,还没有整体系统的研究。

在当今学科对话的大趋势下,理解科学史研究的思潮和走向,分析和借鉴人类学的视角和方法,应当成为科学编史学研究的一项重要内容。在这种背景之下,对"在科学史研究中,人类学观念、方法、理念等的借鉴和应用"作科学编史学的考察,无疑具有重要的意义。本文即站在编史学的角度,分析人类学中的"地方性知识"在科学史研究中的应用,重点论述该思想的引入给科学史研究带来的变化以及对科学史研究的意义。

---

① 本文作者刘兵、卢卫红,原载:《科学学研究》,2006 年第 1 期。

一、人类学与科学史

自从新史学派倡导新史学以来，历史学界已经展开了对传统史学的反思，历史学家也越来越重视史学理论的思考和对研究方法的更新；新史学理论的发展，使得历史学与社会科学包括人类学、社会学的对话，已经成为历史研究的重要趋势。年鉴学派的代表人物勒高夫曾经提到，历史学应"优先与人类学对话"（勒高夫.1989：36）。对于历史学和人类学这两门学科的密切关系，学者们有过若干论述，科恩（Bernard Cohn）曾清楚明确地陈述道："历史学在变得更加人类学化的时候，可以变得更加历史学……人类学在变得更加历史学化时，可以变得更加人类学。"（Goodman.1997：784）在新史学的倡导下，历史学研究领域中出现了与人类学进行对话的积极局面，这种对话和互通既包括概念和思想的借鉴，也包括方法的引入。

具体到科学史的研究，已经有科学史家意识到这种对话和结合的意义，并且进行了一些实际的科学史研究。在这些科学史研究中，体现出了以下几个方面的特点：

第一，人类学基本概念的引入，给科学史研究带来新的研究视角和领域。例如，其中一个例子，就是在科学史研究中"结构"概念的引入。"结构"是人类学研究的一个核心概念，曾被认为是历史学中"过程"概念的对立面，这种二分，甚至成了人类学与历史学进行对话和沟通的障碍。印度学者恰托帕德亚亚（D. P. Chattopadhyaya），曾针对这种状况提出在历史学研究中采取结构和过程的互补（Chattopadhyaya.1990：70—72）。正如人类学家日益认识到"时间"的重要性一样，历史学家也开始意识到"文化"等概念的重要意义。因此我们可以说，人类学基本概念的引入，确实能够给科学史研究带来新的研究视角和领域。

第二，人类学对于科学、技术概念以及科学史研究领域的扩展，对传统的编史学观念提出了挑战。人类学视角和方法的引入，可以打破对科学技术的传统界定,扩展科学以及技术的概念,并进而使科学技术史的研究领域和范围得以扩展。

以技术史为例,在传统的标准技术观念的定义中,其"背后所隐含的是一种以西方近代技术的发展为模本的对技术的认识"(刘兵. 2004)。在技术人类学的研究中,人类学以多种不同的方式界定技术,突破了技术的"标准观念",技术不仅仅是指用以使用的最终产品,还被理解为过程中的意义,除了实用功能外,人造物的符号和仪式性的功能得以强调,有一些仪式本身也进入了技术的研究范围(Schiffer. 2001:3—5)。传统观念中,对技术功能和形式之间所做的二分,只是对人造物的反与境和去历史化的产物(Pfaffenberger. 1988)。

在科学史的研究中,同样涉及如何定义"科学"的问题,对于科学史研究来说,什么样的"科学"定义才是恰当的,而"精确"(exact)的科学史应该研究什么? 到底什么样的研究内容才属于科学史的真正研究范围? 著名学者平格里(David Pingree)曾经对古代美索不达米亚,古代以及中世纪的希腊、印度和中世纪的伊斯兰进行研究,他所研究的科学,有和星座相关的各种天文学,以及它们所采纳的不同的数学理论,还包括占星术、巫术、医学等(Pingree. 1992)。他正是在这些研究中体现了人类学的独特关怀。

第三,对于非西方民族的科学、技术以及医学史的关注。

人类学的独特视角和关怀,是对非西方民族文化的研究。科学史研究领域的扩展和变化,使得原来在正统科学史研究之外的非西方民族的科学、技术以及医学史研究,进入了科学史研究者的视野。在人类学的研究领域中,出现了科学技术人类学、医学人类学等,对于非西方民族的科学技术以及医学,进行了卓有成效的研究。科学史研究者可以充分借鉴人类学在这方面的成果,并在科学史研究中形成新的研究范式,形成一种对"他者"的关怀,突破一元的、普适的科学概念,使科学史研究形成一种丰富而又更加接近真实的局面。

二、科学史研究中"地方性知识"的引入

著名的阐释派人类学家吉尔兹(Clifford Geertz),被称作是韦伯社会学与美国文化人类学中博厄斯(Franz Boas)的文化相对论传统的集大成者。吉尔兹对于人类学的重要贡献之一,便是对地方性知识的重视。

人类学中民族(ethno -)概念所包含的意义,就是"基于当地意识的基础构成的文化整体观",吉尔兹将其精神实质总结为"地方性知识"(王铭铭. 2002:63)。人类学强调对地方性知识的承认和重视,"'地方性知识'是指有意义之世界以及赋予有意义之世界以生命的当地人的观念",而"地方性历史"则"意指按照历史的模式来研究地方性知识"(Biersack. 1989)。采用人类学关于"地方性知识"观念,是对原来不属于知识主流的地方性知识予以重视,继而对地方性历史之合法性给予承认。在此基础上,才有可能以一种合理或者公正的态度去发现、研究地方性历史的多样性。对于科学史研究而言,同样是如此。

地方性知识所体现的是一种观念。"地方性知识的确认对于传统的一元化知识观和科学观具有潜在的解构和颠覆作用。过去可以不加思考不用证明的'公理',现在如果自上而下地强加在丰富多样的地方性现实之上,就难免有'虚妄'的嫌疑了。这种知识观的改变自然要求每一个研究者和学生首先学会容忍他者和差异,学会从交叉文化的立场去看待事物的那样一种通达的心态"(叶舒宪. 2001)。这就是说,在对待科学的问题上,我们更需要这样一种开放的心态,对于人类多元的科学给予承认并加以研究。

地方性知识这一观念的引入,及其给科学史研究带来的变化,可以从以下几个方面加以论述:

第一,采用地方性知识的观念,可以认为现代意义上的科学其实也只是地方性科学的一种。以医学来讲,如其他各种民族医学一样,

现代意义上的生物医学也只是民族医学中的一种。"生物医学并非是通常所认为的'客观的他者'（objective other），'科学的推理'（scientific reasoning），它是受到文化和实践的推动，并且和传统的民族医学体系一样是变化和实践的产物"（Nichter. 1992：ix—xxii）。比如，在不同的民族中，对于身体、健康、生死等都有着不同的观念，因此，在一些民族医学史的研究中，必须充分认识到当地人对于疾病、治疗等的不同观念，只有在意识到这些的前提下，才可能对地方性的医学史做出有效的研究（Laderman. 1992：191—206）。

　　第二，任何科学事件的发生，均是在特定的时间内、特定的空间之中。如此说来，没有任何科学史不是关于一个地方性的事件或者一系列事件，地方性观念的引入，可以避免哲学意味的简单推论，而尽量还科学史以真实的图景。关于这一点在下文的阿拉伯科学的案例中会有具体说明，此处不再赘述。

　　第三，地方性知识的关注，强调从当地人的视角来看问题。在吉尔兹的解释人类学中，一个极其重要的观念就是"文化持有者的内部视界（native's point of the view）"（Hess. 1992：2），强调从文化持有者的内部眼光来看问题，而不是把研究者的观念强加到当地人的身上，不仅是从研究者的视角来对当地的文化现象做出解释和评判。在科学史研究中，对于非西方民族之科学、技术以及医学史的关注，要求从当地人的自然观、信仰、关于身体的观念等出发来看待其自身的历史，突破以西方科学作为评判其他民族智力方式的标准，并决定科学史研究范围的状况。而这样的研究倾向，恰恰也正是那种"反辉格式"的科学史的一种体现。

三、科学史研究案例分析

　　为了更具体、形象地说明在科学史中引入"地方性知识"的研究，我们在这里可以举两个较有代表性的研究实例。

　　对于阿拉伯科学，传统的科学史研究所关注的，主要是阿拉伯科学在整个西方科学史发展中的有用部分,如其中的翻译运动,而忽视了其本土文化中的具体科学史。这里举出的第一个研究案例,就是萨巴拉(A. I Sabra)对于阿拉伯科学的研究。这一研究把阿拉伯科学放到了两个语境中:一是阿拉伯科学传统在整个科学史中的地位;二是阿拉伯科学传统在产生和发展了这一传统的文明即阿拉伯文明中的位置。

萨巴拉主张把地方性作为编史学的一个焦点,他提出,"相信没有人会对所有历史都是地方性历史这一观点进行争论,不论这种地方性是属于一个短事件或是一个长故事,所有的历史都是地方性的,科学史也不例外",科学史家"探究的现象,不仅是存在于空间以及时间中,而且还存在于事件中,同时与我们称之为'文化场境'中活动的个人相关,事实上,事件也是由他们来创造的"(Sabra. 1996)。

该项工作主要是研究了在 9 世纪的巴格达,伊斯兰、阿拉伯以及希腊文化的交叉汇和的复杂状况,以及阿拉伯的地方性科学(研究者特别提到,如果我们可以用 science 以及 history of science 来代表阿拉伯过去的智力行为的话,事实上,这些东西不过是西方用于表述其自身概念的术语罢了)。阿拉伯的科学史并不是简单的如人们所想当然的那样,事实上,在当时的伊斯兰文明中,科学行为存在于三个地方,包括法庭(the court)、大学(the college)和清真寺(the mosque)。作者分别详细地论述了在这三个不同的地点中,来自希腊传统的科学与伊斯兰宗教以及阿拉伯的本土科学,希腊科学在不同地方中的不同遭遇,大学中的学者、法庭中的人员与清真寺中的星相学家等的不同观念和行为,以及他们在阿拉伯科学中的地位和作用。如在当时的大学中,科学或"哲学"都是世俗的行为,不依赖于任何宗教的权威,当然宗教亦不阻碍这种自我合法化(self-legitimizing)的思想形式的独立存在。与同时期中世纪的欧洲不同,伊斯兰哲学家或哲学—科学家们,通常不是神学者或宗教秩序的成员。清真寺里的星相学家们,则发展了与西方体系不同的星相、宇宙知识。

这样的研究向我们展示了采用地方性观念的有用性,以及通过把阿拉伯科学传统放置到两个语境中进行研究的优势:一方面研究了阿拉伯科学传统，在特定的时间中阿拉伯科学发展的情况；另一方面也和其他科学传统相联系，比较伊斯兰文明和欧洲的不同，对那种很少注意科学知识的跨文化传递的编史学进行修正。

　　另一个相关的案例，是拉富恩特（Antonio Lafuente）对于"18世纪晚期西班牙世界中的地方科学"所做的研究。这项研究通过对西班牙的两个殖民地墨西哥和哥伦比亚的考察，来评定在18世纪西班牙帝国中，地方的和宗主国的科学实践和理论的形成。针对宗主国的科学和殖民地的科学，拉富恩特通过具体的考察提出："殖民地科学"并不是一个从宗主国到殖民地的简单的扩张过程，从传播者的角度来看，接收过程只是对于所传播内容的完全或者简单的拷贝，但对于接收方来讲，却是非常复杂的过程。在墨西哥，在对植物学的研究中，当地的和宗主国的科学家在欧洲知识同化当地知识的问题上达成了协商，但在哥伦比亚，皇家植物学远征（Royal Botanical Expedition）（1783—1816）则遇到了阻碍，在关于植物的分类系统以及科学和政治利益的关系上，激起了总督和当地知识分子之间的争论。

　　站在殖民地的立场和视角来看，科学中心不只是有一个而是有很多个。这表明了统治精英们想要建立一个位于金字塔顶端的负责科学和技术事务之决定的学术团体的失败，也同时表明了科学家们试图在一个自主的、自治的学术氛围中获得合法性的无能。"宗主国科学的可信性不是唯一的问题，还有对于把价值和当地流行的价值相对立的批评。"（Lafuente，2000）

　　这项研究从科学接收者的视角，对这一时段中西班牙的两个殖民地的实际科学状况进行的研究，展现了在植物分类学、天文学等领域中，当地科学自身的特点，以及对于宗主国科学传播的对抗。地方性观念的采用和对殖民地科学史的研究也是紧密联系的。

四、"地方性知识"与文化相对主义

　　从人类学的立场来看，获得地方性知识的第一前提是传统心态与价值观的转变,在人类学中对此有一个十分重要的原则,即"文化相对主义"。因此,文化相对主义是承认并进而研究地方性知识的基本条件,在对地方性知识进行讨论的同时,相对主义是一个与此密切相关且不能回避的话题。

美国文化人类学家赫斯科维奇指出,"文化相对主义的核心就是尊重差别并要求相互尊重的一种社会训练。它强调多种生活方式的价值,这种强调以寻求理解与和谐共处为目的,而不去评判甚至摧毁那些不与自己文化相吻合的东西"(陈涵平. 2003)。由于文化相对主义强调多种文化价值的存在,突破了西方中心论的模式,因此通常被划归到后现代的话语体系中,成为"理性主义"、客观性的对立面。

具体到科学上,相对主义更是招致强烈的反对,而且反对者们是通常以"真理的化身、科学的代言人"出现,他们认为自己"掌握着划界的尺度","掌握着科学的解释权","能够判定何为科学、何为非科学",并且宣称"凡是与自己的观念相佐就是与真理背道而驰,反对自己就是反对科学"(刘华杰. 2004)。

因而,与那些以正面的方式肯定文化相对主义的人类学者不同,在反对者那里,相对主义成了对科学客观性、真理性的消解和否定,成了一个"贬义词"。但我们不能不注意到,在人类学中,在后现代、SSK、女性主义和后殖民的话语体系之内,对于相对主义又有着另一番的理解和辩护,如一些 SSK 的研究者就承认自己具有相对主义立场。在当今的学术界,相对主义引发了支持者和反对者之间激烈的争论,众多不同领域的学者就各种问题加入了进来。此处不拟对相对主义这一复杂问题展开详尽的讨论,仅结合地方性知识和科学史研究来进行一些分析和探讨。

一方面,从文化相对主义的立场出发对地方性知识的认识和关注,在很多学科领域中都产生了重要的影响。在科学史领域中,地方性知识的引入,产生了新的编史传统,并出现了一些新的科学史研究成果,包括对非西方传统科学史之合法性的承认以及关注等。另一方面,由于涉及"科学"这个神圣的字眼,甚至危及科学的客观、真理性问题,在科学研究领域如科学史、科学哲学中,文化相对主义招致一些人强烈的反对和批判。在国内,也有不少学者对文化相对主义持反对态度,文化相对主义成了他们对这种新的编史学观念进行批判的一个名目;更有甚者,把对地方性知识的承认和强调说成了"反科学"的一种形式,而这些观念立场的拥护者、实践者则成了"反科学文化人",以至于上升到了意识形态层面的批判。

事实上,从文化人类学对于相对主义的解读来看,提倡地方性知识恰恰是对不同民族之文化及智力方式的承认。从某种意义上来讲,现代的西方主流科学本来也只是地方性知识的一种,然而在今天却成了评价、判断一切的标准,成了真理的代名词,人们经常不自觉地以它来作为划界的标准,认为一切不符合这个标准的便是非科学的,甚至是反科学的。与之相反,在另一种立场上看,地方性知识的引入,则是在某种语境中对文化相对主义的承认,这不仅不是"反科学""反客观",与那些自以为掌握着真理的绝对主义以及自以为是的一元主义相比,反而是对真实世界和历史的更加客观的承认和尊重。

吉尔兹在《地方性知识》的"绪言"中写道:"承认他人也具有和我们一样的本性则是一种最起码的态度。但是,在别的文化中间发现我们自己,作为一种人类生活中生活形式地方化的地方性的例子,作为众多个案中的一个个案,作为众多世界中的一个世界来看待,这将会是一个十分难能可贵的成就。"(吉尔兹.2000:19)在看待科学的问题上,对这种态度的实践无疑面临着更大的困难,然而采用这样一个态度却带来了一种可能性,即让科学史的研究从西方中心主义中走出来。对地方性知识,以及地方性历史继而是地方性科学史的关注,将会使科学史研究的领域更加广阔,科学史的研究也会更加的丰富和真实。

五、结语

这里,从编史学的意义上,结合具体的案例研究,分析了地方性观念的引入给科学史研究带来的变化，以及这种转变的意义。科学史研究正在形成一种新的科学编史方法，这种新的编史学观念，不仅给科学史研究本身带来了新的变化和研究内容，其对于"科学""技术"如何界定的关注，也提出了非西方或非主流科学史研究的合法性问题。比如，传统的观念认为存在某些人类社会，这些社会中是没有科学的，自然也就不存在科学史，更谈不上科学史的研究了。由于这也是一个在传统编史学体系中一直没有真正解决的问题，因而用人类学中的地方性知识观念来试着回答这个问题，显然就具有了重要的意义。

对这种新的编史学观念的提倡，以及基于这种新的编史学观念的科学史研究，也会对相关的学科和问题——如科学哲学中的科学观、科学的定义等——带来变化和启发。对地方性知识的关注，无疑也是对普适的、一元的科学观念，以及科学中心主义、唯科学主义等思想的一种反驳。在科学史研究中，与科学的绝对真理观相比，文化相对主义是对多元的历史的承认和尊重，是对其他民族智力方式之合法性的认同，也更加有益于科学史研究的未来发展。

6 考据与科学史：一些科学编史学的思考①

考据，对于一般历史研究，当然也包括对于科学史的研究，是一种基本的技能和方法。然而，除了一般性地作为一种基本研究方法之外，关于考据与科学史的关系问题，虽然在科学教学和科学史工作者们日常的交流中也会经常提及，但对此更为详细和专门的编史学理论探讨，却并不多见。实际上，对于这种关系的认识，在延伸中，甚至会涉及一些有关科学史的更关键性的理解和方法论问题。本文，即是对于这个表面上看来争议不大，但在更深入的层面上仍存在有一些值得分析之处的问题，进行一些梳理、总结和思考。

一、考据与历史学

作为讨论的基础，这里，先对考据做一些背景性的总结。

关于考据，有学者曾这样总结说："考据又称考证、考正、考信、考订、考鉴等，其初义是指对人或事物进行稽考取以据信……后引申为对书籍的考辨校订……而以其为学术之专名，则始于宋人。"从前人之论，可认为"考据学是对传统古文献的考据之学，包括对传世古文

---

① 本文作者刘兵、戴慧琦，原载：《广西民族大学学报》（自然科学版），2014年第4期。

献的整理、考订与研究,是古文献学的主干学科。其学包括文字、音韵、训诂、目录、版本、校勘、辨伪、辑佚、注释、名物曲制、天算、金石、地理、职官、避讳、乐律等学科门类,相对于古文献学而言,考据学一般不包括义理之学,但比今天学术界所常说的考据学广泛复杂得多"(漆永祥.1998:1)。

如果没有特殊的偏见,将考据看作是传统国学中方法论的精粹部分,应该不会有太多异议。相应地,像从历史和方法论等方面对考据学的内容及演变等的研究,亦已成果不少。抛开那些过于专门、细琐的分歧与争议不说,如果只在人们常见的对考据学这个概念的用法中理解考据,其实也并不复杂,尽管要能够在学术研究中纯熟地掌握和运用考据的方法并不是一件容易之事。

相对简单地定义的话,正如顾颉刚所言,考据学"是一门中国土生土长的学问,它的工作范围有广、狭二义:广义的包括音韵、文字、训诂、版本、校勘诸学;狭义的是专指考订历史事实的然否和书籍记载的真伪和时代"(顾颉刚.1987:86—92)。或者,稍再具体详细些,如梁启超在其《清代学术概论》中,谈及清代"朴学"之学风特色时曾总结为:"一、凡立一义,必凭证据;无证据而以臆度者,在所必摈。二、选择证据,以古为尚……三、孤证不为定说。其无反证者姑存之,得有续证则渐信之,遇有力之反证则弃之。四、隐匿证据或曲解证据,皆认为不德。五、最喜罗列事项之同类者,为比较的研究,而求得其公则。六、凡采用旧说,必明引之,剿说认为大不德……。"(梁启超.2012:42)

还可以提到的是,除了已被相当详尽地研究了的传统考据方法之外,在当今信息网络技术发达的时代,在传统考据的方法和思路之上,又出现了依靠现代网络信息技术手段的所谓"e-考据"方法。在这方面,台湾学者黄一农是用此方法取得了重要成果的典型代表者,也正像他所指出的:"随着出版业的蓬勃以及图书馆的现代化,再加上网际网路和数位资料库的普及,一位文史工作者往往有机会掌握前人未曾寓目的材料,并在较短时间内透过逻辑推理的布局,填补探究历史细节时的隙缝。"(黄一农.2011)不过,这种最新形式的考据方法,其实也只是利用现代技术而增大了信息量和搜索信息的便捷程度而已,在其实质性的方法思路方面,基本与传统考据学并无二致。

这里之所以讨论考据,其实是关心其与科学史的关系,而要讨论考据与科学史的关系,考据与一般历史研究的关系也是值得注意的。考据学除了独立地作为一门学问,其方法应用在历史研究中,似乎也可算作是其最重要的影响之一。从发展来说,有学者曾注意到,"乾嘉时期,考据学在演进的过程中发生了由经入史的转变,这一转变对于后来20世纪新考证学的形成有重要相关,因而受到学界的重视"(沈振辉.2005:1—7)。

考据学方法进入历史,为历史学研究带来了新的有力工具,进而影响到历史学和历史学方法论。曾有学者指出,"学术研究的专门化带来了研究方法的进步。乾嘉史学家对于经、史文献资料所做的校注、重订和重辑工作,使得传统考据法在继承历代以来,特别是明代中叶以后的考据法的基础上,形成了一个庞大的方法论体系"(张岂之.1996:190)。而就其用于历史学来说,考据进而又在分类上分成了所谓的"外考证"(或称"外部考证",external criticism)和"内考证"(或称"内部考证",internal criticism)。前者,主要是要考证历史文献文本的错误,鉴定文献文本的真伪和年代,辨明作者等;而后者,则指在前者的基础上,进一步考证历史文献文本内容所涉及的对象,诸如历史事件等是否为真的问题。内部考证,会涉及比较、分析、归纳和推理等多种形式逻辑方法。当然这两类考证在具体操作方法上又会有相互交叉之处。更为有意思的是:对于像这样的分类,可以更精细地区别考证的类型,却是国外在时间上稍早出现,并"为欧美史学家与中国史学家相继沿用"(杜伟云.2006:121)。

虽然考据进入历史学研究并成为重要的方法,但我们需要注意到,其实考证的主要工作对象,是历史文献等史学中所称的"史料"。联系到我们要讨论的考据与科学史的问题,还需要注意到另一个相关的问题,即"史料"与"史学"的关系。

二、史料与史学

史料，按照今天的理解，其实并不仅限于狭义的文本文献，而是可以包括各种来自过去的、由人类创造出来的客观给定的有形的东西，并能够用来以某种潜在的形式给出一些它所包含的信息。这也即英文 source 一词的所指，或称"原始材料"（克拉夫. 2005：130）。当然，用中文的"史料"一词时，更多的是隐含着将这样的原始材料用于历史的意味。不过，即使不仅仅限于文献文本，前面所说的考据的方法，在原则上也仍是可以应用于这些广义的"史料"的。

关于史料与史学的关系，曾经是有过不少争议的。其中就对中国历史学界的影响来说，曾任"中央研究院"史语所所长的傅斯年的观点就该说是最有典型意义并直接引起不少争论的。张光直曾讲："把史料学等同于史学，是'中央研究院'历史语言研究所从 1928 年在广东成立至今的基本观点。……史料学的一个宣言是发表于《历史语言研究所集刊》第一本傅斯年所著的'工作旨趣'。"（张光直. 2013：59—60）傅斯年认为："近代的历史学只是史料学，利用自然科学供给我们的一切工具，整理一切可逢着的史料……我们只是要把材料整理好，则事实自然显明了。一分材料出一分货，十分材料出十分货，没有材料便不出货……我们只是上穷碧落下黄泉，动手动脚找东西。"（傅斯年. 1997：40—49）

应该说，这自然是一种比较极端的观点。傅斯年"史学即史料学"的理论主张，来源于德国兰克派客观主义史学的影响，也受到西方自然科学成果的某些启示，并且继承了中国古代史学的部分传统（蒋大椿. 1996）。这样的观点的提出虽然是在这几种影响下的综合，但也与傅斯年追求史学之科学化的主张相一致。

虽然傅斯年的"史料即史学"这种观点曾颇有影响，但其引起的争议又是显然的。时至今日，至少在主流看法中，人们对于这种极端的观点持不同见解已是比较普遍的情形。

关于这种有关"史料"与"史学"的关系问题之争,实际上应该区分"史料""史实"和"史学"(或"历史"——在由历史学家写出来的那种意义上的历史)这几个不同的概念及其所指。史料(这里首先是指那种所谓的"一手材料")自然是第一位重要的,没有史料,历史的研究和写作便无从依据。史料承担着传达过去信息的不可替代的功能,恰恰因为从史料出发,在传统中使历史写作与文学的虚构相区别。但人们研究历史,并不只是为了史料而进行史料研究,利用外部考证和内部考证的方法,其实是要从史料出发获得"史实"。也就是说,在历史研究中,史料的功能性直接导向应该是指向史实。外部考证确立的"史料"之真,是最初的前提,在此基础之上,内部考证则是为了从中获得其内容所言的"史实"之真。

从形式上讲,人们一般理解的"历史",也即那种由历史学家写出来的典型的历史,其实是依赖于由史料而确立的各种"史实",在其间按因果关系而写成的涉及一个时段的叙事,其间自然也充斥着各种解释和评价。当然,在特定的历史研究中,对史料或史实的考订也可以是一项合理的工作。甚至对于重要(何为"重要"这里面亦涉及基于某种理论的价值判断)的史料以及基于史料而得出的重要史实的考订,尤其是那些涉及对与此之前的结论有所不同的发现的考订,还可以是历史研究中的重要工作和成果。但"史料"和"史实"仍然并不等同于典型的"历史"。这正像经常出现在一些著作后面的"大事记"或"大事年表"并非典型的标准历史写作一样。

在这个从"史料"到"史实"再到"史学"的递进中,关于"真"的问题的确定性其实也是相应递减的。如果说,在"史料"阶段,通过外部考证,确定其诸如文本、年代、作者之真伪还是颇有可能的话,那么到了涉及内部考证的从"史料"到"史实"阶段,就又涉及像对史料的解读等一系列新的问题,其实这种通过对史料的解读而得出"史实"的过程,既涉及所谓的内部考证,也可以超出考证,或者,当然也可以把所有的解读方式都归类在广义的内部考证范围里。在传统的观点中,比如说,与境(context)的问题、相关知识背景的问题都会影响到解读的结论。在更新的发展中，像修辞学等研究进路进入到历史研究中，更加强了这样的解读的复杂性甚至不唯一性。"即使是关于方法的书籍花费大量的篇幅来确证来自过去的证据，并且从证据中获取并证实事实，事实的观念在历史研究的理论中依然模糊，依然难以捉摸。历史事实的难题，如同历史本身的难题一样，是它们自己就是过去的建构和解释。"(Berkhofer. 2008:89)所以说，当进而要据其而得出的"史实"之真，在难度上又要远远大于辨识史料自身之真。例如，即使在确认不同的史料本身均为真的前提下，从不同史料解读出的"史实"仍然可以有矛盾。而如何处理、运用、引用和协调这些在"史实"指向上有冲突的不同史料，就成为历史研究中需要面对和解决但又经常存在争议的问题。

待到了历史学们要依据"史实"而建构"历史"的时候，又再一次地从另一个层次上涉及究竟何为"历史"的这个历史研究的根本性问题。在限定于由历史学家写出的历史这一前提下，如像"历史的辉格解释"这一在历史学和科学史中都如此具有根本性的问题，其根源实质之一，也正在于现实中可得到的(甚至可以说潜在地在未来有可能得到的)史料(其实上是指据其可用的史实)是如此之多，而历史学家在写作中，却不可能全部使用，而必须对此有所筛选，有所节略。"没有任何一部历史作品不是大大浓缩的，而且，它们实际上证明了一个断言：在实际的写作中，历史学家的技艺实际上正是节略(概说)的技艺，历史学家的难题正是这个难题！"(巴特菲尔德. 2012:60)由于必须要"节略"，就会涉及历史学家所持有并依据的不同的理论，这样，一个自然的推论就是：显然最后由历史学家写成的历史，至少不再会是传统中被理想化地追求的那种"唯一"客观真实的历史了。而辉格史学，只不过是其中一种最为简要但又粗糙的方式而已。这也恰恰说明了为什么极端的反辉格的科学史是不可能的原因。

同样地，在经典性的对于"何为历史"的观点中，英国历史学家卡尔在其《历史是什么》一书中的结论性说法是："历史学家与历史事实之间彼此互为依存。没有事实的历史学家是无本之木，没有前途；没有历史学家的事实是死水一潭，毫无意义。因此，我对于'历史是什么？'这一问题的第一个答案就是：历史是历史学家与历史事实之间连续不断的、互相作用的过程，就是现在与过去之间永无休止的对话。"（卡尔.2007：115）而在更为后现代的立场中，"历史学家和那些行为宛如历史学家的人，建构了关于过去的各式各样说明"。"一般而言……每个个别的独立记事（事实），的确可以和各自的史料进行核对，但是，'过去的情景'则是无法核对的，因为历史学家为了构成如是情景而放置在一起的那些记事，并没有早已存在、并可用来检核的组合形式。"（詹金斯.2007：3—9）

　　像这样再继续讨论下去，便会涉及历史的"客观性"这个更加争议不休的问题了。对于科学史的"客观性"问题，本文作者在《克丽奥眼中的科学——科学编史学初论（增订版）》一书中，曾有过一些讨论，大致是把科学史的客观性归结为对于一些科学史家的研究规范的遵守，在此不拟再度就此展开多谈。这里所要说的，而且是为针对本文主题所要准备铺垫的，其实只是这样一个结论，即如何兆武和张文杰在沃尔什的《历史哲学——导论》一书的译者序中所说的："历史研究当然要搜集材料，然而史料无论多么丰富，它本身却并不构成为真正的完备的历史知识，最后赋予史料以生命的或者使史料成为史学的，是要靠历史学家的思想。……历史学或历史著作绝不仅仅是一份起居注或一篇流水账而已，它在朴素的史实之外还要注入史学家的思想。因此，对于同样的史料或史实，不同的史家就可以有，而且必然有不同的理解。史家不可能没有自己的好恶和看法，而这些却并非是由史料之中可以现成得出来的，相反地，它们乃是研究史料的前提假设。在这种意义上，史料并不是史学，单单史实本身不可能自发地或自动地形成史学。"（沃尔什.1991：4—5）

　　在这一节的最后，还是请允许我们以较长的篇幅引用一段林毓生更为明确地指出问题要害的说法作为总结：

　　　史学研究是了解我们自己的重要手段。"五四"以来，有一派史学家要把历史变为"科学",认为现在所做的考据工作,是达到"客观的历史真实"(objective historical truth)的铺路工作。其实他们所了解的科学性质与意义,深受实证主义、十九世纪德国语文考证学派与乾嘉诸老的影响。今天从博兰霓的科学的哲学与孔恩科学史的观点来看,实在相当错误。根据这种对科学之误解去把史学变为"科学",实在是错上加错了。我们今天都知道所谓"客观的历史真实"只是十九世纪德国语文考证学派的幻想,事实上无从达到。而从"不以考据为中心目的之人文研究"的观点来看,这个问题的本身是根本不相干的。我们研究历史,当然要尽力应用最可靠的史料;但史料并非史学。史学研究最主要的功能在于帮助我们了解我们自己……换句话说,作为人文研究的史学,其意义不在于是否能最后达到"客观的历史真实",而是借历史的了解,帮助我们了解我们今天的人生、社会与时代,并进而寻找一些积极的意义(林毓生.2011:310—311)。

三、考据与科学史

通过前面的一些准备和铺垫,现在可以更直接些谈考据与科学史的问题了。虽然前面主要涉及的是一般史学,但本文作者认为:其实科学史是为作历史学的一个分支,除了对象的特殊性(以及由于这种对象的特殊性而带来的对研究者知识背景的特殊性要求)之外,在一般意义上的研究方法上,仍然与一般史学并无二致。

在目前以专著的形式出版的为数不多的几种科学编史学著作中,丹麦科学史家克拉的《科学编史学导论》应该算是比较有代表性的一种。在其中,他分别用两章的篇幅来专门讨论有关"原始材料"(Sources,也即科学史中的"史料")和"原始材料的评价"(Evaluation of source materials)问题(Kragh.1987)。实际上,这两章所讨论的内容,就主要涉及史料的概念,也包括了对史料进行外部考证和内部考证的原则性问题与示例,以及如何从史料中得出史实的问题。

中国，因前述的有关考据学发展的特殊背景，以及中国科学史研究对象的特殊性，考据方法虽然在原则上与西方并无很大的差别，但在其具体的应用方法上，还是另有一些精微之处与自身的特色，并对中国早期的科学史研究产生了巨大的影响。

关于中国科学史的发展与考据的关系，专题研究并不多，也仍有待深入。就已有的研究来说，如下一些论文可以在这里列举。首先是一般性地讨论考据与科学史的关系。例如，强调考据方法是科学史研究者的基本功。黄世瑞在《略论中国科技史研究中史料考据的几个问题》（黄世瑞. 2002）一文中，先是讨论了考据对科学史研究的必要性："顾名思义，科技史研究的对象应是科学技术的历史，即某一历史阶段上的科技和科技在整个历史上发生发展的情况。因此，史料应是科技史研究的基础和前提。如果没有史料，科技史的研究就无法入手，因为我们总不能凭空想当然地编造科技史。故此史料的搜求乃科技史研究的第一步。""于各种史料杂芜混乱，真伪相兼，须得经过严格的考证辨伪，然后方可使用。故考据的功夫乃是科技史研究者必须修炼的基本功。这方面我国有赫赫有名的乾嘉学派，他们使中国的考据学奇峰突起，大放光芒，一跃而成为清代的显学。"但接下来，在涉及"解释"的部分，谈到"问题"时，黄世瑞提到："在科技史的研究中有人喜欢脱离时代背景拔高古人和古代科技，牵强附会地比之于近现代科学家和近现代科技，将古人和古代科技'近代化''现代化'。这或许是受了克罗齐'一切历史都是现代史'的负面影响。如在中国科技史的研究中有人刻意寻找一些中国早于西方的发现、发明和现代科技中国古已有之的'证据'。如认为《墨经》中有相对论、杠杆定律、反射定律、电影原理；《周礼》中有惯性定律；《周易》更是神通广大，无所不包，什么农村包围城市、原子弹链式反应、遗传密码等应有尽有。"由此可以看到，除了关于史料与考据的必要性之外，这里提及的问题固然确实是问题，但却与考据法的使用等关系并不太大，而只是一般性地出于比较极端的辉格式研究观念的问题而带来的低级错误而已。至于将这样的问题归于克罗齐的"名言"的

"负面影响"，更是出于对克罗齐的观点的一种误解。

有日本学者在谈及日本研究中国科学史的重要学者及方法时，曾以定论的语气说："科学史的研究，从来是周密的文献学方面的考证，加上严密的自然科学知识，这二者都需要，缺任何一方都会不成其学问的。"（川原秀城.1993）其实这也只不过是一般性的说法而已。

还有一些文章，涉及中国科学史发展初期的一些奠基人物对于考据方法的重视与利用，以及考据方法对于中国科学史学科发展的重要意义。郭书春在回顾 50 年来自然科学史所的数学史研究时，提到中国数学史学科的奠基人、自然科学史研究所的主要创建者李俨和钱宝琮等先生开始中国数学史研究、建立中国数学史学科的情况。其中专门讲到："他们站在现代数学的高度，用现代历史学的方法，借鉴乾嘉学派考据学，把中国传统数学放在世界数学历史发展的长河中进行考察，与 20 世纪初以前的研究是根本不同的。"（郭书春.2007）

在另一篇同样论及李俨和钱宝琮与中国科学史研究的文章中，也有类似的说法："翻开近几年出版的《李俨钱宝琮科学史全集》会发现老一辈科学史大师们都是史料考据的行家里手。钱宝琮先生《古算考源》收入了六篇文章，依次是'记数法源流考'、'九章问题分类考'、'方程算法源流考'、'百鸡术源流考'、'求一术源流考'……李俨先生的《中算史论丛》一书，第一篇是'中算家的分数论'，开篇就引用了《淮南子·天文训》的高诱注文，《晋书·律历》上的'应钟之数'，《后汉书》卷十一的'南吕之实'……处处闪烁着史料考据的精深卓越之才。老一辈科学史专家的史料考据传统和才能我们应该加以发扬光大。"在论及李约瑟的《中国科学技术史》一书中的若干错误时，那篇文章的作者把错误产生的原因归结为"由于李约瑟博士对中国科学技术史进行宏观研究视野广阔，博及群书，使他难于对每一部中国古代科技文献的细节进行校勘和考据，致使他在引用和翻译中国古代科技文献时，难免智者千虑之失"。因而，作者的结论是："理科毕业致力于中国古代科技史的人，都应该学一点文献学的知识或读一点训诂学、版本目录学的书,增强史料考据的能力,以便更好地发掘被李约瑟称为"金矿"的科技史料宝库。"(王兴文. 2003)甚至于,作者还强调了"史学即是考据之学"的观点。

其实,除了可以在这里引用的文章中看出的某些线索之外,在国内科学界的学者圈的日常学术交流中,更会经常听到对考据的突出重视的说法,甚至于将考据式的科学史研究作为典型、标准的科学史研究,并且赋予其高于非考据式的科学史研究的价值的看法也是很常见的。如果身处中国科学史学界,这样的感受也是非常鲜明的。如前所述,对史料的考据研究当然可以是科学史研究中的一类工作,但这种过于强调考据,认为其价值更高,将其作为科学史研究中最重要的核心工作,甚至于认同"史料即史学"的观念,显然会给中国的科学史研究带来一些负面的影响。一方面,过于注重考证研究,其实是与辉格式科学史的过分关注优先权的研究方式相联系的;另一方面,这样的偏颇,又会带来方法和视野狭窄,以及理论思考的欠缺,使得中国科学史的研究脱离国际科学史研究的主流范式,让自己研究的结果更多情况下仅仅成为国外学者进行中国科学史深入研究的"原料"。

这也正如美国研究中国科学史的著名学者席文所言:"仍然还有大量类似的工作需要专家去做文本研究(考证)。问题是,对于世界其他地方(甚至非洲)的医学的研究,不再依赖于这种狭隘的方法论基础。随着从历史学、社会学、人类学、民俗学研究和其他学科采用的新的分析方法的结果,其范围在迅速地改变着。对这种更广泛的视野的无知,使东亚的历史孤立起来,并使得它对医学史的影响比它应该有的影响要小得多。少数有进取心的研究东亚医学的年轻学者已经开始了对技能与研究问题的必要扩充。他们开始自由地汲取新的洞察力的源泉,其中包括知识社会学、符号人类学、文化史和文学解构等。我将不在更特殊的研究,像民族志方法论、话语分析和其他他们正在学习的研究方法的力量与弱点方面停留。我只是呼吁关注已经提到了的中国的问题,对之这样的方法可以带来新见解。"

（Sivin, 2000）

从国外关心中国科学史研究的学者这样的看法中，我们同样可以看到在中国的科学史的研究中，过于注重考据的方法所带来的问题，不仅仅是一般性地导致对于更有新观念的、理论性的研究的轻视和忽视，更会带来与更多新的研究方法之应用的脱节。

四、小结

简要地，可以将结论概述如下：

（1）考据是中国传统学术中极有特色并值得发扬继承的研究方法系统。

（2）考据方法对于中国科学史的早期发展起了非常重要的影响，而且这种影响一直延续至今。

（3）过分关注考据，关注史料，并以之替代整体的史学研究，是一种不可取的研究范式。

（4）在中国科学史的研究中，过分注重考据研究的传统带来了对于学科发展的限制。

（5）一方面应将考据的研究作为科学史研究的内容之一，另一方面又要突破传统的局限，以更宽广的视野、更包容的心态去理解、应用更多来自不同领域的新方法、新观念于科学史研究中，这样才能使中国的科学史研究与国际接轨，并带来新的发展。

7 后殖民主义、女性主义与中国科学史研究:科学编史学意义上的理论可能性①

柯林伍德说过,"研究任何历史问题都不能不研究其次级的历史",这里的"次级历史"指的是对该问题进行历史思考的历史(刘兵.1996:7)。科学史研究,不仅是研究科学发展的历史,还要研究科学史学科本身发展的历史,也即研究其建制化和编史纲领的形成、发展过程。站在科学编史学的立场,反思科学史研究的过去,分析和借鉴新的研究视角与纲领,对于促进科学史学科发展来说极为重要。

一、历史观与科学编史学纲领

西方科学史的编史工作虽萌芽于古希腊时期,科学史成为一门学科却是 20 世纪的事情。西方早期的科学史研究基本从属于科学家、哲学—历史学家两大阵营,从而形成了相应的两大编史传统。前者的兴趣焦点和价值取向从属于其相关学科的教学科研需要;后者则把哲学倾向引入科学史,希望科学史能支持他们的哲学。这些人都不是职业的科学史家,他们分别编写出的专科史和综合史,都是实现各自领域某种目的的一种手段。在此,编史本身不是目的,独到的

① 本文作者章梅芳、刘兵,原载《自然辩证法通讯》,2006 年第 2 期。

编史方法和编史纲领尚未形成(吴国盛.1997:5—6)。

但即使在此阶段,也可看出不同的价值取向和编史原则,决定了不同的科学史研究问题、研究方法和结论。其中,哲学观点,尤其是实证主义哲学,对于科学史研究产生的深刻影响,在休厄尔、马赫、奥斯特瓦尔德、贝特洛、迪昂、孔德、坦纳里以及萨顿等人的工作中表现十分明显。实证主义哲学把科学的历史看成是一系列新发现的出现,以及对既有观察材料的归纳总结过程,科学的发展是新理论不断取代旧理论的过程,科学是不断趋向真理和进步的事业。在这种哲学观影响下的编史传统,大多采用的是编年史方法,它把科学史看成是最新理论在过去渐次出现的大事年表,是运用某种最近被确定为正确的科学方法,对过去的真理和谬误所做的不断检阅,是真理不断战胜谬误的过程。萨顿之前的全部编史学传统,无论是科学家的专科史,还是哲学倾向的综合通史,都没有脱离这种编年史的方法(吴国盛.1997:7)。这种实证主义的编年史方法,由于不能对历史提供进一步的理解,不能深入具体的历史与境,不能为材料的搜集和选择提供有力的依据,很快就随着新的编史纲领的出现而逐渐衰落。

20世纪30年代,把哲学史看作是哲学概念演化史的新康德主义哲学史方法,开始在科学史领域产生影响。柯瓦雷通过对伽利略和牛顿的研究,开创了"观念论"的科学史研究传统。在这种编史纲领里,科学被看成是对真理的理论探索,科学的进步体现在概念的进化上,科学发展有着内在自主的逻辑。这种编史纲领强调:科学史研究不仅仅是列举伟大发明和发现的清单,而是要对历史进行解释;不仅要对科学史上的精英和进步贡献做研究,也要对次要人物和历史错误进行研究;研究的目的不是了解其对今天的价值和意义,而是弄清文献作者当时的想法。这一由柯瓦雷开创的编史学纲领及其概念分析方法,在科学史界产生了广泛而深远的影响,霍尔等一大批学者在此纲领下做出了很多成就。

与此同时,在马克思主义历史观和默顿的科学社会学的影响下,与实证主义科学史和观念论科学史相对的另一种编史纲领,逐渐形成于 20 世纪 30 年代。这种社会史的编史纲领强调把科学的发展置于复杂的背景下进行考察,更加关注社会、文化、政治、经济、宗教、军事等环境对科学发展的影响(刘兵. 1996:24)。在肖莱马、格森、默顿、克拉克、齐塞尔等人的推动下,这一编史传统不断发展成熟。到了 20 世纪 60 年代之后,随着库恩《科学革命的结构》的出版,其开始对传统的内史研究形成了真正的挑战,在整个科学史界至今仍有重大影响。

从上面的论述可以看到:西方科学史发展到今天,经历了从史前史、学科史到综合史,从编年史传统、思想史传统、社会史传统到各种传统的综合运用等阶段。其中,每一阶段的变化都受到了来自哲学、社会学等领域里新思潮、新观念的影响,在其影响下产生的编史学传统直接形成了科学史研究的新内容、新方法、新问题和新结论,科学史学科的每一次重大进展都依赖于这些新的研究纲领、视角和方法的出现与运用。中国的科学史研究虽然早在先秦时期已有萌芽,但发展到目前,仍然是以实证传统为主,研究的方法主要限于传统的历史文献的考据和分析。毋庸置疑,实证主义传统确实给中国科学史研究带来了大量成果,它今后仍然是中国科学史研究的主要编史纲领之一。但也需要看到的是:其他编史纲领、视角和方法的缺乏,必然会使得研究的广度和深度受限。设想几百年来都使用同一种研究纲领或思维方式来研究问题,得出的结论必定都是同一的解答模式,这样的科学史研究终将走入死胡同。因此,中国科学史研究要保持发展潜力,就必须及时、合理地吸收相关领域新方法、新思潮。近年来,西方科学史研究受后殖民主义与女性主义思潮影响很大,相关视角与方法的引入给科学史研究提供了新的问题域和广阔的发展空间。对此,我们需要给予适当的关注。

二、后殖民主义与科学编史学

后殖民主义是一种带有鲜明政治性和文化批判色彩的学术思

潮,是多种文化政治理论和批评方法的集合性话语。它主要研究殖民时期之后,宗主国与殖民地之间的文化话语权力关系,以及有关种族主义、文化帝国主义、国家民族文化、文化权力身份等新问题(王岳川.1999:9)。这一思潮是在对殖民主义的长期反省中逐渐发展起来的,其代表人物有葛兰西、法农、福柯、赛义德、斯皮瓦克、巴巴、莫汉蒂和汤林森等。

后殖民主义思潮最初集中在文化领域,主要关注东方主义与西方主义、文化霸权与文化身份、文化认同与阐释焦虑、文化殖民与语言殖民、跨文化经验与历史记忆等问题。20 世纪 80 年代以来,这一思潮开始影响到科学史研究,有关学者开始越来越多地关注科学在文化殖民中的作用与位置。美国科学史家佩尔森(Lewis Pyenson)将"殖民地科学"作为一个专门领域,进行了系统研究。他从 1982 年开始,以"文化帝国主义与精密科学"为题,论述了德国、荷兰、法国的物理学、地球物理学、天文学与文化帝国主义的关系。佩尔森认为:西方人总是把自然的数学法则看成是文明的显著标志,把由资本家支持发展起来的近代科学摆在世界面前,以显示其文化人的姿态。而实际上,对于非西方国家来说,牛顿原理等这样一些物理法则对于实际应用来说,并非唯一有效。例如,对于建造结实耐用的桥梁来说,牛顿原理的作用如同哥白尼理论对于航海那样,都不那么必须。理论上的一致性并不等于实践上的一致性。但是,殖民地科学家的工作由于显示出对自然的操控能力而得到了殖民地居民的尊敬,他们的工作为欧洲的优越性提供了根据。他们通过抽象活动抑制了从属地区的独立情感。通过文本分析,佩尔森还揭示了法国殖民者的科学文化殖民策略:仅仅显示科学优势还不能完全抑制殖民地人们的自由思想,他们还必须被说服,解放的程度是随着文明程度的提高而自然提高的,任何东西也不能取代由科学带来的发展及其价值和意义(Pyenson. 1990)。

佩尔森的工作在科学史界产生了很大影响,医学史家帕拉蒂诺(Paolo Palladino)和沃伯斯(Michael Worboys)在对他的工作进行批评的基础上,进一步发展了后殖民主义视野中的科学史研究。他们批判了佩尔森关于描述性科学和精密科学的划分,认为精密科学同样带有帝国主义色彩;批判了佩尔森把文化殖民主义单独抽离出来考察的做法,认为科学文化殖民与经济、政治殖民等是交织在一起的;批判佩尔森忽略了殖民地科学文化对于宗主国科学文化的影响,忽略了殖民地人群的视角,并在潜意识将科学与帝国主义的关系简单地看成是帝国科学向殖民地单向的流动等缺陷,强调西方科学与殖民地科学之间的互动关系(Palladino & Worboys. 1993)。

此后,西方女性主义学者哈丁也将其女性主义理论置于后殖民主义研究这样一个更广阔的背景之中,坚持科学在文化上具有多元性这样一个基本立场,阐明了欧洲扩张与现代科学出现在欧洲之间的因果关系。哈丁指出:后殖民时期的科学技术研究是从欧洲中心文化之外确立其关注和概念框架的,这一研究将运用包容性更广的科学定义,这一定义鼓励我们重新考察它何时是有用的、何时求助于一个更有限制性的定义代价太高。"科学"将被用来指称任何旨在系统地生产有关物质世界知识的活动。在这种宽泛的科学定义下,所有的科学知识,包括近代西方确立起来的科学,都是所谓的"地方性知识",或者"本土知识体系"。哈丁认为:后殖民主义的科学技术研究的这种策略使得其能够探究不同文化的科技思想和实践的特色,它不仅可以为原有的概念框架添加新的研究主题,还能迫使概念框架本身发生变化(哈丁.2002:11)。

后殖民主义科学史站在与以往传统科学史完全不同的立场上,从一种新的视角提出了诸多全新的见解。例如,在传统的科学哲学和科学史研究中,往往只关注近现代欧洲的科学,而那种"地方性的知识",则只在人类学之类的领域中才被合法地研究。而从后殖民主义的研究立场出发,并在多元文化的意义上,把"科学"的概念进行泛化,将各种"地方性知识"包容进来。这些观念对于中国古代科学史研究来说,有很大的价值。

首先涉及的是中国古代科学史研究的合法性问题。"中国古代有无科学""李约瑟难题"这两个问题曾经一直困扰着中国科学史的研究者们,至今仍存争议,无法定论。早自20世纪初以来,任鸿隽、竺可桢等老一辈科学史家就已经讨论过中国古代有无科学的问题。实际上,20世纪初,前辈们所指的"科学",是在近代欧洲出现的科学理论、实验方法、组织机构、评判规则等一整套东西。如果我们将科学定义在这个范畴里,那么中国古代无疑是没有科学的。很多持"无"观点的学者也多是从这个意义上来说的。而持"有"的学者,则更多地从民族自尊心的立场来考虑,要为中国古代科学史的研究提供一个合法性的地位。因为如果说"中国古代没有科学",还哪来的科学史研究?实际上,站在后殖民主义科学史的立场上,这一问题已经被消解了。因为与其他文化的系统知识传统一样,现代科学技术从若干重要方面看也属于地方性的知识体系,它们也产生过系统的无知模式(哈丁.2002:74)。在这样一种观点下,中国古代科学史研究的合法性地位便是毋庸置疑的。因为任何一种科学体系都是地方性知识体系,普适的、唯一的、标准的科学体系是不存在的,任何的科学体系都会利用周围的环境资源形成系统的"有知"和"无知"模式,因而,近代西方科学也是地方性的科学体系,我们不需要拿它来作为自身的参照对象,就可以找到自身的研究价值。

同样,"李约瑟难题"在这里也可以得到解决。因为都是地方性的知识,所以就不需去讨论"为什么中国没有产生近代意义上的科学"的问题。正所谓"在当我们采取了新的、不将欧洲的近代科学作为参照标准,而是以一种非辉格式的立场,更关注非西方科学的本土与境及其意义,'李约瑟问题'就不再成为一个必然的研究出发点,不再是采取这种立场的科学史家首要关心的核心问题了"(刘兵.2003)。

其次,从这一扩展的科学的定义出发,后殖民主义的视野将为中国科学史研究,尤其是古代科学史研究开辟广阔的问题域。原来那些被看作是民间信仰或迷信的知识,在这里也取得了研究的合法性。例如,针灸学、草药学、古代女医等都可得到与传统的数学、天文、物理等一样的重视。后殖民主义作为一种学术思潮,其研究方法十分多样、丰富,大多采用解构主义、女性主义、后现代主义的方法。至于具体的分析方法在中国科学史研究中可能产生的影响,将以女性主义的方法为例,在下文中做具体分析。

三、女性主义与科学编史学

20 世纪中叶以来,西方"女权主义"政治运动致力于妇女在经济和政治等方面获得平等的权利和地位,在社会上产生了重要的影响。相应地,从这种社会政治运动中,也派生出了"女性主义学术研究",运用女性主义特有的观点和立场,将关注的焦点对准了范围广泛的各门学科(刘兵. 1996:88—89)。女性主义学术研究内部流派纷呈、观点多样。按其发展脉络,大致可以划分为自由主义女性主义、激进女性主义、马克思主义和社会主义女性主义、精神分析和社会性别女性主义、存在主义女性主义、后现代女性主义、多元文化与全球女性主义、生态女性主义等几个方面(童. 2002)。这些不同流派在对很多问题的看法上,也发生了激烈的内部冲突,但作为女性主义学术研究,它们共享一个基本的概念范畴,即"社会性别"(gender)。这一概念指的是:社会文化建构起来的一套强加于男女的不同看法和标准,以及男女必须遵循的不同的生活方式和行为准则等。它区别于传统的生理性别(sex),是一种社会建构的产物,随着社会的发展而不断变化。它的意义在于:既然性别概念本身就是社会建构的产物,我们通过多重途径改变这种建构,实现两性平等便成为可能。它是女性主义学术研究的基本分析范畴,在史学、科学批判,甚至更多的领域已经成为一个新的分析方法,取得了很多成果。

女性主义科学史研究源于与科学相关的政治运动,例如,妇女健康运动、反核和平运动等。这样一些运动使得人们对科学的本质产生了疑问,他们开始思考,科学的本质究竟是什么? 科学能否被看成是父权制行为表现极为明显而危险的领域? 近代科学是否应被看成是父权制的重要方面？延伸到科学史研究，人们开始询问：科学在历史上为何成为男性主导的领域？女性科学活动如何被男性史家忽略或边缘化？女性主义科学史研究就是要回答这样的一系列问题，揭示科学的男性主导性，及其客观价值、工具理性、对自然的开发和剥削等将女性排斥在外的过程。

　　西方女性主义科学史研究大致经历了两个发展阶段：第一阶段的研究致力于寻找科学史中被忽略的重要女性科学家，恢复她们在科学史上的"出席"，认为科学史可以通过加入女性的成就而得到完善。直到 20 世纪 80 年代之前，对科学中的妇女的研究仍停留在这个阶段。这一阶段工作的缺陷和不足在于：没有解释男性主导科学的根源，默认了女性在科学领域的屈从地位，本质上是按"男性标准"进行的"补偿式"研究。第二阶段的研究在此基础上，开始寻找科学的"父权制"根源，引入了批判性的分析维度，而这一点构成了女性主义科学编史学在科学史研究领域的重要位置。哈拉威认为：批判性女性主义科学编史学不必将自身局限在科学中的女性主题上，而应该从各种角度深入分析科学中随处存在（不管其是否直接涉及女性）的父权制现象（Haraway. 1989）。第一次科学革命历来是西方科学史研究的核心问题，女性主义学者对此也做过很多研究，如麦茜特、凯勒、哈丁等都从不同的角度出发，揭示了科学从其历史起源开始，便具有性别建构的性质（Merchant. 1980；Keller. 1985；Harding. 1986）。此外，女性主义科学编史学还从科学对女性本质的规定方面，进一步揭示了科学与父权制互相强化的本质，认为女性并非在生物性本质上只适合妻子和母亲的角色，而不能从事知识性、指导性和统治性的男性工作。此外，西方女性主义还日益关注到了女性身份的差异性问题，哈丁等人开始把女性主义纳入后殖民主义的背景下来考察。女性主义科学史研究在以社会性别为主要分析范畴的同时，也开始注意将女性主体置于具体历史情境中进行考察。

　　在西方，女性主义科学编史学已经构成了科学史研究的一个新颖而极具潜力的方面，越来越受到关注。我国学术界也有少数学者对这一新的批判性的编史纲领进行了初步的介绍（刘兵. 1996:88—104），在他们工作的基础上，这里对这种新的编史传统之于中国科学史研究可能产生的影响与价值进行初步的理论分析。

（一）这种新的编史纲领的引入，将给中国科学史研究提供新的问题域

如同思想史编史传统的出现为科学史研究开辟了广阔的空间一样，从社会性别的视角出发，女性主义科学史研究关注女性对科学所做的贡献，关注科学背后隐藏着的性别权力关系结构，关注科学事件对女性的影响，关注科学对女性本质的规定，关注与女性相关的"边缘"科学史等这些不能为以往科学史研究所注意到的内容。如果把社会性别视角纳入到中国科学史的研究中去，无疑将会为中国科学史研究开辟广阔的问题域。

传统中国科学史研究对女性关注甚少。翻开中国古代科学家传记，女性极少，即使是与女性更为相关的医学等方面的人物列表，也几乎没有提到女性（廖育群. 1996）。尤其有代表性的是：近期的一些学者在对中国古代所有科技人物的生卒年资料进行搜集时，收编了上溯春秋时代，下迄民国末年，甚至少数延伸到 20 世纪 50 年代；空间上限于在中国出生和去世者，以致少数在外国去世者在内的中国古代科技人物；本着凡是能找到的妇女科技人物，全部收编的原则，最后在所收入的 1 522 名人物之中，女性仅占 22 名（该书凡例中提到为 19 名，该处数字是从书中统计出来的）（李迪，查永平. 2002）。一些学者可能认为：女性科技人物研究得少，不是因为他们不关注女性，而是因为她们本来就对科学贡献少，历史文献记载的也少。而实际上，这正说明了女性在科学史上的"集体失忆"，她们无法发出自己的声音，她们的科学工作被由男性掌控的历史文本所忽略和边缘化，她们没有话语权，没有历史记忆。为此，女性主义科学史研究除了要挖掘和恢复被以往科学史忽略的女性科学人物之外，更重要的是，从既有科学历史文本中分析女性受压制、被忽略的原因，解构文本背后

的性别权力关系。

以医学史为例,要研究中国古代女医问题,从女性主义编史学的视角出发,首先必须进行古代女医的发现、填补研究。然后还要深入探讨的问题包括:中国传统性别制度的规定及其在医学领域的体现;古代医学实践中的实际运作与性别制度、观念的规范之间的差距;社会伦理规范等价值体系对古代男女医生的定位与影响;男医与女医的个人身份认同;古代男医与父权制结合,进而获得"话语权"的方式与过程;古代医学文献的撰写者是谁,内容是什么,话语背后隐含了什么样的性别权力关系结构;古代"医学共同体"内对女医的歧视与偏见;医学文本中的"女性形象"与"女医形象";古代各种医学话语本身的非中立性、非客观性分析研究;重新思考古代医学领域的基本概念、范畴和理论假定,等等,这些都是不可能在有性别盲点的科学史中被考虑到的内容。医学史的情况如此,其他学科史研究的情况也如此。

(二) 这种新的编史纲领的引入,将为中国科学史研究提供新的分析视角和方法

社会性别既是女性主义科学史研究的重要范畴,同时也是其基本的分析视角,从这一视角出发,除了会发现传统科学史研究发现不了的新问题之外,还能对传统科学史已经研究或正在研究的问题,从新的分析方法和切入点入手,得出与前者不同的结论和评价。

女性主义科学史研究区别于传统科学史研究的方法主要有:隐喻分析方法、解释学方法、解构主义方法以及深度访谈方法等。其中,隐喻分析是西方女性主义科学史研究的关键方法。在西方文化传统中,存在着一系列的二元划分,诸如理性与情感、心灵与自然、客观与主观、公众与私人等,这种互为对立的二元划分往往又以一种隐喻的方式与性别发生关联,前者与男性相关,后者与女性相关。通过对这些隐喻式的划分和话语进行分析,就能揭示出科学史中的性别关系结构,以及女性被科学史边缘化的原因。

还可以以医学史的相关案例研究为例。第八届东亚国家科学史会议论文集中有两篇医学史论文都对我国古代女医问题进行了探讨,但由于采用的视角和方法不同,得出的结论和分析的深度也有所不同。其中一位学者的文章,通过对古代女医的医术技能、医学教育和医学地位等的分析认为:古代有些女医地位尚可,一些下层女医在医术和道德上都不行,杰出的男女医得到的尊敬一样。这些结论限于文献表面文字的搜集和总结,没有对文献作者及其意图进行深入分析;对于中国古代记载女医的文献为何如此稀少的原因,也只是简单地从封建传统文化对女性的压迫角度稍作分析(ZHENG Jinsheng. 1999)。与此同时,另外一位学者则从社会性别视角来分析这个问题,首先揭示了古代男女医的社会地位并不平等,认为得到尊重的女医只是少数有家学背景的人;然后分析了文献材料的男性作者们对女医的医术和道德进行的蓄意诋毁,认为诋毁的背后掩藏着上层社会意识形态与男医共有的对女医的排斥立场和意图。此外,她还分析了不同女医之间的差异,看到家庭医学血统因素对女医从医过程及其发出自己独立的"声音"等的影响(Furth. 1999a;Furth. 1999b)。仅此案例,就可看出女性主义科学编史学方法与视角的重要性和价值所在。

(三) 这种新的编史纲领的引入,将导致对传统科学观、科学史观的反思

女性主义科学编史学与女性主义科学批判是紧密相关的,它们除了对传统科学史研究的视角、方法、问题等产生影响之外,更重要的是对支撑在其背后的科学观与科学史观进行了反思和批判。

传统的科学观认为:科学是价值中立的、纯粹客观的、超乎社会之外的知识活动,它与性别之间不存在任何的内在关联,即使科学中存在性别不平等的现象,那也只是科学之外的社会中的性别不平等在科学领域的折射而已。建立在此科学观基础上的传统科学史研究,则把科学史看成是普遍的、抽象的、客观的、价值中立的科学活动的历史,且这一历史有其独立的内在发展逻辑。女性主义科学观则认为:所谓价值中立、性别无涉的纯粹科学只不过是父权制文化从封建教会时期转向资本主义发展时期的一种观念上的人为建构,它并不具有建构者所认定和宣称的普遍性,它本身就代表着一种价值取向(吴小英.2000:76)。在女性主义科学史研究者看来,近代西方科学"进步"的历史是其与父权制意识形态相互结合、加强的历史,传统的科学编史学将科学看成是脱离社会情境的、纯粹的、抽象的、客观的、价值中立的智力活动,因而无法揭示社会、经济、政治、性别等对科学的影响(Harding. 1986)。

也就是说,科学活动不仅与性别、政治、经济等社会情境紧密相关,科学知识本身也是社会建构的产物,它的形成是负载了利益与价值的。随着女性主义科学编史学传统的引入,这种新的科学观与科学史观必然在中国科学史研究领域产生深远影响。科学史的研究不再局限于传统的"内史"实证研究,而应该考虑到历史的具体情景及其与多种社会因素,尤其是社会性别之间的交互作用。

四、问题与说明

后殖民主义与女性主义都是西方 20 世纪以来兴起的重要思潮,它们有很多相同的特点。正如有的学者所说,"后殖民理论"与"女性主义话语"都是产生于"后现代"的西方日渐流行的"后现代"理论。由于这两种理论的产生有着共同的社会背景和共同的"斗争对象",即都以在西方社会占统治/优势地位的"白种男性"的政治、经济和文化"话语"作为批判对象,代表了弱势集团对强势集团的抗争,实现了从"边缘"向"中心"的突破,所以两者在西方是互相支援、互相发明的,往往是"你中有我,我中有你",在某种程度又被视为是一而二、二而一的理论。在白人男性心目中,在妇女与殖民地民族之间存在着一种内在的相似性,他(她)们都处在边缘、从属的位置,都被白人男性看作是异己的他者。正是这种相似性,使女性主义与后殖民主义有了一种天然的亲和力,两者之间展开了频繁的交流和对话(罗刚,刘象愚.1999:6—7)。

对于科学史研究来说,它们都为传统科学史研究开辟了广阔的问题领域,引入了新的关注点和分析视角与方法,对传统的科学观与科学史观都将产生深刻的影响。后殖民主义背景下的女性主义科学史研究,因其主要关注第三世界的妇女科学史,对于身处第三世界,具有性别研究盲点的中国科学史研究来说,尤其需要引起关注。然而尽管如此,国内科学史界对这些新的研究纲领持有的仍是或漠视或误解的态度,为此,有必要对一些问题给予澄清:

第一,女性主义科学史研究的目的不是狭隘的"女性"目的,而是更强调以边缘人的视角对主导地位的科学建制进行批判、审视和重建(刘兵.1996:104);将女性主义科学史研究引入中国,不是要以女性科学史取代传统科学史,而是期望消除传统科学史的性别盲点,展现作为男女两性共存于其中并不断建构它的"历史"的复杂图景。

第二,研究女性主义科学史的学者不一定就是女性。女性主义科学史研究同传统科学史研究一样,是男女主体都可从事的工作,并不是说,女性科学史研究一定就是由女性来进行。

第三,研究科学中的妇女不一定就是女性主义科学史,没有直接关涉女性主题不一定就不是女性主义科学史,判断的标准在于社会性别视角的运用。

第四,后殖民主义视角下的科学史研究不是完全否定西方近代科学,而是要消解其普遍性与抽象性;不是要以弱势边缘的"科学"取代它,而是强调科学文化的多样性、多元化共存与相互协调制约。

第五,研究殖民地的帝国科学机构和科学活动,不一定就是后殖民主义的科学史研究,后者的关键在于对帝国科学文化的殖民化性质进行揭示与批判。

第六,采用后殖民主义、女性主义方法,并不表示抛弃传统科学史研究的基本方法,例如文献考证与分析等仍是具体研究过程中的重要方法。

第七,不是在西方可能过时的理论就不能引入和研究。有的学者认为,后殖民主义和女性主义在美国已经没有当初那么受欢迎,言下之意,我们没必要关注和研究。首先,对某个思潮或流派的历史研究并不会因为其过时而停止;其次,在没有认真分析过这些对西方科学史研究产生深刻影响的新思潮之前,就不假思索地将其弃置一旁,无论如何都不是一种合理的态度。

当然,这并不意味着对后殖民主义和女性主义思潮,我们可以不假思索就照搬过来应用于我们的科学史研究中。对于这些理论本身的缺陷和不足,我们也需要冷静地分析,要时刻注意中国传统文化的特殊性、中国传统科学及科学观的特殊性,充分考虑中西方在文化、民族、性别制度、政治、经济等各方面的种种差异,在差异的基础上寻找共同点,在差异的基础上寻找特性。立足于本国具体情境,在避免极端保守的民族主义倾向的同时,也谨防后殖民主义文化对我们形成的新的文化殖民。

博物学科学编史纲领的意义①

近些年,长期以来越来越被人忽视的博物学又开始被一些学者重视。这在很大程度上也是基于对以近现代西方数理科学传统的反思,并试图关注与近现代西方数理科学范式有所不同的其他科学传统。很自然地,在这样的关注下,无论国内还是国外,对博物学知识传统的科学史研究也在兴起中。如果从科学史研究的角度来看,一种新的研究对象的出现,很自然地也会反过来影响科学史研究的编史学进路。

在由上海交通大学教授江晓原和笔者主编的"我们的科学文化"系列丛书的其中一册,即是以对博物学的关注作为专题(崔妮蒂.2011)。其中,在江晓原、刘华杰和笔者三人发表的对谈《博物学编史纲领三人谈》中,初步论及了有关科学史研究的博物学编史纲领的一些问题。但因为是多人谈话的体例,各人关注的视角和立场均有所不同,一些重要问题未及展开讨论。在此,特别重新对其中涉及的一些相关问题,从其对科学史学科发展的意义这一特定视角来进行整理、思考和表述,并尝试补充笔者本人的一些观点。

---

① 本文作者刘兵,原载《广西民族大学学报》(哲学社会科学版),2011 年第 6 期。

一、科学史研究中对博物学的重新关注是传统科学史研究范围的新拓展

在历史上，可以被归入科学史的"科学"本来是非常多样的。当然，这样讲是在对狭义的科学概念进行某种拓宽的前提下。由于历史发展的偶然性，发展到当今的科学的主流，是那种以物理科学（physical science）为代表的精密的"硬科学"，也有人愿意用"数理科学"来表征这种近现代科学的传统。翻开绝大多数科学史，我们会发现，其中绝大部分内容都是这类近现代的数理科学，以及从发展脉络上看与之有关的"前科学"，而那些随着近现代科学的当代发展而越来越被轻视的博物学的内容，尽管在历史上曾占据过远为更重要、更辉煌地位的博物学的内容，则或是轻描淡写地被一笔带过，或是干脆被忽略。这样的做法，首先是无视历史；其次是对科学的文化多元性的排斥；再次，也加剧了当下这种主流科学之"双刃剑效应"负面的那一刃。

即使是从传统的历史观来看，在历史研究有了新的对象，增加了新的研究内容时，这种研究范围的拓展，也是一件非常值得赞赏的事。对科学史学科的发展来说，这种将研究范围向博物学内容的拓展自然也有着重要的意义。

二、科学史研究中对博物学的重新关注是在一种新的科学观之下的研究

科学史的研究，总是基于特定的科学观来进行的。科学观决定了科学史研究内容的选择。当科学史研究开始重新关注博物学时，其前提之一，是需要有一种与传统有所不同的科学观。这种新的科学观，就是多元的科学观。

当然，从科学文化的多样性来看，在传统科学史研究中作为主要

内容的数理科学的存在也有其价值。但传统科学观的问题在于只把数理科学当作科学,而对历史上其他一些科学传统,或者说不同的"研究纲领",或是认为那只是科学发展的初级阶段因而不再重视,或是认为那不是科学而对之完全抛弃或视而不见,甚至在极端的情形下,还会认为是"伪科学"。能够引入博物学作为科学史研究的内容,就必然要求研究者要抛弃这种狭义的、一元的科学观。反过来,而当这样的研究更加深入,并得出更多的研究成果时,又会让人们更加认识到这些原本不被注意的博物学内容的重要性和价值,从而为多元的科学观的合理性提供历史的支持,并进一步加速科学观的变化,甚至有可能使这种新的科学观的影响超出科学史研究的领域。

与此相关的另一层意义,就是与当代许多其他学术领域的发展相一致,由于博物学传统知识的产生和发展,远远不限于近代科学产生的西方,因而,这种研究对于消解科学史中的西方中心论,也是颇具重要性的。这与近些年来科学领域中其他一些越来越注重非西方主流科学研究,在倾向和发展趋势上也是一致的。

三、博物学的科学编史纲领体现了反辉格式的科学史观

在科学史的研究中,科学史家们从传统的辉格式的科学史观转向反辉格式的科学史观,是科学史学科发展中的重要转向。简单地讲,所谓辉格式的科学史,即是指那种站在今天科学的制高点上,按照今天主流科学的标准,用今日的观点来编织其历史。实际上,这种直接参照今日的观点和标准来进行选择和编织历史的方法,对于历史的理解是一种障碍。因为这意味着把某种原则和模式强加在历史之上,必定使写出的历史完美地会聚于今日。历史学家将很容易认为他在过去之中看到了今天,而他所研究的实际上却是一个与今日相比内涵完全不同的世界。

美国科学史家白馥兰,就曾在对属于较强辉格倾向的李约瑟的科学史研究方式的反思中,指出其代价却是使其脱离了它们的文化

和历史与境(context);认为那种对"发现"和"创新"的强调,对于在历史学家所研究的时期的技能和知识的更广泛的与境,很可能带来一种被歪曲的理解的方式。因为它把研究者的注意力从其他一些现在看来似乎是没有出路的、非理性的、不那么有效的或在智力上不那么激动人心的要素中引开,而这些东西在当时却可能是更为重要、传播更广或更有影响力的(Bray. 1997:9—10)。

因为科学史对于历史上的博物学重新予以特殊的关系,不受那种当代主流科学的价值判断的影响,把视角扩展到范围更方的"科学"类别,更接近于历史上的实际情况。正如刘华杰教授所言:"人类在其百分之九十九的历史当中不得不靠博物学知识而不是靠数理科学知识而生存。"(刘华杰.2010a)博物学的科学史编史纲领能够尽量抛开传统中以主流科学的价值和标准作为所研究内容,把在过去的历史中实际上大量存在并曾也做过"主流"的博物学的内容包容进来,这显然是属于典型的反辉式的。当然,这里也应该指出,博物学的科学编史纲领也只是反辉格式的科学史研究中特殊的一种而已。

四、博物学的科学编史纲领是对科学主义观念的解毒剂

关于科学主义,人们已经有了很多的讨论。在科学史的研究中,同样存在着科学主义的问题。前面讲到辉格式的科学史观,就是一种典型的科学主义的编史方式。不过,即使在相当程度上抛弃了辉格史观,也仍然可能存在有科学主义的问题,这主要体现在人们对于科学史所研究的内容的价值理解上。

传统的科学史,突出地关注数理科学的内容,但正如刘华杰教授所说:"博物学传统中有大量值得提取的积极内容,它强调对人类经验的重视,对生物多样性、对外部自然世界的尊重,一定意义上的'非人类中心论',一定程度上对数理模型保持着本能的警觉。这样一些品质,对于克服当前自然科学模型化日趋严重所强加于人类思想和生活方式的恶劣影响可能是有帮助的。发扬传统中的这些好的要素,

减少掠夺、扩张、占有等曾经盛行过的劣迹,博物学有可能既满足人类的好奇心,又使人类对自然的探索仍然处在理性和感性双重控制之下,使科学的未来更好地反映和服务于生活世界。"(刘华杰. 2010b)

还是在那篇《博物学编史纲领三人谈》中,刘华杰也指出:"突出博物理念、博物情怀,清晰地叙述编史过程的价值关怀,比如要充分考虑人类的可持续发展、人与自然的持久共生,同情'非人类中心论'等,这一条相当于陈述了某种生态原则。已成为显学的生态学当初就源于博物学,并且如今有遗忘其根基的危险。编史工作不可避免地包含价值导向,各类知识的重要程度需要依据人地系统可持续发展的标准进行判定,在此可以名正言顺地驳斥虚假的客观主义教条。这一条与我们对'致毁知识'的担忧有密切关系,如果'致毁知识'的生产、应用无法减缓,人类和环境的危险就与日俱增。目前,在绝大多数知识分子看来,知识是中性的或者无条件具有正面作用,社会系统千方百计地奖励各种知识的生产。这种局面并不是好兆头,对知识的批判与对权力的批判一样,都是社会正常发展所需要的。目前,对权力的警惕与批判已经引起广泛注意,但对知识的警惕与批判刚刚开始。"(崔妮蒂. 2011)

从这些论述中,我们可以看到,由于博物学认识传统与近现代数理科学传统的不同,它先天地更具有(当然也会有例外)让人们与自然的关系更加和谐的特点。它可以弘扬保护人类生态环境和可持续生存这些基本价值。由于科学史的研究,其成果对于科学史之外的领域,亦会产生连带的影响。因而,通过在新纲领下的对科学史的重写,博物学的科学史的编史研究纲领对于消解人们观念中的科学主义,是可以起到某种解毒剂的作用的。

五、博物学的科学编史纲领对于科学传播具有不可替代的重要意义

英国科学史家皮克斯通在其科学史新著《认识方式:一种新的科

学、技术和医学史》中,体现出了两个与传统科学史有所不同的新特点:一是对博物学的特殊关注;一是对公众理解科学的特殊关注。这两方面的内容,也都作为科学的历史的重要组成部分写在他的科学史中。这两者其实也是一种很好的结合。他曾在书中谈到:在科学家这一方面,"许多科学生涯具有'嗜好'根源。大体而言,它们限定为博物学——采集、描述、排列或者手工制作设备以产生'特殊效果'……这样的兴趣毫无疑问塑造了科学家的选择和倾向"。而在公众这一方面,"如果我们能够注重作为许多公开争论可以理解的中心的博物学,那么民主结果的前景就似乎比来自科学—公众关系的其他模型的结果更好。因为只要我们仅仅注重远离经验的分析和实验知识,'公众'就可能长期处于不利的地位"(皮克斯通.2008:201—206)。

在一篇关于博物学与科学传播的文章中,刘华杰曾提出:"在各种科学当中,博物类科学应当优先传播:第一,博物类科学界面友好,不远离直观、日常经验。博物类科学不主张过分还原,重视宏观层次的系统关联,植物、昆虫、鸟、地质、地理等内容相对容易传播,而微积分、量子力学、张量分析、量子场论、弦理论、生物化学、分子生物学等则极难传播。第二,博物类科学与百姓的日常生活关系密切,特别是与环境、资源、自然保护有直接联系,加强博物学传播有助于重塑人与自然的友好关系。第三,公众容易直接参与博物类科学,直接为地方性知识的累积做出贡献。这种参与通常不需要购买特别昂贵的仪器,公众参与的许多环境监测和物候记录等工作,还可以补充职业科学家的研究。此种参与,也有助于培养公民的亲知(personal knowing,也可称为'个体致知')能力,面对'科学大厦'不至于沦为一味倾听、道听途说。第四,由于门槛低,博物类科学可以作为一个缓冲区,起到桥梁的沟通作用,有可能把一小部分有兴趣、有能力的人引入还原论科学、专业科学探索中去。"(刘华杰.2011)

以上这些观点,均强调了博物学对于科学传播的特殊意义。而我们知道,在当代新的科学传播实践中,科学史是非常重要的一部分内容。科学史的研究成果既可以直接用作科学传播的素材，又可以带来对于传播观念的深刻影响。因此，从科学传播的角度来看，同样需要大力促进博物学的科学史的发展。

9 从科学史研究立场之变化看全球化①

一、"全球化"的概念

"全球化"(globalization)是一个事关国家政治、经济、文化发展的重大问题,也是事关每个人当下生活的重大问题,它不仅带来经济上的发展与变化,同时也造成了文化、心理,以及日常生活方面的影响和冲击,它因此已成为思想界、知识界的热点话题,甚至成为众多学术研究的基本背景和研究问题的视角与方法论原则。

"全球化"是一个复杂的概念,涉及政治、经济、文化、社会各个层面的内容,不同领域的学者会更加关注全球化的不同侧面。有人将全球化分为经济全球化和广义的文化全球化两大类,实际上这两者之间又是紧密相关,无法完全分割的。经济全球化意味着经济活动的跨国化和相互依赖的加深,这一过程必然带来文化上的全球化趋同趋势以及本土化文化的抵触过程,文化上的全球化以及本土文化的抵触过程反过来又会在意识形态和文化心理上影响经济全球化的发展。就目前国内关于全球化的大量学术讨论而言,经济学家更多的是关注经济全球化对于国家经济发展的重大影响,而社会学家和

① 本文作者刘兵、章梅芳,原载《科学对社会的影响》,2005 年第 2 期。

人文学者则更多地关注经济全球化引起的社会、文化、心理的问题。这里大致可以发现对于全球化的多种不同的态度：人们或是将全球化看成是客观的历史进程，强调世界经济与文化的融合和共同发展，强调这一发展趋势的客观性和不可阻挡性；或是对全球化持一种反对的态度，强调要避免文化全球化对本土传统文化形成的严重冲击；或是强调对全球化进行反思，积极寻求全球化背景下本国的政治、经济、文化发展的立足点。

作为研究科学史的学者，笔者更为关注的是文化全球化问题，尤其是与科学文化相关的全球化问题。在此，笔者所要强调的是：站在科学编史学的立场上，从西方科学史学科的历史发展来看，也可以发现其研究范式与全球化之间的某种关联，以及这种关联逐渐被解构的过程。

二、西方科学与非西方科学

一般而言，从文化角度强调对"全球化"问题进行反思的人们，更多的是出自对其可能会引起的本土文化的衰落和消亡的忧虑，而对于科学技术全球化的反思则远远不够。这主要是因为科学技术是当今社会发展的主要推动力，它在实际应用中体现出来的巨大威力使得人们无暇去思考其背后的意识形态问题。而实际上，我们现在的科学技术最初是在西方文化与境中成长和发展起来的，但如今在许多场合，它们却已经成为了唯一的、真理性的、世界性的东西，成了与任何地方性的知识相对应的重要概念。这种以西方近代科学为唯一的、普适性的科学的观念同经济和文化的全球化一起，在某种程度上也是西方意识形态全球化的策略之一，甚至因其客观性和真理性的外衣，而更不易遭到质疑和反思。从科学史的研究就可以看出，20世纪80年代之前的研究，基本都是以这一普适性的科学作为研究对象的，只是到了近几十年来人们才开始反思这一研究的合理性问题，开始反思这一具有跨文化性质的科学的"普适性"问题。

近代科学产生于西方，与此相应的科学史研究作为一门学科也主要产生于西方的文化土壤。西方科学史研究起源于古希腊时期，中世纪也有所发展，到 16、17 世纪，伴随着近代科学的产生，科学史方面的研究著作开始增多，但真正意义上的科学史学科发展于 20 世纪初。20 世纪初的科学史研究基本遵循的是萨顿式的编年史研究范式，这一范式下人们所共有的科学观是将科学看成是对既有观察材料的累积、归纳和总结，其发展不断趋向真理和进步。从根本上来讲，这一科学观是实证主义的科学观，它坚持科学的某种累积式发展过程和客观真理性，强调科学的客观性、真理性和某种普适性。尽管萨顿的编年史研究主要以古希腊以来西方科学的发展为主要研究对象，他同时也强调东方智慧的重要性，尤其重视阿拉伯人在中世纪做出的诸多科学成就，强调近代实验科学不只是西方的"子孙"，也是东方的"后代"。然而，我们可以发现，萨顿对东方的科学贡献的重视在某种程度上是以近代西方实验科学为参照标准的。在他看来，近代实验科学是某种具有普适性的东西，它是由西方科学智慧和东方科学智慧共同发展而来的，对东方的强调仍然是以西方近代科学的普适性为基础的。

萨顿之后，西方学者的研究对象仍然在西方"主流"科学上，尤其是柯瓦雷的观念论科学史研究范式，将科学看成是对真理的理论探索，认为科学的进步体现在概念的进化上，科学发展有其内在自主的逻辑。显然，这一"科学"指的是"西方近代科学"。在对非西方科学有所重视的西方学者中，最具代表性的人物是李约瑟。李约瑟对中国古代科学与文明的研究工作，使得西方学者开始真正关注东方的伟大科学成就，其研究被看成是一项严肃的、先锋性的工作，不仅对中国和其他非西方国家的科学史研究，也对西方本身的科学史研究产生了深远的影响。

然而，李约瑟对于中国古代科学技术的重视，如同萨顿对于东方智慧的重视一样，强调的依然是它们对于形成某种普适性的科学所做出的历史贡献。李约瑟按照近代西方科学的学科划分来对中国古代科学知识进行分类研究。在白馥兰（Francesca Bray）看来：首先，其付出的代价是将这些科学与技术从其文化、历史背景中抽离出来了，同时也使得人们无法关注那些与近代西方科学无法直接对应的、在今天看来似乎是无用的、非理性的、低效或者智力上不那么令人兴奋的，但却可能是更为重要的、传播更广的或者在当时更有影响的那些知识；其次，将科学和工业的革命看成是人类进步的自然结果，将导致人们按这种从特殊的欧洲经验中推导出的标准来衡量一切技术与知识的历史系统（Bray. 1997：9—10）。实际上，中国科学史研究在某种程度上一直持续着这种辉格式的研究范式（在这其中自然有部分是受李约瑟工作的影响），直到今天，绝大多数的中国科学史的书写目的仍然是强调其对西方近代科学做出的巨大贡献。这一点在其他非西方国家，如印度等的科学史研究中也有所体现，反映出科学史研究以近代西方科学为普适性、全球性的科学标准的研究范式。

　　20 世纪末以来，随着后现代主义对西方现代性的全面反思，后现代主义、后殖民主义、人类学和女性主义等原来在传统的科学史学科中不存在的视角开始进入科学史的研究领域，一批科学哲学和科学史的研究学者开始强调近代西方科学的地方性。其中，哈丁（S. Harding）对近代欧洲殖民扩张与近代西方科学诞生之间的互动关系进行了研究。她认为：近代欧洲航海活动和殖民地的建立，对欧洲科学的发展做出了极其重要的贡献，同时还扩大了欧洲科学技术与其殖民地科学技术知识之间的差距，提供了欧洲科学技术成就在全球的地位。哈丁强调：后殖民时期的科学技术研究是从欧洲中心文化之外确立其关注和概念框架的，这一研究将运用包容性更广的科学定义。"科学"将被用来指称任何旨在系统地生产有关物质世界知识的活动。在这种宽泛的"科学"定义下，所有的科学知识，包括近代西方确立起来的科学，都是所谓的"地方性知识"，或者"本土知识体系"。她认为，后殖民主义的科学技术研究的这种策略使得其能够探究不同文化的科技思想和实践的特色，不仅可以为原有的概念框架添加新的研究主题，还能迫使概念框架本身发生变化（哈丁. 2002：11）。

哈丁站在后殖民主义的立场对近代西方科学的普适性进行了解构。与其相反，近十几年来西方学者对于非西方社会的科学史研究也从另一个对立面增强了对西方近代科学普适性的解构。在这些研究中，较具代表性的工作有白馥兰（Francesca Bray）和费侠莉（Charlotte Furth）关于中国古代技术与性别以及妇科史的相关研究。其中，白馥兰认为：技术作为一种知识和设备的系统，或多或少能带来物质产品的高效生产，以及对自然的控制，它构成了西方优越性话语中一个核心成分；技术史或许比其他的历史分支更能保持一种殖民主义心理，对技术史家来说，"主人叙事"（master narrative）是对将西方技术革命看成是必然的、自主的一种辉格式解读。在这种认识论框架下，西方技术成为了将现代与传统、积极与消极、进步与停滞、科学与无知、西方与非西方、男性与女性对立起来的结构性等级制度中的一种符号象征（Bray. 1997：7）。

近几十年来，西方学者对于欧洲科学史的研究和对非西方科学史的研究，都开始越来越强调科学的文化多元性，强调科学知识的"地方性"和科学史研究对具体历史与境的重视。这一趋势同后现代主义和科学知识社会学对科学客观性、真理性的解构是相互关联的，反映了全球化时代人们对于科学意识形态的反思。

三、启示

西方科学史研究领域经历以西方"主流"科学为主要研究对象，到以西方近代科学为参照系的非西方科学史研究，再到后殖民主义和人类学等立场下的多元文化科学观基础上的科学史研究的粗略发展脉络，反映出西方学者对近代科学普适性的反思，也在某种程度上反映了人们对于文化全球化的殖民性质的反思。

这一方面启示中国科学史研究要摆脱以西方科学为参照系的辉格式研究范式的束缚，注重本土化的文化与境；另一方面也要求中国学者对于西方近代科学的普适性、唯一性持一种清醒的批判态度。

正如有的学者所强调的：越过经济和技术层面，我们会看到"全球化"背后所隐藏的特殊的价值论述，这种假"普遍"之名的特殊价值观决定了全球化过程内在的文化单一性和压抑性（张旭东. 2002）。为此，尽管全球化成为势不可挡的现实，科学技术在其中发挥巨大的作用，人文学者对于科学技术的国际性和全球化的热潮仍然应该保持一种谨慎的态度。

第二编

个案研究

10 钱宝琮:在中国介绍研究新人文主义的先驱①

一、萨顿、科学史与新人文主义

对于从事科学史的研究者来说,萨顿(George Sarton, 1884—1956)的名字应该是不陌生的,他可以说是当代科学史学科的重要奠基者之一。关于萨顿的生平,这里不拟多谈。简要地讲,他一生的经历,与当代科学史学科的发展紧密相关,可以包括他诞生于比利时,在比利时接受了高等教育,先后学习了哲学、化学、结晶学和数学,1911年在根特大学获得博士学位,并投身于当时还很难说是一门成熟学科的科学史的研究。他创办了科学史刊物《爱西斯》(ISIS),这份刊物延续至今仍是国际科学史界的权威刊物。第一次世界大战爆发后,他移民美国,在像所有初创者都会遇到的艰难环境中,打开了一片科学史的新天地。关于他对当代科学史学科发展的贡献,正如有人曾评价的那样:"萨顿通过他的著作、编辑工作、教学以及世界范围的人际接触,影响了许多人的生活。一方面,他比任何其他人都更负责地使"科学史"成为一个独立的学科。另一方面,他复兴了奥斯勒的传统,让科学的各个分支和人文学科之间的相互联系更加紧

① 本文作者刘兵,原载《重庆大学学报》(社会科学版),2005年第1期。

密。"(Dibner. 1984)

萨顿一生工作勤奋,著述颇丰,生前出版有 15 部专著、340 多篇论文和札记,编辑了 79 份详尽的科学史重要研究文献目录。但是,在这些著述背后所支撑着他的基础立场,以及作为他毕生从事科学史研究的重要动力,则是他所反复强调和倡导的"新人文主义"。简单地讲,新人文主义包括了人文主义和科学两个方面,而且是这两者有机的结合,这可以说是始终贯穿在萨顿的著述中的"主旋律"。对此,科学史家辛格曾评论说:

> 萨顿深切地意识到了人们对文明的人类文化的那种不信任和损失,这种不信任和损失是相互厌恶和彼此不理解的哲学的结果,这一方面是狭隘的人文学者的特征,另一方面是许多科学家的特征。在他看来,正同在我们自己看来那样,科学史研究的一个主要功能在于消除这种相互间的厌恶和无知,并向人类展示一种完整思想的光辉景象,展示一种地球上实际上或潜在的种种人类活动的统一复合体。
>
> ……
>
> 萨顿给我们创造了一个名词,即他所说的"新人文主义"。可以认为,这绝不是偶然的,这个名词表达了一种更广阔的观点,现在已为意志在完满的人类遗产中得到喜悦的人们所接受(萨顿.1989:204—207)。

在萨顿去世后出版的文集《科学的生命》收录的《科学的历史》这篇文章中,萨顿明确地谈到,他认为新人文主义将产生的后果是:

> 它将消除许多地方和民族的偏见,也将消除许多这个时代共同的偏见。每一个时代当然具有自己的偏见。正像消除地域偏见的最好办法是去旅行一样,要想摆脱我们时代的局限同样必须到各个时代去漫游。我们的时代并不是一个最好的和最聪

明的时期,并且无论如何不是最后的时代！我们必须为下一个时代做准备,我所希望的是一个比现在更好的时代。我们学习历史不只是为了好奇心,不单是为了知道旧时代的人事沧桑(如果我们除此之外而没有其他目的,我们的知识真的会是很贫乏的),也不仅仅是为了更好地理解历史去满足精神的享受。我们并不是对于这些完全不感兴趣。不！我们希望能够理解和预见得更清楚些;我们希望在行动时能够更准确些,更明智些。历史本身与我们无关。我们的兴趣不在于过去而在于未来。

为建造这个未来,为使它更加美丽,有必要去准备一次新的综合,就像在过去那些知识综合的光荣年代里,像斐底阿斯和列奥纳多·达·芬奇所做的一样。我们提议以科学家、哲学家和历史学家的新的更紧密的合作来实现它。如果这些能够实现,就将产生非常美好的东西,因而与艺术家的合作也必然实现;一个综合的年代往往是艺术的年代,这就是我所说的"新人文主义"的综合。这是酝酿中的某种东西,并非梦想(萨顿. 1987：51—52)。

人们可以注意到,萨顿经常喜爱用一种隐喻,即"建造桥梁"。他认为科学史家的重要职责,就是在国际间,在每个国家之内,在好的生活和技术之间,在科学和人文学科之间建造桥梁。实际上,这一隐喻也同样可以适用于他关于东西方在科学发展中的作用的看法,他也正是努力在东方与西方之间建造桥梁。可以说,萨顿正是毕生致力于用基于其"新人文主义"立场的科学史来实现他在科学与人文之间建造桥梁的伟大理想。

二、钱宝琮与中国的数学史研究

钱宝琮,字琢如,1892 年出生于浙江嘉兴。1907 年,考入苏省铁路学堂土木科,1908 年考取官费留学生,就读于英国伯明翰大学土木工程系，1911 年就读于曼彻斯特工学院建筑系，获理科学士学位。1912 年回国后，曾先后在多所大学任教，而且很快就从工程方向转向了从事数学教育工作，并曾于 1928—1929 年间任浙江大学数学系主任。仅在数学教育方面，钱宝琮先生已是成就斐然，曾培养出一大批中国当代著名的数学家。早期，钱宝琮是在业余时间从事中国数学史的研究。当然，在那时国内也还没有专业的科学史或数学史的教职。新中国成立后，1956 年钱宝琮被调到中国科学院历史研究所任一级研究员，次年又参与了中国自然科学史研究室的创立，由此，才开始了他科学史研究的职业生涯。在经历了数年难以从事专业研究的"文革"之后，1974 年，钱宝琮病逝于苏州。

科学史学科在中国的发展，也是一个很大的论题。如果从源远流长的中国的史学传统来看，在众多古代史书中，很早就有了与科学史有关的史料记载。从宋代开始，还出现了像周守忠的《历代名医蒙术》这样的医史著作，而到了清代，甚至有了由阮元等人撰写的《畴人传》这样专门的天文学家、数学家传记专著（其中还有若干重要的西方科学家之传）。有人认为，我国学者对科学史（主要是中国科学史）的真正研究（而不仅仅是对史料的汇集和简单记述），始于 20 世纪前后（郭金彬，王渝生. 1988：258—259）。

在这种意义上，像钱宝琮（当然，还有李俨等一批学者），可以算得上是我国科学史学科发展中的先驱者，尤其是就数学史这样一门科学史中特殊的分科史来说，也完全可以将钱宝琮等人看作是中国数学史研究的奠基者。究其原因，也正如李俨早在 1917 年论及以往的中国数学史研究时所说的那样："吾国旧无算学史。阮元《畴人传》略具其雏形，可为史之一部，而不足以概全。"而且，"顾吾国史学，往往于一人之生卒年月略而不详。有清一代诸畴人，多仅记其事迹而略其时代。"（李俨，钱宝琮. 1998. 卷 10：1—3）在 20 年代到 40 年代之间，他还曾指出，"前清末叶，国内人士曾认为非研治科学无以自强，又以为算学为科学基础；卖力修治中外算学的，为数日多。但对于中国算学史的研究，则除《畴人传》一书，初无他项典籍，可供参考"。但

"合阮元、罗士琳、华世芳、诸可宝、黄钟骏各畴人传记,引用书籍多至四百余种,文字前后六十余万言。而各传记将天文家、算学家合称畴人,著在一篇,于各家的生死年月和著作年代,都未深考;往往序文凡例连篇记入,而制作此序文的年月,反漏列不记。即各书精华,学派流传,和社会的背影,亦全没有顾到"(李俨,钱宝琮. 1998. 卷 8:517)。正是由于这样的背景,并根据其后来的学术贡献,包括具体的研究,也包括对中国数学史学科的基本框架的构筑,我们说钱宝琮等人是中国科学史,特别是中国数学史研究的奠基者。

三、钱宝琮对萨顿的新人文主义的介绍

正像在国外科学史发展的早期许多优秀的开创性人物都是业余从事科学史的研究一样,钱宝琮在 1956 年以前,在其前半生中,也是以业余研究者的身份从事数学史的研究。但作为一位享有国际声誉的中国数学史研究奠基者,无论是在其前半生的业余研究,还是在后十几年(扣除"文革"中的几年)的专业研究中,都是相当多产,取得了巨大的研究成果的。关于他具体的数学史研究成果,在几年前国内出版的《李俨钱宝琮科学史全集》中已有充分的反映,这里不拟多谈。本文所要着重讨论的,则是作为一位视野宽阔、及时注意国际前沿,除数学史之外亦关心科学史及文明史一般问题的钱宝琮,对于前面提到的美国科学史家萨顿的新人文主义之介绍以及相关的一些情况。从这种讨论中,既可以看出钱宝琮先生超前的学术意识,也可以有助于我们理解和思考科学史在中国发展的一些问题。

如前所述,萨顿作为科学史学科奠基者,其主导思想是他所倡导的"新人文主义"。虽然这种观念的形成可以追溯到更早的阶段,但他明确地以此为主题写成的专著《科学史与新人文主义》(其实严格地讲,此书是一部由他 1935 年间的四次演讲稿和一篇 1920 年的文章作为前言汇集而成的文集),正式出版于 1937 年。而仅仅在 10 年后,钱宝琮就在 1947 年 5 月的《思想与时代》杂志(第 45 期)上,发表

了颇有见地的评论文章《科学史与新人文主义》。转年,这篇文章又被收入由竺可桢等人所著由华夏图书出版公司出版的《现代学术文化概论》一书(第一册)(李俨,钱宝琮. 1998. 卷 9:373—380)。

关于《思想与时代》杂志,在这里可以介绍几句。根据有关材料可以得知:它是抗战时的一份具有学术水准的期刊,于 1940 年 8 月创刊,由浙江大学、西南联大、中央大学、齐鲁大学、云南大学等校的教育联系主办,编辑部设在贵州遵义的浙江大学。其征稿启事中说:"本刊内容包涵哲学、科学、政治、文学、教育、史地等项,而特重时代思潮与民族复兴之关系。"所发表的文章的类别,"西洋学术思想源流变迁之探讨""我国与欧美最近重要著作之介绍与批评"均在其中。在此刊物出完四十期时曾停刊一年左右,后来此刊物的实际负责人张其均(晓峰)在再度出版的第四十一期上的复刊辞中明确地指出:"就过去几年的工作来看,本刊显然悬有一个目标,简言之,就是科学时代的人文主义。科学文化是现代教育的重要问题,也是本刊努力的方向。具体地说,就是融贯新旧,沟通文质,为通才教育作先路之导,为现代民治厚植其基础。英国自然周刊(*Nature*)是一个有计划的论述现代自然科学与人文科学和哲学教育的良好园地,本刊对于自然周刊的宗旨,实深具同感。"从这段复刊辞来看,早在半个多世纪之前,这本刊物在其宗旨上,显然与今日我们所提倡的许多观念相当一致,尤其是在强调科学时代的人文主义、科学文化和通才教育等方面。因而,钱宝琮介绍萨顿的新人文主义的文章发表在上面,无论从文章类型要求来说,还是从刊物倾向来说,都可谓是恰如其分。实际上,当时许多文化界名流,如竺可桢、钱穆、朱光潜、冯友兰、贺鳞、吴宓、熊十力等,都曾在此刊物上发表文章。

钱宝琮本是应张其均之邀,从张其均处得到由其从美国购得的原版《科学史与新人文主义》一书,命其读后做评而写成的此文。此时,距萨顿原书的初版问世已有约 10 年的时间。我们可以想象,在当时的情况下,对于像科学史这样的新兴学科的国外重要动态,能在10 年间隔的时间内及时注意到,应该是很不易的。即使就今日国内学界评介国外思潮的状况来说，10年也不能算是很大的滞后。因此，在那时钱先生就能通过研读该书，并识得其中灼见，确实是相当难能可贵的。

钱宝琮在其文章中，首先转述了萨顿（当时译为"萨敦"）关于其科学的人文主义与文化史、科学之本质以及科学与社会等属于科学编史学的内容，强调了萨顿所说的旧人文主义与科学家之不能相容的见解，以及由此导致的科学与（旧）人文主义之分道扬镳的不堪设想之恶劣后果，敏锐地注意到了萨顿所关注的科学史的教育意义，以及科学史可成为（旧）人文主义与科学家之津梁的功能，科学史之教学为新人文主义之核心等观点。但更为可贵的是：与此同时，在文章中大约一半的篇幅，钱宝琮是在介绍萨顿观点的基础上，结合中国的问题做出相当精彩的发挥。在文章的这一部分中，涉及中国历史在教育、科学、宗教、人文等方面与西方的差异，谈及中国科学史研究对于世界文化史之意义以及对新人文主义者之意义，而且，不乏对当时教育现实的针砭，如"今日之中学课程，科学训练与人文陶冶二类虽能应有尽有，而二类之教学尤未能会通，有志学理者忽视文艺，有志学文者忽视科学，教育成效之不如人意恐较欧美为尤甚。故萨敦之新人文主义在中国尚不失为苦口之良药"。

同样令人惊叹的是：钱宝琮在这篇文章中，也鲜明地涉及了今天通常被我们称之为"李约瑟问题"的问题。"在五百年前我国尚为世界一先进国家，至今则近世科学不能与西洋各国并驾齐驱，文化落后为天下笑"，并对这个问题之根源做了探讨，如"中国人自发之科学知识，皆限于致用方面而忽略纯科学之探讨。中国四千年真积力久之文化，大致与罗马帝国文化趋向相同，而缺少古希腊人与文艺复兴时代以后欧洲人之学术研究之精神"。他还试图提出解决问题的办法，"文化界工作者当知埃及，巴比伦，希腊，罗马各国学术之始盛而终衰，欧美列强及日本之所以崛起于近世，勿再以'中学为体，西学为用'为口头禅，则文艺复兴之期当不在远"。

由此我们可以看到，像钱宝琮这样的科学史前辈曾如此迅捷地追踪和关注世界上科学史界的最新学术动态,并将其吸收过来,化为己有。令人遗憾的是:在其之后,我国科学史界在很长的时间中,既没有再保持这种对国际科学史学术动向的及时追踪,也没有将当时钱宝琮先生得出的见解很好地继承、发挥和发展。仅由此一例,即可看到前辈的学术功力与敏锐。

四、晚年的厄运:定性与检讨

虽然站在今天的立场上,已经看到钱宝琮在 20 世纪 40 年代紧跟学术前沿并深有思考地评价萨顿与科学史相结合的新人文主义思想观点,还在此基础上结合对中国问题的研究进行了深入思考,但这只是今天对钱宝琮的评价。在特定的历史时期,由于政治和意识形态及其在学术界的影响的缘故,对一个人的学术评价,可能是相当不同的。新中国成立后的一段历史时期内,在这方面的教训是很多的。钱宝琮恰恰因为研究萨顿、介绍萨顿的工作,在各种"运动"中和许多"非运动"的场合,都不断地受到来自政治影响下的"批判",被给予非学术负面评价,甚至于影响到其学术活动和生活。

关于钱宝琮因 40 年代研究、介绍萨顿而在其后半生不断被批判的经历,我国老一代科学史家、中国科学院院士席泽宗先生曾有回忆。不过,从一些存留下来的档案文字材料中,我们可以更清楚地看到这样的历史印迹。

例如,1952 年,钱宝琮在浙江大学参加思想改造运动时,在一位姓吴的政工人员整理的关于钱宝琮"政治历史上的几个关键问题"的材料中[①],其中一条,就是他"曾为张其均主编的反动杂志《思想与时代》写过一篇书评《科学发展史与新人道主义》,内容为只要大家把自然科学研究好,世界上就不会有战争了。该文作为论文,刊登在首要

---

① 此材料,以及后面引用的其他几份材料,均引自钱宝琮的档案,现存于中国科学院自然科学史研究所。因材料无系统编号,只在文中对材料的性质和出处予以说明。

篇幅"。

1955 年的另一次运动中,在同样是由政工人员整理的钱宝琮"忠诚老实交代"材料中,也有类似的记述。

1958 年 8 月,中国自然科学史研究室给钱宝琮写的一份盖有研究室的公章"小传"中,对钱宝琮的鉴定,也有这样的文字:

> 解放前的政治思想:解放前是地地道道的地主资产阶级学者——旧知识分子。对我党、对革命毫无接触和认识,清高自是,为教学而教学,并有俯仰者的论著,如在《思想与时代》杂志上发表《新人道主义》的书评,散播唯心主义反动思想,同时与当时的当政学者都极密切,发起成立一些所谓"学会",当然在政治思想上是与我格格不入的、相抵触的。

在这份小传中,还有许多其他否定性的鉴定意见,如"以超政治思想观点自居、高傲自大""满足于自己的资产阶级的学术成就",整风中"在鸣放初期,对于右派为欣尝(赏)"等,结果,最后的结论是:"在政治排队中根据以上情况列为中右!"

如果说来自"组织"上的评价意见更多地反映了当时"组织"的立场的话,个人的认识和理解是否能够真正代表发自个人内心的想法,抑或只是一种违心的对付,或者是两者皆有的混合? 这个问题也许很难有肯定的答案。

1952 年钱宝琮在一份他亲笔写的《钱宝琮自我检讨》(钱宝琮.1952)中,详细地"自我检讨"了"个人存在着的非无产阶级思想",总结为"'超政治'思想、纯技术观点、教学工作脱离实际、辅导学生学习工作做得不够和雇佣观点"等五条;并将自己的主要问题总结成是"地主阶级思想",具体地讲,是"自由主义和名士派作风"。就以往的问题,还在"超政治"思想的范围内包括"在教育工作方面提倡改良主义,拥护反动政府的种种政策。在研究工作方面为反动政府粉饰太平。这种严重的错误,一直到最近才觉察到的"。不过,这样的"检查"显然是没有通过的,因而,才会有了后来 1955 年进一步的"忠诚老实交代资料"以及其中对撰写介绍萨顿文章事的"检讨"。而且,从 1958 年"组织"上的结论来看,这篇文章写作和发表仍然被视为严重的"历史问题",也许再加上"鸣放"期间的表现,最后成了政治排队中的"中右"。

再往后,除了"文革"的特殊阶段之外,虽然钱宝琮还是做了大量的专业数学史研究,并得以发表,在国内外学术界产生了很大影响。但至少有件事可以说明,他在最根本的层次上并未得到组织上的"信任"和"肯定",这就是:1966 年 10 月 15 日,钱宝琮当选为国际科学史研究院通讯院士,研究室"文革"小组封锁这一喜讯,继续揪斗钱宝琮,指令他不断写"自我批判和检讨"材料(钱永红. 未刊稿)。当然,这与"文革"的开始也不无关系。

五、结语

从本文所讨论的 20 世纪 40 年代钱宝琮研究介绍萨顿的新人文主义的工作,以及后来钱宝琮因此而在政治上受到牵连的经历,可以看出科学史学科,特别是在科学编史学意义上的科学史观念在中国之发展的一些问题。除了早期钱宝琮和《思想与时代》杂志在对科学史的新人文主义关注的超前性,对其在理解科学与社会的发展,以及教育中的意义之外,钱宝琮后来的经历当然可以说是一场悲剧,一场个人的悲剧,也是科学史学科发展的悲剧。我们甚至可以说,这只在那特定的历史时期范围更大学术领域因政治化而带来的更大范围的悲剧的一个缩影。它对于我们理解,"为什么在相当长的时间里,国内科学史的研究传统一直以像考证之类的方法为主流,而忽视理论化的科学编史学的研究",也许提供了一种对潜在的历史原因的暗示。

11 布鲁诺再认识：耶兹的有关研究及其启示①

一、引言

布鲁诺(Giordano Bruno)是举世闻名的文艺复兴时期的思想家,作为思想自由的象征,他激励了 19 世纪欧洲的自由运动,成为西方思想史上重要人物之一。他一生始终与"异端"联系在一起,并为此颠沛流离,最终还被宗教裁判所烧死在鲜花广场上。他支持哥白尼"日心说",发展了"宇宙无限说",这些在他所处的时代中,都使其成为了风口浪尖上的人物。因而,他常常被人们看作是近代科学兴起的先驱者,是捍卫科学真理并为此献身的殉道士。人们也常常将处死他的宗教裁判所代表的宗教势力与他所支持的哥白尼学说所代表的科学,看作是一对存在着尖锐冲突的对立物。

对布鲁诺形象的解读一直是科学史上研究近代科学兴起以及中世纪科学与宗教关系的重要课题。自 20 世纪五六十年代以来,西方科学史界出现了反辉格式研究传统和外史论的研究思潮,其中以英国科学史家耶兹(F. Yates)为代表的学派认为:近代科学的产生是一个非常复杂的社会文化现象,以往被忽略的一些社会文化因素(如

① 本文作者刘晓雪、刘兵,原载《自然科学史研究》,2005 年第 3 期。

法术、炼金术、占星术)在近代科学产生过程中也起到过不容忽视的影响。她的研究致力于挖掘这些社会文化因素在近代科学发展过程中起到的重要影响,其中以她的布鲁诺研究为代表,揭示出文艺复兴时期赫尔墨斯法术传统的复兴与当时的哲学、宗教等社会文化因素共同构成了近代科学产生之前的社会文化历史与境。在这一具体历史与境下,她对具体的个人如布鲁诺,以及整体意义上的近代科学的兴起,都给出了与以往不同的解释。耶兹的布鲁诺研究作为一个经典性研究与其他相关研究在很大程度上开启了科学史研究的思路,直至今日在西方科学史领域中仍占据着重要的地位。

在我国科学史界,还没有对耶兹的研究做出过系统全面的介绍研究工作,同时也很少出现专门论述布鲁诺在科学史上形象的历史变化工作。基于这种情况,本文希望以耶兹的布鲁诺研究为案例,在对其思想进行述评的基础上,对人们对布鲁诺的认识做出一些科学编史学的考察和分析,期望以此能够有助于拓展国内科学史研究的思路。

二、耶兹布鲁诺研究的缘起及背景

耶兹最初对布鲁诺产生兴趣,是想把布鲁诺的意大利语对话录《星期三的灰烬晚餐》翻译成英文,并且想在导言中高度赞扬这位超前于时代的文艺复兴时期的哲学家接受哥白尼"日心说"的勇气。但在翻译过程中,她开始对以往的布鲁诺形象的解释产生了疑问。

同时她还看到当时的科学史研究将问题集中于 17 世纪科学革命,这种只关注科学自身发展的历史研究虽然能较为合理地阐释 17 世纪自然科学产生的各个阶段,但却不能解释为什么"科学革命"在这个时期发生,为什么人们对自然世界产生了这么大的新的兴趣。她认为近代科学的产生是一个非常复杂的社会文化历史事件,其中有很多因素被现有的研究忽略了,而这些因素很有可能在近代科学产生的过程中起到了不可忽视的作用。

这时一些学者的研究启发了耶兹的思路,其中有克里斯特勒(Paul Oscar Kristeller)、加林(E. Garin)、桑代克(Lynn Thorndike)和沃尔克(D. P. Walker)等人关于中世纪赫尔墨斯传统(the hermetic tradition)的社会文化历史研究,以及科森那(Antonio Corsano)对布鲁诺思想中的法术成分和其活动中的政治—宗教方面因素的研究。于是她开始了大量的文献收集整理、研究工作,结果发现赫尔墨斯-希伯来神秘主义在文艺复兴时期的复兴对当时的思想(其中也包括萌芽中的近代科学)产生了非常重要的影响。可以说,赫尔墨斯法术传统与当时的宗教、哲学和萌芽中的近代科学交织在一起,共同构成了当时特定的社会文化历史与境。在这种与境下,布鲁诺的思想和命运与赫尔墨斯传统有着不可分割的联系。用她的话说就是"正是与之相连的'赫尔墨斯'传统、新柏拉图主义和希伯来神秘主义,在布鲁诺光辉的一生中,在其思想超越于同时代人以及其人格命运的塑造上,占据着令人惊奇的重要地位"(Yates. 2002:1)。

在耶兹之前的科学史研究中,对赫尔墨斯主义以及与此相关的法术(magic)传统、希伯来神秘主义等,是避而不谈的。而耶兹在自己的研究中强调了赫尔墨斯法术传统的复兴在很大程度上促成了近代科学兴起过程中人们世界观、旨趣的转变,同时也影响了具体个人的思想,甚至铸就了他们最终的命运,其中一个典型人物就是布鲁诺。耶兹认为赫尔墨斯法术传统在布鲁诺思想中占据着核心地位,他坚持"哥白尼学说",发展"宇宙无限学说"的思想动机也是源自对赫尔墨斯法术传统的信仰与追随。

早期西方科学史界对布鲁诺形象的解读多把他看作是"为科学献身的殉道士",后来哲学史界又将布鲁诺解读为"为自己的信仰和思想自由而献身的殉难者",其中有些学者还将布鲁诺看作是"一个勇于打破中世纪亚里士多德主义禁锢,开拓近代文明的先驱"。而耶兹认为以往对布鲁诺的研究,使他的观念从历史背景中孤立出来,用占据当代主导地位的哲学历史、哲学观念和科学观来对其进行描述,而现在需要做的是在当时的历史文化背景下重新描述和理解布鲁诺。

于是她在文艺复兴时期赫尔墨斯法术、宗教、哲学与萌芽中的近代科学间相互交织的复杂关系中,重新思考了"布鲁诺捍卫的是什么真理""布鲁诺支持哥白尼'日心说'的理由""布鲁诺提出'宇宙无限说'的思想基础以及导致他最终命运的原因"等问题。

耶兹对布鲁诺形象的解读否弃了过去历史研究中将其形象简单化、样板化的辉格式研究传统,逐渐转向反辉格式的研究传统,试图将布鲁诺还置于文艺复兴时期更为丰富的社会文化历史情境中,其中就包括以往被忽略的赫尔墨斯主义传统以及与此相连的法术。

耶兹的布鲁诺及相关研究,作为西方科学史界反辉格式研究传统的一个典型代表,开拓了人们的科学观,拓展了科学史研究的思路,在西方科学史界受到了广泛的关注和较高的评价,成为了西方科学史界的一个经典性研究成果。她对布鲁诺形象的重新解读也逐渐取代了早期的惯有看法,成为了西方科学史界相关领域的主流观点。国外比较权威的百科全书式等著作在对"布鲁诺"的解释中,多引用、参照了耶兹的研究成果。如 1981 年版的《科学传记大辞典》(*Dictionary of Scientific Biography*)中关于"布鲁诺"的条目文章是由耶兹撰写的(Yates. 1981:539—543);1998 年版《哲学百科全书》(*Routledge encyclopedia of philosophy*)中对"布鲁诺"的解释也引用参考了耶兹的研究成果(Ashworth. 1998:34—39)。

三、耶兹研究中的布鲁诺和赫尔墨斯传统

(一) 文艺复兴时期的赫尔墨斯传统

赫尔墨斯传统是古希腊哲学与古埃及、东方希伯来、波斯等宗教文化因素融合的一种神秘主义法术传统。它关于宇宙论和形而上学的观点主要来自于中世纪的新柏拉图主义,还混杂了诺斯替教和犹太教的观点,然而其目的并不在于追求严格意义上的哲学理念,并不

是要提供什么新的关于上帝、世界和人的具有一致性的说明,而是要在神秘力量的指引下得到一种由神赐予的对宇宙永恒性问题的答案。信奉赫尔墨斯主义,试图追寻事物背后隐秘的相互关系及感应力的人们,在一定意义上都可以被称作是"法术师"。

赫尔墨斯主义关于宇宙的一个很重要的思想就是"宇宙交感"的观点。这一观点主张:地球上的事物之间和宇宙中任何事物之间都存在某种隐秘的相互感应力,物体之间通过这种神秘的交感力量可以远距离地相互作用,因此这种交感力量可以被用来解释、预示乃至控制事物发展的进程。这一观点的基础是一种隐含的,但却真实而坚定的信仰,它确信自然现象之间贯通联系、相互感应,不同的存在之间有着链条般的相互关联性(Yates. 2002:42—48)。

文艺复兴时期,随着人们对原始文献的重新发掘、整理,早期的古代神秘智慧受到了人们的推崇。当时的人们认为"过去往往优于现在,发展就是复兴古代文明。人文主义者就是要发掘古代典籍,并有意识地回归到古时的黄金时代,复兴古代文明"。

因而,赫尔墨斯主义作为一种古代智慧和神秘启示的传统受到了文艺复兴时期的人们的广泛关注。很多人都以复兴这一传统为己任,对其加以信奉与膜拜,其中最为突出的人物之一就是布鲁诺。

(二) 布鲁诺与哥白尼日心体系和宇宙无限学说

耶兹认为,"布鲁诺混杂着宗教使命的哲学思考,深深地浸透在文艺复兴时期的赫尔墨斯法术源流中"(Yates. 1981:539)。布鲁诺1584年在英国出版的意大利语对话录著作《驱逐趾高气扬的野兽》(*Spaccio Della Bestia Trionfante*,英文译作 *The Expulsion of the Triumphant Beast*)和《星期三的灰烬晚餐》(*La Cena de le Cener*,英文译作 *The Ash Wednesday Supper*),通常被人们看作是道德哲学的著作,但是耶兹从中揭示出布鲁诺的哲学理念与道德改革的初衷,都是与他的赫尔墨斯主义式的宗教使命密切相关的。在这两部著作中,布鲁诺高度赞扬了赫尔墨斯法术传统的源泉——古埃及宗教(他们崇拜的神是"存在于万物中"的上帝）。在他看来，古埃及的宗教才是真正的宗教，优于其他任何一种宗教，现行的基督教是恶劣且作伪的宗教；他的使命就是要进行赫尔墨斯主义的宗教改革，放弃推翻那些不再纯粹的与基督教交杂的法术，重新回归到古埃及赫尔墨斯法术传统中去（Yates．2002：175）。

抱持着古埃及宗教信仰的布鲁诺，一直都在试图进行一场宗教革命，而其矛头直指现行基督教。他还意识到要找到一个突破口，这时的"哥白尼日心说"为他提供了这个机会。因为在他所推崇的赫尔墨斯著作中，充满了太阳崇拜的遗迹，其中太阳颇具宗教意味，被视作是"可见神""第二位的神"。而且这种太阳崇拜也影响了后来费奇诺等人的太阳法术，并在哲学层面上促成了赫尔墨斯主义与新柏拉图主义的结合。太阳在深受赫尔墨斯主义和新柏拉图主义影响的布鲁诺眼中，具有了理念、智慧、神圣的意义（Yates．2002：232—235）。

众所周知，哥白尼的"日心说"之所以最终奠定了划时代革命的意义，并不是因为它延续了法术传统，而是由于它开启了近代科学的数学化。但实际上呈现在读者面前的哥白尼"日心说"，延续了古时的太阳崇拜传统，它既是人对世界的思考，也是一种可见神的启示。耶兹认为：人们早就对哥白尼"日心说"中的目的论有所认识，但没有意识到自己仍是在当代意义上谈这一目的论的。当进一步还原到哥白尼的时代，人们就会发现一个新柏拉图主义、赫尔墨斯法术传统等交杂在一起的新世界观，而这个世界观在很大程度上影响了这一目的论的形成。无论哥白尼延续了古代埃及的太阳崇拜是出于个人情感倾向上的因素，还是为了使其理论更容易被接受的权宜之计，至少不能忽略的是他的"日心说"确实援引了赫尔墨斯法术传统中的太阳崇拜（Yates．2002：171）。而此时的布鲁诺恰恰也注意到了哥白尼学说与赫尔墨斯传统之间的紧密联系。然而，布鲁诺坚持哥白尼学说与哥白尼提出"日心说"，却是从不同层面、角度上考量的。

"日心说"就哥白尼而言，数学化的意义更甚于哲学宗教的意义。而对布鲁诺而言，则恰恰相反，"日心说"有着更深层的哲学和法术宗教上的意味。尽管哥白尼提出"日心说"可能没有过多地受到赫尔墨斯法术传统的影响,但布鲁诺坚持"日心说",却是要将哥白尼的科学工作推回到前科学的阶段,要使其复归到赫尔墨斯法术传统中去。相应地,布鲁诺将"日心说"解释为一种神性的象形文字,是古埃及法术宗教复兴的标志(Yates. 2002:172—175)。之所以"哥白尼的太阳"具备这样一个神启的特征而成为古埃及宗教复兴的预兆,很大程度上是因为布鲁诺所推崇的赫尔墨斯法术传统中的宇宙交感思想在其中起到了重要的作用。正是这一思想使布鲁诺坚信:通过天上世界的改造可以改变地下世界。太阳的神圣之光居于宇宙中心,光耀万物,驱散黑暗,迎来光明。与之相应的,地下世界中古埃及法术宗教将取代现行黑暗愚昧的宗教,实现复兴。可见,这些都与布鲁诺的宗教改革、社会改革的初衷相合。

　　哥白尼"日心说"中对地动的阐述,也得到了布鲁诺的支持。这在耶兹看来,布鲁诺接受哥白尼的"地动说"是建立在法术传统中"万物有灵论"基础上的,即"万物的本性就是其运动的原因……地球和天体的运动都是与其灵魂中存在着的本性相一致的"(Yates. 2002:267)。宇宙是统一的,地球是宇宙的一部分,天体的运动也显示了地球运动的必然性和合理性,地球只有运动才能不断地更新和再生。

　　后来科学史研究中对布鲁诺予以极高评价的另一个原因,就是认为布鲁诺又进一步发展出了"无限宇宙中无数个世界"的学说,摒弃了托勒密宇宙体系将世界看作是封闭的、有限的观点。但耶兹通过研究认为:布鲁诺并不是从现在所谓的"科学"的角度提出这个"无限宇宙中无数世界"的观点的;相反,却是为了将人们的自然观推回到赫尔墨斯传统中,使自然成为一种神性象形文字,表征神性宇宙的无限性(Yates. 2002:270)。其中,"宇宙的无限性"与赫尔墨斯法术传统中的"泛神论""万物有灵论"以及"宇宙感应"的思想密切相关,这些都体现出了赫尔墨斯法术传统对布鲁诺思想的总体影响。

　　赫尔墨斯传统中虽然没有关于"宇宙无限"的具体概念,但是在布鲁诺产生上述观念的过程中,赫尔墨斯法术传统的影响仍是潜移默化的。赫尔墨斯主义主张："上帝之完满就是万物存在之现实,有形的和无形的,可感的和可推理的……任何存在都是上帝,上帝就是万物","如果世界外面有空间的话,那一定充满着有灵性的存在,这个存在就是上帝的神圣性之所在","上帝所在的领域,无处不中心,无处有边界"(Yates. 2002:272)。由此,布鲁诺坚信神性存在的必然性,也坚信只有无限的宇宙才能体现上帝无限的创造力,无限的宇宙就是神性现实存在着的最好体现。在布鲁诺看来,人类作为神创的伟大奇迹,应该认识到自身有着神性的渊源,人们只有在认识无限宇宙的过程中,才能体会出神性的无限。

耶兹还强调:在布鲁诺那里,"宇宙就是努斯,上帝像法术师那样用神秘的感应力量激活努斯,这就是伟大神迹的体现。作为法术师,就必须要将自身的力量拓展到无限中去,这样才能反映出这伟大神迹之万一"(Yates. 2002:274)。而且耶兹还举了布鲁诺关于古埃及智慧谱系的例子来论证,"在布鲁诺看来,无论是哥白尼'日心说'还是卢克莱修的'无限宇宙说',都是古埃及智慧的扩展,他之所以采纳其思想,就在于这一切都将预示古埃及法术宗教的复兴,这些都是赫尔墨斯传统思想的扩展延续"(Yates. 2002:276)。

布鲁诺的"宇宙无限理论"进一步扩展到哲学层面就是"太一"("所有"即为"一")。耶兹认为布鲁诺从"无限学说"到"太一"的扩展,在很大程度上也可被看作是将哲学引向法术。他通过"太一"的概念,进一步阐发了"法术师可以依靠万物间神秘的感应力来认识整个自然"的观点。由此,耶兹认为:尽管布鲁诺思想看似混沌无序,但还是能在整体上揭示出他的哲学与其宗教观是同一的,布鲁诺所具有的强烈的宗教感使得他的哲学并不仅仅是一种宗教信仰,还是一种法术。可以说布鲁诺的哲学与宗教信仰、法术是一体的,在他眼里,法术能够成为促使宗教改革全面展开的有效工具(Yates. 2002:276—388)。

相应的,布鲁诺坚持哥白尼"日心说",发展"宇宙无限说",都体现了他在宗教改革上的热情,体现了他想通过赫尔墨斯法术的方式获得无限知识的渴望。正是这些促使他从基督教的神秘主义禁锢中解脱出来，转而接受、宣扬非基督教的赫尔墨斯神秘主义，并将此作为他的哲学基础。尽管布鲁诺的思想吸收了众多古希腊哲学思想，而且赫尔墨斯神秘主义本身也是一个调和的思想，但是在耶兹看来，布鲁诺思想的轴心仍是古埃及的赫尔墨斯法术传统。不论他接受了怎样的思想，这些思想都既有哲学意义，也具有宗教意味，而且都从属于他要进行的赫尔墨斯式宗教改革的理想。

（三）布鲁诺的最终命运与赫尔墨斯主义

从上述观点出发，耶兹认为：布鲁诺就是一位具有强烈宗教改革意识的、激进的赫尔墨斯法术传统的追随者，是古埃及法术宗教的信仰者。他本身就是一位法术师，试图通过法术的方式发现自然的秘密，以便控制和利用自然，他所有的哲学和"科学"层面的探讨都从属于其宗教使命。不论什么思想，只要与他的复兴古埃及法术宗教的使命相合就都会为其所用。为此，他丝毫不理会当时基督教的禁忌。无疑，正是这一点在很大的程度上导致了宗教裁判对他的反感。

比如他毫不避讳地推崇基督教禁忌的巫术（demonic magic），还坚持当时尚未被基督教完全接受的新柏拉图主义，强烈反对当时已与基督教融合的亚里士多德主义，并对其冷嘲热讽，把他们斥为懂文法却不会深刻地思考自然本质，也就根本无法获得灵智的"学究"。他甚至还"得寸进尺"地宣称现行的基督教是作伪且作恶的宗教，就连基督教的圣物"十字架"在他看来也是基督教从古埃及人手里偷来的。

耶兹还举出了诸多例子，并引用了历史学家梅尔卡蒂的研究，指出当时的宗教裁判所关注的更多的是他的神学问题，基督教对布鲁诺的种种质询很少是从哲学或科学的意义上提及的。布鲁诺热衷于赫尔墨斯法术宗教的复兴，期望以此替代败坏了的基督教，他的种种思想和作为都是为这一目的服务的。如他坚持自己对"三位一体"的解释，将神迹视作实行法术后的结果，而不理会基督教的权威解释；他反对教皇、僧侣，反对敬拜偶像，并总是率性而为对他们极尽冷嘲热讽之能事；他还去过异端的国家，与异端有过亲密接触，等等，这些都是宗教裁判所足以定他"神学异端"，并处死他的有力罪证。

由此，可以进一步推测：布鲁诺很可能是一名以在整个欧洲传播法术、实现宗教改革为己任的赫尔墨斯式法术师。在当时的宗教裁判所眼里，他就是一个胆大妄为、不知悔改的宗教异端者。也就是说，他并不像人们惯常所认为的那样，是为了捍卫科学真理而被宗教裁判所处死的。他是为了他毕生信仰、追随的赫尔墨斯法术传统而死的（Yates. 2002:289—290）。

（四）耶兹眼中的布鲁诺形象

我们可以看出：耶兹眼中的布鲁诺形象与以往将其视作"科学真理的殉道士""一位唯物主义者"的形象有了很大的不同。在她看来，布鲁诺并不具有我们现代意义上的科学观念，历史中的布鲁诺更倾向于符合当时历史与境下的法术师形象，他的思想、命运都围绕着赫尔墨斯法术传统而展开。他坚持哥白尼"日心说"，发展"宇宙无限说"，也都是从属于他的宗教使命的。他惨烈的人生结局也主要是因为他对赫尔墨斯主义的坚持，宣扬"哥白尼学说"也仅是他坚持赫尔墨斯主义中的一部分。

同时我们也可以看出：他与"哥白尼革命"的相关性，也恰恰说明了文艺复兴时期的科学、宗教以及赫尔墨斯法术之间边界的模糊和不确定性。这同时也说明了文艺复兴时期的科学与宗教问题并不像传统的理解那样简单，在他们之间还掺杂着更为古老的法术传统，这三者之间与其他社会文化因素交织在一起，相互影响、渗透，共同构成了文艺复兴特定的社会文化历史与境。在这样复杂的历史与境下，任何一种对当时发生的历史事件的简单化、片面化的理解都是有失偏颇的。

四、耶兹之后的西方科学史相关研究

耶兹之后，很多西方学者沿着她所开辟的方向进一步展开了对上述问题的研究,例如马丁(Eva Martin)的专著《布鲁诺:神秘主义者和殉道士》(Martin. 2003)、德兰尼(M. K. Delaney)的博士论文《法术和科学:近代科学兴起的心理学起源》(Delaney. 1991)以及布卢姆(Paul Richard Blum)在讨论耶兹的布鲁诺研究中作为一种哲学模式的理论调和主义的论文(Blum. 2003)等,都对耶兹将布鲁诺置于一个更为丰富、复杂的社会文化历史与境下的工作给予了正面的评价,而且还在她的研究基础上进一步探讨了科学与法术、宗教之间的关系。

布鲁克的《科学与宗教》一书也接受了耶兹的观点,把布鲁诺与赫尔墨斯法术传统、新柏拉图主义联系在一起,肯定了他的世界图景受到一种与法术相关的宗教、哲学观念的影响,质疑了以往传统的观点,即"他是因为坚持哥白尼主义,捍卫科学真理而死的",并且进一步延伸到科学与宗教的关系上,否认科学与宗教之间仅存在尖锐冲突关系,主张对科学与宗教之间关系的考察要放到具体的历史情境中去,尽可能地恢复其复杂性和多样性(布鲁克. 2001)。

耶兹的布鲁诺研究也引发了诸多争论,一些学者对其结论提出了一定程度的质疑。其中值得注意的有后期的加蒂(Hilary Gatti),他重新审视了耶兹的观点,认为支持其观点的证据不够充足,不足以说明赫尔墨斯传统在布鲁诺的思想中占据关键地位,但他仍然肯定了耶兹的研究确实成功地使人们开始关注以前被忽视了的赫尔墨斯传统在近代科学兴起过程中所起到的作用。与耶兹不同的是,在加蒂看来,布鲁诺不仅仅是一个法术师或赫尔墨斯主义哲学家,同时也是近代科学的先驱,在他身上同时体现出了近代科学和法术传统。加蒂还肯定了布鲁诺的数学方法、自然观和认识方法在近代自然科学兴起过程中的作用,对布鲁诺在科学史中的作用做出了新的评估(Gatti. 2002)。

当然,耶兹的研究也并非是人们对于布鲁诺的认识的最终定论,但她的研究所体现出的反辉格式研究传统以及外史论的研究方法,确实开拓了人们的科学观,拓展了科学史研究的思路,引发了人们的进一步思考，因而，在西方科学史研究发展过程中，始终占据着重要的一环，而这也正是其最大的价值之所在。

五、国内科学史读物中的布鲁诺形象

讲到耶兹的工作，自然会让人们联想到布鲁诺在中国的学术界和一般公众中的标准形象问题。在笔者初步而且并不完备的检索中发现：直到目前为止，国内对布鲁诺形象在国际科学史背景中的历史变化的关注是很不够的。同时，在我国现有的国内通行的科学史通史教材和相关科学辞典中，对布鲁诺形象的认识仍延续了传统的观点。在此，我们不妨以一些有代表性的国内科学史著作中对布鲁诺的描述为例来说明。例如：

（1）"对捍卫与发展哥白尼太阳中心说的思想家、科学家进行残酷迫害，说明宗教是仇视科学的。……布鲁诺是哥白尼太阳中心说的忠实捍卫者和发展者，是在近代科学史上向宗教神学斗争的勇士。他虽是教徒却离经叛道，服从真理，成为自然科学发展的卫士。"（王士舫，董自励.1997:67—70）

（2）"哥白尼学说的声威引起了教会势力的严重不安，于是利用宗教法规加害新学说的积极宣传者和传播者，遂使布鲁诺惨遭杀害。……布鲁诺为自己的哲学，为宣传哥白尼学说，为科学的解放事业而献出了他的生命。"（王玉苍.1993:314—315）

（3）"1600年2月17日布鲁诺被烧死在罗马鲜花广场上，用鲜血和生命捍卫了科学的真理和自己的信仰。"（王玉苍.1993:314—315）

（4）"布鲁诺，意大利杰出的思想家、唯物主义者、天文学家。……他在几十年的颠沛流离中，到处宣传哥白尼学说，宣传唯物主义和无神论，反对科学与宗教可以并行的'二重真理论'。"（张文彦.1989:16）

（5）"但布鲁诺丝毫没有动摇对他准备为之献身的科学真理的信念"（关士续.1984:126—127）；"布鲁诺是一个为宣传哥白尼学说、宣传科学真理而献身的英雄。"（关士续.1989:106—107）

（6）"捍卫新的科学理论，需要无畏的科学勇士。布鲁诺就是一位捍卫科学真理的勇士。"（刘建统.1986：57）

（7）"布鲁诺，这位意大利的科学英雄在青年时代就读过哥白尼的著作，并成为一名哥白尼学说的忠实信徒。于是他受到了教会的迫害……布鲁诺坚持唯物主义的认识论，反对宗教与科学可以并行的'二重真理论'。……当布鲁诺早在几十年后宣传哥白尼学说时，就遭到了教会的残酷打击。……在罗马的鲜花广场上，布鲁诺在熊熊的烈火中牺牲了。"（林德宏.1985：102—104）

（8）"科学与宗教的决战，思想解放的先驱布鲁诺……哥白尼学说和宗教的矛盾越来越尖锐，罗马教皇意识到这个学说对他们的统治产生了直接的威胁，使布鲁诺成为了近代自然科学发展中的第一个殉道者。"（高之栋.1986：114—117）

（9）"意大利人布鲁诺就是当时反对宗教、反对'地心说'、维护和发展'日心说'的代表人物，他受宗教势力迫害……布鲁诺英勇不屈，坚持科学真理，与反动势力进行坚决的斗争，宗教裁判所对布鲁诺为科学真理而斗争的精神惊恐万状，最后只得对布鲁诺处以火刑。1600 年 2 月 17 日布鲁诺于罗马为捍卫科学真理而英勇献出了生命。"（解恩泽.1979：122—123）"杰出的思想家布鲁诺就是维护宣传哥白尼学说、捍卫科学真理的英勇殉道者。"（解恩泽.1986：255—256）

（10）"布鲁诺在发展唯物主义、反对经院哲学、反对封建神学世界观方面，在宣传和论证当时自然科学成就方面有着不可磨灭的伟大功绩。他对基督教中世纪的一切传统均持怀疑态度，极大倡导思想自由，宣扬无神论，勇敢地捍卫和发展了哥白尼的太阳中心说，是为科学真理而献身的殉道士。"（吴泽义.1987：280）

六、结语

对比上述国内外对布鲁诺研究的状况，我们会发现国内科学史研究的总体特点有以下几点：

（1）在许多科学史通史教材中，仍然延续着传统的观点，没有给予国外较有影响的主流观点以足够的关注。

（2）国内对西方古代至中世纪的科学史研究相对薄弱，对这一历史时期下的人物如布鲁诺等做出科学史层面上的考察研究也不多见。例如，在中文期刊全文数据库中，选择 1994—2004 年的时间范围，以"中世纪科学"作为关键词进行搜索，仅有 2 篇；以"布鲁诺"为关键词仅有 17 篇，其中与科学史研究相关的仅有 6 篇。而且，国内目前已有的对布鲁诺的研究中，仍多着眼于布鲁诺的哲学思想。虽然其中一部分将布鲁诺作为科学史通史教材中的一个与近代科学革命相关的重要人物而有所触及，但总体而言较少对布鲁诺本人在科学史上的历史形象和地位做出专门的考察。

（3）尽管为数不多，但国内对布鲁诺的研究中也确有一些学者对传统观点提出了初步的质疑。如朱健榕、吴蓓、路甬祥等已对传统的"科学与宗教"问题以及布鲁诺的传统解释提出了质疑，认为将布鲁诺看作近代科学的殉难者，就会将布鲁诺形象简单化、样板化，同时也会过分简化历史上科学与宗教之间的复杂关系（朱健榕. 2002：2；路甬祥. 2001：6）。

上述情况说明：我国对布鲁诺形象以及科学与宗教问题的研究，确实需要经历一个再认识的深入过程，在这一过程中，耶兹的研究因其丰富的史料、反辉格式的思考、经典性的论述，对国内科学史研究具有巨大的参考和借鉴价值。耶兹的研究作为西方科学史研究的典型代表，不仅能够拓展当时西方科学史界的研究思路，也能够在很大程度上促进国内科学史研究思路的进一步拓展。当然，还有在此基础上的更广泛的公众传播方面的意义。

12 女性主义医学史研究的意义:对两个相关科学史研究案例的比较研究①

一、引言

女性主义/女权主义(feminism)②作为一种理论与实践,包括男女平等的信念及一种社会变革的意识形态,旨在消除对妇女及其他受压迫的社会群体在经济、社会及政治上的歧视。自 20 世纪六七十年代的第二次妇女运动浪潮以来,西方女性主义更为全面地追求和推动妇女在政治、经济、文化等方面获得与男性平等的地位。与此同时,从这种政治运动中,也派生出了女性主义的学术研究,它运用女性主义特有的观点和立场,将关注的焦点对准了范围广泛的各门学科。女性主义学术研究最初主要集中在文学、艺术批评和历史学之类的人文领域,后来逐渐扩展到对科学哲学、科学史和科学技术与社会的研究。

从主要观点和立场来看,女性主义学术研究大致包括了自由主义女性主义、激进女性主义、马克思主义和社会主义女性主义、精神

---

① 本文作者章梅芳、刘兵,原载《中国科技史杂志》,2005 年第 2 期。
② "女权主义"与"女性主义"在英文原文中对应的都是 feminism 一词,在此采用目前国内妇女研究界较为流行的"女性主义"译法,旨在强调女性主义理论之于学术研究的性别分析视角。

分析和社会性别女性主义、存在主义女性主义、后现代女性主义、生态女性主义和多元文化与全球女性主义等多个流派。这些流派对很多问题的看法存在激烈的内部冲突,但作为学术研究,它们共享一个基本的概念范畴,即"社会性别"(gender)①;从研究思路发展来看,女性主义学术大致经历了从最初的发掘和强调女性在各个领域做出的贡献,到对各个领域的制度、规范本身进行社会性别的分析与批判;从强调作为女性的统一立场,到逐渐认识到女性内部的差异性,以至强调女性身份的多重性与变动性的历程。其中,对于不同文化中女性身份多样性与差异性问题的认识,使得西方女性主义研究开始越来越关注第三世界国家妇女的处境和地位。

女性主义科学史研究也始于20世纪70年代,它首先致力于寻找科学史中被忽略的重要女性科学家,恢复她们在科学史上的席位,认为科学史可以通过加入女性的成就而得到完善。实际上,这种研究没有解释男性主导科学的根源,默认了女性在科学领域的屈从地位,本质上是按"男性标准"进行的"补偿式"研究。直到80年代之后,相关研究开始引入批判性的分析维度,一大批女性主义学者如麦茜特(C. Merchant)、凯勒(E. F. Keller)、哈丁(S. Harding)等都从不同的角度出发,寻找并批判科学的"父权制"(patriarchy)根源,揭示出西方近代科学从其历史起源开始,便具有性别建构的性质(Merchant. 1980;Kelle. 1985;Harding. 1986)。也正是这种批判性的分析视角使得女性主义科学编史学在西方科学史研究领域占据了较为重要的位置。

近些年来,西方女性主义开始日益关注女性身份的差异性问题,

① 这一概念指的是社会文化建构起来的一套强加于男女的不同看法和标准,以及男女必须遵循的不同的生活方式和行为准则等。它区别于传统的"生理性别"(sex),是社会建构的产物,随社会的发展而不断变化。其意义在于,既然性别本身就是社会建构的产物,我们通过多重途径改变这种建构,实现两性平等便成为可能。这一概念是女性主义学术研究的基本分析范畴,在史学、科学批判等领域已被广泛运用,取得了很多成果。这里提到的性别分析视角,正是在"社会性别"这一概念意义上来说的。

女性主义科学史研究在以社会性别为主要分析范畴的同时，也开始注意将女性主体置于具体历史语境中进行考察，将关注的视角转向了一些非欧美国家和地区的科学史研究，并在研究过程中强调这些国家与地区的文化特殊性和具体的历史情境。在这些研究中，较具代表性的工作有白馥兰（Francesca Bray）和费侠莉（Charlotte Furth）关于中国古代技术与性别以及妇科史的相关研究（Bray. 1997；Furth. 1999a）。其中，费侠莉的工作还获得了 2001 年的"国际妇女科学史奖"（The History of Women in Science Prize）。目前，女性主义科学史研究在西方已经引起了越来越多的关注，大大拓展了科学史研究的领域，发现并揭示了很多新的问题和现象，并将关注的视角转向了中国古代。类似于白馥兰和费侠莉的这些研究，在国内尚未引起学界的足够重视。如果能将其所做的中国古代科学史研究与国内学者所做的传统中国古代科学史研究做深入的比较分析，对于中国古代科学史的研究来说，将会有很大的启发和借鉴意义。

二、对两个研究案例的比较分析

有趣的是，笔者在关于当前东亚科学史研究的一本国际会议论文集中（Kim & Bray. 1999），正好发现了集中在该论文集的"医学实践者"部分的两篇研究女医的论文：一篇是国内学者的概要式的研究（ZHENG Jin-sheng. 1999：460—466），另一篇是费侠莉关于明代女医一般情况的研究（Furth. 1999b：467—477）（以下简称"郑文"和"费文"）。这两篇论文在研究对象上具有共同性，都关注女医问题，但在研究框架、研究目的和研究侧重等方面却存在很大差异。前者属于传统科学史研究的范畴，后者是女性主义科学史研究的代表作品，揭示出两者的差异，可以凸显女性主义科学史研究之于传统科学史研究的差异及其价值和意义所在。当然，这两位研究者关于女医问题还有其他的研究论文或著作，这里主要以上述论文集中的两篇论文为主要分析对象，并在涉及相关观点时，适当援引其他论文或著作作进一步讨论。通过比较分析,笔者主要从研究框架与分析视角、研究目的与研究侧重、研究文本与研究结论等方面揭示了两者的不同之处。

(一) 研究框架与分析视角

研究框架主要指的是研究者的研究思路及支撑在其后的理论基础,也即研究者对科学和科学史的基本看法,涉及基本的科学观与科学史观问题。所持的科学史观不同,研究者的研究思路与分析过程将会不同,直至研究的结论也不相同。

西方女性主义学术在经历过各个领域里的"填补式"研究之后,进而对近代西方科学的客观性、中立性进行了批判,揭示出科学的父权制根源及其建构过程,并与后殖民主义(postcolonialism)等思潮相互影响,形成了一种多元文化的科学观。在哈丁等女性主义学者看来,"科学"将被用来指称任何旨在系统地生产有关物质世界知识的活动(哈丁.2002)。基于这种宽泛的科学定义,所有的科学知识,都是"地方性知识"或者"本土知识体系",包括在近代西方确立起来的科学,也只不过是其中的一种而已。因而,早期欧洲和非欧洲文化中的秘术、巫术,地方性信仰体系中的"民间解释"、技艺成就等,都不能因与现代科学相异而在价值评判上被一律斥为迷信而遭完全抛弃。为此,中医作为一种与现代西医完全不同的"地方性知识体系"进入西方女性主义学者的研究视野,也就不是什么奇怪的事情了。

与此同时,女性主义对科学史研究产生的更为直接的影响,在于其揭示并批判了近代西方科学的父权制根源,将科学与性别的关系作为研究的焦点。科学的历史不再是与性别毫不相干的历史,女性在科学史上的地位、历史的科学话语背后的性别权力关系等成为女性主义科学史研究的主要内容。可见,由对近代西方科学客观性、中立性的消解所带来的科学的建构观念、科学的多元文化观以及科学与性别之间的紧密联系,构成了女性主义科学史研究的基本框架。在这样的框架下,建构的、多元的科学观以及性别的视角成为费侠莉的中医史研究的基本思路,中医也是建构性的、多元的、渗透性别关系的地方性知识体系。

第一,费侠莉基于医学多元观,对于中医内部的各种实践、技艺做了进一步平权式的分析和评价,为女医实践在古代中医体系中提供了合法的地位。正如其在论文的开篇就明确指出:医疗系统是多元化的,它包括秘术式的(ritual approaches)、民间的(folk approaches)和被视为经典的等多种实践方法。古代中医更多的是作为一种家庭技艺在使用,即使很多专业医生都是从家庭内从医者的合作中学得医术的,或者是通过自学和实践习得的。医生的资格是个人可信度与荣誉的事情,而不是由医学院或行会成员授予的。仔细分析可以看到,这里包含了以下几层含义:首先,中医体系内的多元化,将秘术式的医术和民间医术都包含在内,实际就是将女医的医学技艺包含在古代中医的定义范围之内,因为女医更多地采用针灸以及秘术式的医技。然而,这些技艺不同于儒医的切脉诊断及其阴阳五行理论,在古代中医体系中处于边缘地位,宋明时期尤受后者排斥,体现出性别关系与医学话语之间的相互建构和强化,导致女医及其医技、实践一起被贬低。其次,古代中医更大程度上是一种家庭技艺,主要在家庭内发挥医疗作用的女医的工作也因此必须被承认。最后,古代医术高低并没有明确的文凭标准,只是靠个人声誉和社会地位来评判。如此一来,古代文献中对女医的评价可能更多地受其性别和社会地位影响,而非由其医术决定。相比之下,从理论基础上讲,"郑文"没有将女医的医技、实践作为与儒医的医技、实践平权的体系来研究女医,实际上甚至很少提到女医的实际医技,而只较多关注她们的医学教育与社会地位问题(当然这与过去在研究中对女医的完全忽视相比已是一种发展进步,但只是有局限的发展进步)。在分析女医的地位和提及古代文献对下层女医的描述时,"郑文"认为这些女巫术医者和级别较低的女医毁坏了一般女医的形象,而没有对文献作者的写作意图进行分析,没有对底层女医的医技及其实践持一种积极肯定的态度。

　　第二,基于性别视角的引入,费侠莉对古代文献话语背后隐含的性别关系进行了批判性的分析。"郑文"与"费文"关注的都是女医问题,所不同的是前者属于传统妇女史研究的范畴,后者则引入了批判性的性别视角。这里涉及一个基本的理论问题,即关于妇女的科学史研究与女性主义科学史研究之间的区别问题。在一般历史的范围内,国内一些学者已就妇女史、性别史和女性主义历史的关系与区别做过一些讨论,但尚未形成统一认识(李小江等.2002)。笔者认为:就科学史而言,社会性别的批判性分析视角是否得以运用,是区分传统妇女科学史与女性主义科学史的主要标准。可以说,关于女科学家的研究不一定就是女性主义科学史,而不以女科学家为研究对象的科学史不一定就不是女性主义科学史。正如哈拉威所认为的,批判性女性主义科学编史学不必将自身局限在科学中的女性主题上,而应该从各种角度深入分析科学中随处存在的父权制现象(Haraway.1989)。一方面,"郑文"以女医为研究对象,关注了女医的社会地位,指出女医较少被历史记载以及遭排斥原因可能要从当时盛行的规定女性社会角色的社会风俗和制度中去寻找,如"三从四德""男主外,女主内"的观念等,规定了女性的辅助、服从于男性的角色,认为这就是为什么女性不能在科学和技术领域充分发挥她们天才的原因。认识到女医受排斥的原因在于儒家文化的性别规定表明:"郑文"与完全按医技高低等所谓的医学内部的原因来评价女医地位的研究已有所不同;但另一方面,"郑文"又指出从现存文献来看,似乎古代没有明显的针对女医的歧视,甚至认为女医开的诊所和药房在历史上有所记载,其中的一个原因是有能力的女医仅仅因为她们的性别而获得人们的尊敬。这表明"郑文"仍未从医学的父权制结构分析入手来看待这些文献,没有真正引入性别视角来进行分析。比较起来,"费文"对于古代文献中关于女医形象的描述进行了较为详细的分析,认为在明末文人眼中,无论女医疗者所起的医疗作用是什么,她们都被简单地归为一类:"婆"——或者"稳婆",或者"药婆",或者"医婆"。实际上,在医学水平依靠个人荣誉而不是正规文凭的社会,这些基于性别歧视的言辞能帮助那些有学识的儒医发出批评声,并支持了他们与那些儒家家庭规范维护者的上层绅士之间的团结。"费文"揭示了女医被赋予的刻板形象背后隐藏着的医学体系与父权制的结合关系。

(二) 研究目的与研究侧重

研究框架与分析视角的不同直接影响到研究者研究目的与所关注内容的不同。"郑文"在小结中指出:在大约 80 份中国古代传记和医学文献的研究基础上,对它们的社会文化背景做了简短的考察和分析,尽管女医有很多缺点,针对她们的批评也很多,但考虑到时代的局限性,她们似乎像男医生一样履行了她们的社会职能。可见,"郑文"主要是要肯定妇女在医学史上的作用。这一点类似于西方女性主义科学史研究早期阶段的情形,但也不完全一样。后者是在发现了科学中广泛存在的性别不平等现象,认识到了性别与科学的关联之后,期望通过"添加"女性科学家来实现改写科学史的目的。从"郑文"中找不到对性别与医学关系的明确表述,更多地可能是从传统妇女史的角度入手来研究。从其相关的其他论文也可看到这一点,如认为作为一名女医的专科医案,谈允贤的《女医杂言》有很多地方值得深入研究;同时附带有古为今用的目的,认为从临床治疗的角度看,该医案有许多经验值得后世研究参考(郑金生.1999)。比较而言,费侠莉的研究目的不再仅仅局限于恢复女医在医学史上的位置,而更是要揭示男医与儒家父权制对于女医"婆"的刻板形象的建构与共谋过程,认为女医形象的塑造本身即是包含在儒家父权文化之内,它与对女性的歧视和压迫相互联系。她通过谈允贤的例子揭示了社会性别与阶级因素对女医地位的共同影响。正如费侠莉在其相关著作导言中提到的,她是要研究古代医学史与性别的密切关系,揭示中医中的性别意识形态(Furth.1999a:1—9)。

基于不同的研究目的,两篇论文研究的内容也有不同的侧重。尽管两篇论文都不属于针对具体女医及其医疗实践活动的专门研究,而是对女医一般情况的概要式分析,从中仍可发现其研究侧重点的不同。"郑文"在古代女医的医疗社会背景、专业技能、医学教育和社会地位几个方面做了分析,"费文"则侧重于深入分析几种不同类型的古代文献中对女医形象的定义和评价,关注下层女医的作用。从"郑文"所认为的"从现存文献来看,似乎古代没有明显的针对女医生的歧视","很多历史文献显示,杰出的女医生与男医生获得了同等的尊敬","这些秘术女医疗者和级别较低的女医毁坏了一般女医的形象"等观点,可以推知"郑文"对下层女医及其医技和实践活动的基本态度是否定性的,认为她们被批评的原因是其医技和医德较差。如此一来,她们不可能在医学史上发挥多大的作用,人们自然会忽略底层女医的医疗实践活动及其贡献,而关注的重点将是诸如谈允贤这样凤毛麟角的女名医。实际上,在该文作者的其他相关论文中,的确未发现关于底层女医的专门研究和正面分析。当然,这里并不是否定研究女名医的价值,也不是说研究了下层女医就是好的研究。

比较起来,"费文"主要在"郑文"没有深入讨论的问题上,做了详尽分析。费侠莉将关于女医批评方面的文献分成了几大类,并就各类文献对待女医的态度做比较研究。其中,她认为儒家文人和儒医针对女医的批评文献表明:他们出于自身的原因谴责同时代女医的作用与道德,这些批评仅仅是从性别规范与阶级界限的角度,就给作为医生的妇女建立了一种消极的"形象"。例如,针对名儒与名儒医对女医的批评,费侠莉做了如下分析:吕坤作为德高望重的人士警告这些女医的活动,是因为她们不安于室,且似乎对他们妻子的身体进行控制,因为"稳婆"是连接上层社会家庭和下层女医的契机性职业。萧京把将女医引入家庭来治病的人责备成傻瓜和白痴,对女医形象进行刻薄的描写,认为不许女医进门的古家训很有道理;翁仲仁责备那些求助于使用按摩或针灸治疗小儿"惊"病的女医的家庭,这两位医生都没有真实描绘"稳婆"们的医术,而是直接贬低作为他们竞争对手的这些女医的阶级地位和医德。"费文"认为这些文献表明了不同的男性对女医的焦虑,以及他们共谋的可能性。此外,通过对戏剧和小说中关于女医形象描述的分析，费侠莉认为：他们也遵循了同样的儒家文化价值观，将"婆"看成是闯入上层社会特权家庭空间的"内奸"和某种滑稽的、略带颠覆性的力量。尽管如此，在这些文献当中，也有一些涉及对女医医技及实践的描述，例如《金瓶梅》中为西门庆妻妾及小儿提供了各种医疗服务的刘婆，虽没被描写成有文化的人，但她使用的医治方法都未与儒医诊脉方法相悖，她开的处方在当时的儿科标准看来也是合理的。费侠莉认为：刘婆虽在男性权威的背后辅助女性的生育工作，她却被表明是个称职的诊断者和儿科医生；她同时还懂得针灸，比其他杰出的男医更多才多艺。可见：一方面，费侠莉要揭示古代文献对于底层女医的形象建构；另一方面更要肯定下层女医的医技及实践。实际上，这与其所持的多元医学观正相一致。

(三) 研究文本与研究结论

　　研究女医问题涉及的文献，不外乎与女医相关的文献和女医自身所著文献两种。但其类型却多种多样，可以是女医个人的医学著述及其他文献记录，可以是涉及妇女病和女医的儒医经典文献和其他医学典籍，还可以是非医学类文献如史书、小说、戏剧和地方志等。"郑文"中讨论的文献类型主要是医学文献，准确地说是儒医经典文献，如对女医有所介绍或评价的《素女经》《素女要诀》《十产论》和《保产万全方》等。同时，在讨论女医存在的社会需要时也提到了《新元史》和《明史》，在讨论女医医技时涉及谈允贤的医案，对于文学作品中涉及的女医描述未做研究。对此，作者在文末也指出：仍需要搜集更多的文献，包括短文和小说中的描写，从多种视角去研究女医。比较而言，"费文"除了分析儒医文献之外，最大的特点就是对文学作品如《燕子笺》《金瓶梅》，以及地方史志如《山西通志》《浙江通志》等文献中关于女医的描述做了深入分析。这反映了两篇论文考察的文献在类型上的不同特点。

　　除类型上的差异之外，两篇论文对这些文献进行分析的思路、看法和结论也有所不同。首先,如上文所述:"郑文"对文献作者的意图和话语背后的性别权力关系未做深入分析,只是介绍了文献中关于下层女医的形象描述,得出的看法同文献作者基本没有差别。其研究的思路更多的是为了说明,"尽管通过这些文献看到女医有缺陷,但不能因为下层女医医技与医德不好就否定全部女医在医学史上的作用"。相比之下,"费文"透过文献揭示女医形象的刻画本身所负载的性别意识形态,其研究思路是揭示父权制性别规范对女医形象的有意建构,认为文献中对下层女医的医技和实践的诋毁是建立在对她们的性别和阶级地位的评价上。其次,两篇论文对医案以及临床记录之类的医学文献的态度也有所不同。"郑文"在分析女医的受教育情况限制其著述时指出:尽管女医在某方面可能有很出色的医术,但却对医学理论没有什么贡献,现存的她们所写的医书多数只是些病例记录或诊断记录总结。

这里实际上涉及两个方面的问题:其一,以儒医的理论体系作为参照,认为女医的临床实践没能对这套理论体系做出贡献。实际上,女医在实践中常常使用的针灸、按摩之术,同儒医的阴阳、虚实的辨证治疗理论相比,更偏重于"外科",后者则更多强调用药内服治疗,按照儒医的理论标准来要求女医实践对其做出贡献是不合理的。比较而言,"费文"建立在一种多元的医学观基础上,揭示出这两种传统的区别,并平权式看待儒医传统与女医实践的医学价值。其二,费侠莉不局限于仅谈女医医技在医学史上的地位问题,更多从另一角度强调了临床医案、病例记录等内容的重要性,即这些文献对于研究医者的从医过程、医患之间的互动与冲突、临床语言与理论语言之间互为影响的关系,以及医学身体在医学实践中被不断建构的过程等有很大的价值(Furth. 1999a:298—299)。例如,在分析谈允贤的医案时,两位作者都谈到了谈允贤梦中受到祖母启示和鼓励,以至毅然从医的故事。"郑文"讨论这个故事,是放在说明谈允贤由书本知识到临床实践的过程中,其祖母茹氏起了关键性作用的背景下进行的(郑金生.1999)。"费文"在分析了这一点的基础上,认为谈允贤突患重病又突然恢复，并受到其祖母启示的这个故事，实际是谈允贤在表明其从医是一种命运安排，这些经历既坚定了其从医决心，也能使她的医学实践更好地获得社会的接受。同时，"费文"还指出：一些人类学家对台湾地区和韩国的秘术女医（ritual healer）的研究也发现她们有此类经历，这表明谈允贤作为女儒医，她为自身医学实践争取合法性的途径，同那些萨满巫医（shamans）的途径类似，都是通过某种超自然的力量来为自己的实践赋权。

在上文的分析中可以看出：这两篇论文在某些方面得出的结论存在一定的差异，尤其是在关于下层女医的医技与实践的评价方面，表现较为明显。实际上，他们在研究结论上的差别不是根本观点的差异，而在于由研究框架、分析视角的不同所引起的研究侧重的不同，以及对文献的分析方式的不同；在于"费文"揭示出了一些"郑文"未能揭示出来的内容与问题。例如，"费文"对女医"婆"刻板形象的总结与解构，对针灸、按摩等古代非主流医技的价值和地位的重新界定，对下层女医实践中性别与阶级互动压迫关系的揭示，对女医内部的分层现象的关注，对家庭儒学、医学传统之于上层女医从医实践及其社会地位的影响的分析，以及其从医过程中借助超自然力量来争取从医合法性的做法的分析等，都体现了性别的分析视角和多元的医学文化观。可见，女性主义科学史运用性别分析方法，体现出较强的分析力和说服力，确实从某种程度上拓展了传统科学史研究的范围，开辟了对同主题问题进行研究的新维度，也从某种程度上修改了传统研究的一些结论。

三、结语

目前，国内学者已经对一般的女性主义史学研究、科学哲学研究有较多的介绍和讨论，在历史学方面也产生了一些本土化的研究论文和著作，体现了女性主义史学研究的巨大潜力。在科学史研究方面，也已经有过一些相关的介绍和讨论，笔者曾就女性主义科学史研究之于中国古代科学史研究的意义和理论可能性做过初步探讨。这里通过对关注同主题问题的传统医学史研究与女性主义医学史研究进行文本的比较分析，揭示出两者在研究框架与分析思路、研究目的与研究侧重、研究文本与研究结论方面的上述差异，作为对女性主义科学史研究之于中国古代医学史研究的意义以及实际研究的可能性，进行具体说明的一次尝试。实际上，两位作者同时关注了往往被以往医学史研究所忽略的古代女医问题，在认为女医被医学史所忽略，以及她们实际在医学史上发挥了作用等方面，观点具有很多一致性。在此对于他们之间差异性的分析不含有在价值评判上的孰优孰劣问题，旨在表明费侠莉所做的女性主义医学史研究展现出的一些独特的方面，对医学史研究范围有了一定的拓展，同时也表明利用女性主义视角进行中国古代医学史研究在实际操作上具有可行性，以期引起我们对女性主义医学史研究的关注，并利用自身的文化资源和文化身份进行本土化的探索，克服西方学者由于文化差异引起的不足，在拓展我们科学史研究领域的同时，亦能在充实女性主义科学史理论方面做出独特的贡献。

13 科学的两种修辞建构及其案例分析[①]

一、引言

自柏拉图时代起,修辞便被看作是制造花言巧语的诡计,是文学创造中的点缀(温科学.2006:6)。因此修辞向来被人们认为有悖于科学宗旨,是追求真理的道路上应当防范的因素,修辞学家也从来没有试图将自己的研究领域拓展到科学领域。但是 20 世纪 70 年代起,当历史学家和社会学家在科学这个由传统认识中的客观性和普遍性装潢起来的神圣城堡上看到了裂缝,开始解构时,修辞学家们随即发现修辞原来在科学事业中也扮演着重要角色。

在科学事业中,科学共同体是由鲜活的科学家个人组成,他们之间通过各种杂志发表文章、在学术会议上报告成果等方式进行交流,进行相互评价和磋商。在各自的实验室中研究出的科学结论如果得不到共同体的承认,取得进一步研究的价值,那么该项研究只能成为研究者敝帚自珍的成果,而不能被科学界所接受、认可。一项研究工作,只有在得到他人理解的情况下——在这项研究中你做了什么,人们对此将会做出怎样的实际反应——并以此为前提,这项特定的科

① 本文作者刘兵、谭笑,原载《清华大学学报》(哲学社会科学版),2009 年第 5 期。

学研究方案才有意义(劳斯.2004:124)。科学家在选择开始或终止某项研究时,提出自己的结论前,都需要考虑共同体是否认同。因此,在某种意义上,可以说科学主张是在修辞空间中确立的,而不是仅仅在逻辑空间中确立的;科学论证的目标更是为了合理地说服同行专家,而不是为了证明独立于情境的真理。或者说,科学家论证自己主张的真理性,正是为了合理地说服同行专家(劳斯.2004:124)。因此有理由相信:科学共同体内部存在可靠的修辞动机。但是在传统中,人们往往认为在数学化的科学理论中看不到修辞,那是由于科学向来被等同于被今天的科学理论框架整理后的干瘪的理论体系,这些体系最常见于教科书上。但从真实的科学事业来看,科学是由科学家、实验室、科研活动、科学理论等构成的多重语境交织的实践活动。实验室里的实验报告,科学家的手稿、会议发言,每一个都是真切的科学文本,这些文本反映了科学知识产生过程中科学家们之间的协商、争论、说服等的过程,而不仅仅是得到最终科学结论的一个过程。"做"科学就必然有修辞的这一面(Prelli. 1989:3)。

二、科学中两大类修辞建构

在人们通常的设想中,科学中的修辞活动往往指的是科学家们在完成科学研究、得出科学结论之后,为了使自己的成果得到共同体的认同而在自己的发表物中添加一些修饰成分,以迎合当时的评价标准。因为一个科学理论的提出并不会因为其解释力和逻辑一贯而必然被科学共同体及大众接受,孟德尔的遗传学定律就是失败的例子。在孟德尔的有生之年,他的理论并未得到学术界的广泛认同,三十余年之后才伴随着其他理论引起人们的注意。但是,这样的修辞活动通常并不被认为是科学活动必然的一部分,有时甚至受到轻视。这是由于人们长期持有科学定律独一无二的观念,而在实际的科学活动中,对于同一个问题,在同时期通常存在多种竞争性理论。科学修辞分析,则是要揭示出一种科学理论能够脱颖而出的修辞因素。

这种修辞建构中科学家往往是自觉地运用各种修辞手段,明确地以"推销"自己的科学理论为目的。科学家们运用的修辞手法也非常丰富,从文章组织编排,到作者的公众气质、诉诸理性等都是常被精心雕琢的方面。通常这类的修辞建构也比较容易被察觉和分析。

但是科学中实际上还存在另一类并不容易被觉察的修辞建构,这一类的修辞活动往往被人们所忽视,甚至否认,因为修辞作为一个主观色彩浓厚的因素往往被认为不可能进入"客观"的科学知识内部。然而在实际的科学研究中,科学家无论在思考还是书写自己的科研过程、结论的时候,不可避免地就掺杂了修辞因素。如科学家在考察一个新对象时,他的思考和书写方式不可能超出其自身的生活语言框架,这时就会产生大量的隐喻。同时在科学共同体和整个科学事业发展的过程中,科学作为一个区别于其他文化形态的整体,也形成了自己的写作惯例,也就是科学文类。这样貌似科学自身内部性建制的过程,实际上是以增强科学自身的可信度、说服力为最终目的,也就是一个修辞过程。下文中将对这两种修辞分别进行科学修辞学的案例分析,并作进一步的阐述和说明。

三、第一类修辞建构的案例分析

坎贝尔(John Angus Campbell)的《达尔文:科学界中的修辞家》(Campbell 1997:3—17)一文是科学修辞研究的一个典型。他以达尔文的进化论为案例,分析了科学理论得到社会认同的因素。

坎贝尔指出了《物种起源》作为一本面对大众的畅销书的几大要素,这几个要素也是亚里士多德的修辞学中的几个重要元素:一是简洁性。《物种起源》只有单独一卷,看上去像一个摘要,便于阅读。二是作者表现出的气质。达尔文在文中很直接地博取读者的同情,"我的健康已经很不好了……这个摘要……肯定还很不完美。我在这里不能为我的一些论述援引出文献和权威,我只能期望读者信赖我的准确"。三是日常化的语言。达尔文使用的"起源""选择""存活""竞争"等词汇拉进了作者和日常世界之间的距离。四是达尔文尊重英国的自然神学。所有的人都知道神学是反对《物种起源》的,但事实上,达尔文是选择捍卫神学的。他在扉页上引用的两段话都是来自英国的自然神学。在《物种起源》的每个版本中达尔文都表示了对神学、对"造物论"的尊重。他甚至在书中附上了一位他并不认同的哈佛教授的评论来加重此书的分量。五是诉诸常识。达尔文认为,我们可以相信一个解释面如此宽泛的理论,因为它是一种我们用于判定日常普通事件的方法。坎贝尔所指出的这几种修辞手段是将《物种起源》作为普通的文学作品来分析能得出的结论,也是通常对于文本的接受原因的分析。然而科学修辞学特殊的研究方式对于 STS 的独特意义,更多在于《物种起源》作为一个科学著作在科学共同体中修辞效果的达成。

在说服专家同行方面,达尔文仍然是一个杰出的修辞家。但是,由于受众的不同,修辞的表现方式也截然不同。

首先,在风格方面,坎贝尔认为:达尔文这样文学的语言并没有成为专家同行接受它的障碍,因为当时的科学界的文风普遍都很文学化,并不像我们今天这样标准、严谨。但是如果以雄辩或者文字闻名,那对修辞者来说却是一个忌讳。因为修辞中一个很重要的原则就是"韬晦",也就是不要让受众意识到修辞者在运用各种技巧进行劝导,好的修辞是不露痕迹的(刘亚猛. 2004:19)。达尔文和赫胥黎都享有科学家的声望,同时也都是非常出色的作家,但是他们都有意识地淡化自己的文学才能,这样才无损于他们的客观性、公正性等声誉。坎贝尔指出:达尔文非常自如地运用了修辞,又非常有效地掩饰了它。

其次,在受众的针对性上,达尔文的写作直接指向当时科学共同体所推崇的科学观和方法论。这一点是坎贝尔通过对《物种起源》和达尔文私人笔记的对比做出的重要发现。在《物种起源》中,达尔文声称他是受到"贝格尔号"环球航行中的许多地质和生物现象冲击而有了物种起源的灵感。在旅行回来后他花了数年来攻克这一问题,最终得出了进化论的结论。类似地,达尔文在他的自传中,同样强调他一直运用归纳法,并没有先入为主的理论。但是,在他的私人笔记中关于他的研究方法则又是另一番说法。坎贝尔引用了格鲁伯(Gruber)的研究,谈到达尔文几乎从未在没有任何结论中存在的理论背景的情况下收集事实,即使是在他的早期工作中。他并不仅仅是简单地从观察出发,而是花费了很多心力研究当时的几个理论观点。他还批评归纳主义者,认为:如果按照他们选择证据的标准,自然科学不可能会进步,因为没有理论的建构,就不会有观察,那只会是盲人摸象。这种分歧只能解释为达尔文运用了一种与他的科学关系不大,但对他的同行来说却非常重要的方法论惯例,既为这个争议性的主题带来了传统的保障,也因此使得它具有说服力。

此外,隐喻对于《物种起源》来说非常重要:一方面,隐喻对于达尔文的进化论思想的产生有着关键的作用;另一方面,这恰恰又是达尔文需要着力掩饰的部分。坎贝尔集中分析了达尔文的几个关键术语。达尔文在阐述"自然选择"的时候,他用"她"来指代自然,并且把"她"描述成一个无所不在但是却看不见摸不着的神秘力量。用人工选择这一读者所熟知的现象来解释奇迹般的自然选择过程,这样非常容易让人接受。当时在生物等领域也有人做出了类似的自然选择的结论,但结果表明:达尔文的隐喻比其他人的正面论述更能令读者信服这种奇迹。对于普通的读者,他们看到这个理论就仿佛看到身边的事物,而对科学家而言,"自然选择"这个说法比"创造的规律"提供了更加丰富的研究前景。虽然这种形象化的表述使得他的理论很有亲和力,但是也使得他的理论表现为仅仅是一种形象的图画。就像对待他的研究方法那样,他也强调他的语言符合现存的职业规范。

他选择已有的词语赋予新的含义来表达他的理论,从而很有说服力地向受众传达了看待自然的一种新视角。在《物种起源》的第三版中,达尔文回应那些对他的语言的批评者,辩护说他的表达跟引力、运动等概念没什么两样,是出于简洁和理解的需要,因此要用熟悉的语言来表达抽象的事物。这种辩护传递给公众一个信息,也就

是如果时间允许的话,他的这些比喻都可以用一些纯的自然科学的
文字代替。虽然他一再强调是出于便利的考虑来向当时的科学规范
靠拢,但事实上这种隐喻表达对于他的理论而言却有着关键性的中
心地位。根据语言学—修辞学理论,选择的语言不可能在无损其说
明性的前提下完美置换。隐喻有着其自身亲和、隐晦、认知等不可取
代的修辞功能和科学文本因素(张沛.2004:82—101)。

四、第二类修辞建构的案例分析

巴扎曼(Charles Bazerman)则对于实验情境中的修辞行为,也就
是第二类修辞行为做了很好的分析,其论文《报告实验:1665—1800
皇家学会的哲学学报中对科学行为的表述变化》(Bazerman. 1988),
就是通过实验记录文本的演变来说明实验报告中包含的修辞行为及
作用。

巴扎曼认为:实验的进展情况和这些实验事实是用来表征自然
世界的,一般个体的作者都不会去原创性地思考怎样去掌握一种特
别的语言来写实验报告,但是因为随着科学杂志对科学文章的要求,
科学文类(genre)中已经蕴含了科学杂志产生三百多年来所积累的
语言学成就。实验报告最接近科学话语的可说明性核心,一种文类
的形成过程能够揭示科学文本中隐藏的各种因素。文类给作者提供
一种在特定情形下的公式化的应对方式,也给读者提供一种识别信
息的方式。它是一种将交流、相互作用和关系规范化的社会建构,因
此它的形式特征就成为解决社会相互作用问题的语言学解决方案的
关键。那么实验报告的历史将指出实验室事件的某种细节刻画怎样
成为标准,特定的一些信息如何成为一个好的报告的必要因素。

巴扎曼选取的研究对象是第一本英文科学杂志《伦敦皇家学会
哲学会刊》(*Philosophic Transactions of the Royal Society of
London*),从 1665 年一直到 1800 年按年代选取了其中约 1 000 篇文
章,从里面挑出标题或行文中带有关键字"实验"的文章,然后剔除掉

那些对实验的二手描述的文章,并对剩下的 100 篇文章进行研究。由于没有一些可比的量性指标,所以他采取了传统的文学批评的方法,也就是对不同的文章进行描述性的分析。

作者分别从实验概念,实验的方法论,实验结果的精确性、完备性,可靠性验证,文章的组织编排,修辞作用六个方面分析了这些实验报告文本。实验报告主要是在这几个方面随着科学的发展而不断演变,形成今天的实验报告模式。这种演变的过程是科学实践必不可少的一部分,同时也是科学家共同体间协商和与当时的自然哲学观念互动的产物。

首先,从实验报告中可以看出,"实验"的概念从产生之初发展到今天已经大相径庭。虽然实验是近代科学发展的基础之一,但事实上直到 1800 年,实验报告作为交流方式并不多见,当时流行的是对自然现象的观察报告、人文地理游记等。对于"实验"的定义一开始是对自然无预设、无目的的干预或操作,到后来发展成具有清晰的"争论—证实型"的探究性活动。

例如,在《会刊》的前 20 册中,实验报告仅仅是制作特殊效果的食谱妙方或工匠技艺,当时仅仅是将实验作为对于自然的有干预性、操作性的行为而与观察区分开来,如记载用酸浸鲭鱼后肉汤发光的现象。后面 20 册中的实验也仅仅是简单地为原始自然提供一个场所和环境让其展现自身的活动,没有任何一处明确提到实验所针对的问题、理论、假设等。后来的实验报告开始有了主题,围绕当时的争论焦点,例如"真空是否真的空",等等。实验从解决自然的朴素事实的争论转变成解决一般人不会必然关注的一般命题的争论,这意味着实验不再是自然自我展现的一个窗口,而是关注关于不确定的自然的一些不确定论断。到了成熟阶段中的实验记录开始触及实验中出现的问题并逐步解决,实验成为得出结论的过程中的一个部分。到第 80 册中,实验隶属于作者所要得出的科学结论,也就是说实验成为证实或支持某个综合命题的方法。第 90 册中,实验报告的作者都谈及建立普遍性知识的必要性,并且认为实验的作用是证明我们的信念并增加知识。

其次,在实验报告发展过程中,随着其说服难度的逐渐增大,篇幅越来越长。由于其功能性的增加,细节性、数据性的内容增多,文章的结构也相应地发生了变化。

当实验取得了一种争论性功能时,实验报告就更加详细地写明实验是如何做出的,以及为什么要选择这样的方法。方法论的关注使得实验能够首先作为一种探究方法存在,继而作为一种争论中的证据存在。在早期的杂志中,有关"实验是如何做的"一般是一带而过,仅仅让读者了解做的是哪一种实验。波义耳介绍如何在夏天制作冰凉的饮料时,写道:"取一磅的 armoniack 盐和一品脱的水,将盐放入水中并搅拌,如果你想做得浓一些,那么冰凉时间就会短一些"。篇幅也非常短小,只有一两页。第 5 册、第 10 册中,作者们为了应对反对的意见,对实验的步骤和条件做了更加全面的交代。例如牛顿在面对 Line 的挑战时,就列出了他早期实验的方法和条件非常详尽的细节,并且指出 Line 在做他的第一组实验时出现了错误。第 30 册中,作者们表明他们设计的一些实验是为了应对反对者的特定目标。一般这类报告首先陈述一下某争论现象,接着开始讨论对手的工作或立场,再表明自己连贯的实验方法及其支持的实验结果,并得出一些一般性结论。

随着实验逐渐成为一种探究、发现的方法,琐碎细节之间差别变得非常重要,测量也越来越精微,所以作者们也做了进一步的界定和说明。因为说服力来自于读者愿意接受实验者发现科学事实的经验,那么详细地说明实验方法不仅表明了实验者的关注,也表明了他确信自己的发现有"好理由"。在第 80 册、第 90 册中,随着实验报告由预设和证据构成,实验的细节描述就证明了实验结论的谨慎、精确、密切契合主题,并排除了其他选择。实验者在文字中表明他们逐渐意识到实验过程中随着条件和方法的不同而存在的多种不同可能性,体现在他们没有表达出来的在实验中的"控制"观念。实验要经过严格的控制从而实现精确的过程和结论的对应。这个阶段的文章往往从对一般性知识的哲学陈述开始,接着摆出问题,或者是一个令人惊异的实验结果或者是现有知识中的一个空白;再接着是一系列解决问题的论断,每个论断之后是支撑性实验;而结论部分就是这些论断的因果联系阐述,其要得出的综合性结论则在开篇就已提出。

再次,实验报告中见证、信任这一重要修辞因素的方式也有了很大的变化。随着科学规模的不断扩大和细化,为了达到同样甚至更高的修辞效果,实验报告中需要说明的可信性依据也有一个成熟的过程。

在早期的时候,很多实验是在皇家学会的例会时,在其成员面前演示的。这种演示有其自身的意义,也就是所有人都见证并认同其确实发生了。实验报告更像是一个新闻报道,说明事件的发生并由谁见证。因此事件的合法性建立在公共见证上,而不是口耳相传。但是随着实验有了越来越微妙的结论,其要求的条件也越来越特殊,因此实验从演讲大厅转移到了专门的实验室中。实验需要指定专门的资格人员见证,因此一份有名望的见证人名单成了实验报告的重要内容。当实验要解决的不仅仅是现象的简单存在而是一些令人费解的现象时,实验就变成了一个私人的事务。实验成了解题的一系列的过程,除了作者,没有人看到这一系列的实验过程。读者只能根据作者对实验的详尽描述才能见证实验。因此,为了赢得读者的信任,实验要尽可能描述得似真,让读者仿佛亲临现场,为得出实验结论提供好的理由。

五、案例结论分析

从"修辞"的概念或者类型上来看,自从博克开始新修辞学以来,修辞的概念有了很大的转变或者说拓展。博克对于修辞概念的重要贡献之一在于在传统的有意识的修辞之外,提出了无意识的修辞,也就是所谓的"误同"。而本文选取的这两个案例就是探讨在这种对修辞的观念的转变前后所看到的科学中的两种修辞。

坎贝尔对达尔文的案例的分析,展现了科学家在提出自己的科学理论时现实的修辞考虑以及科学理论中不可避免的修辞元素。在这一个案例中,达尔文作为一名"修辞学家",对于他自己的语境性的写作是有清晰的认识的。他在笔记中曾明确地透露了自己的修辞构想:在笔记本 C 中,达尔文提醒自己要向读者指出作为一名科学家、一个真理传播者的道德责任;在笔记本 M 中,达尔文注意到他修辞的一个重要维度是如何更好地建构他理论的潜在哲学。这种修辞的方式是最为人们所熟知和认可的,也是在传统的修辞概念下就能够解析得出的。因此,达尔文也成为科学修辞学研究中的一个热点。本文将这一类修辞称作"显性的修辞",也就是运用较易觉察的修辞手法来使得文本更容易被受众接受。然而在传统的科学观中,这一类修辞是应当被排除在科学语言之外的,科学语言应当是以一种中性的结构来"客观"地表述科学内容。修辞虽然有助于科学家的观点被接受,但是它的存在是可有可无的,因为科学观点是否被接受的关键因素在于观点是否与自然界的事实相符合,而不在于其表述形式。相反地,修辞的存在影响了科学家们诚信、客观的科学家形象。

而坎贝尔的研究的意义也正在于此,他指出即使是这种显性的修辞也并非是科学家们从科学知识之外借用来的工具,而是作为科学知识密不可分的一个部分存在于科学话语中。而且,修辞并不只是在论文写作阶段才出现的,在科学家的认知阶段、观点形成阶段就已经开始发挥作用了。例如,达尔文的一些主要理论概念都以隐喻的形式来表现,这并非达尔文写作中的文字选择,而是这些隐喻在原始阶段就引导了达尔文思想的形成,成为达尔文进化论内生性的部分。

但是,这样有着关于修辞的自觉意识的科学家在科学史上并不多见,更多情况下科学家们是在一种无意识的状态下进行修辞活动。相对而言,第二个案例是一种集体的、无意识的修辞模式。实验报告在传统上被认为是在修辞学意义上"最无趣"的一种文本形式,但是巴扎曼打开了实验文本的黑箱,指出实验报告的成熟形成不仅是科学的发展,本身也是一项修辞学的成就。他特别指出早期的一篇实验报告很好地说明了实验报告的修辞作用。这篇实验报告中提到:一种改进轮子的方法的理论部分很早就已经建立并被学术界认同,但是为了说服工匠和商人使用这种方法,该篇实验报告以翔实的细节和数据描述了实验的方法和结果,并且区分了与其他轮子之间各种琐碎的差别,不断进行比较来支持这个一般性的命题。也就说明此时作者也理解自己不仅仅是在报道一个自明的真理,而是在讲述一个可能被质疑的故事。因此实验报告最重要的任务就变成了展现它的意义并且说服别人相信它。在从早期的简单描述发展到最后"规范"的实验报告形式的过程中,这种文类都是当时科学共同体所公认的价值观和方法论的一种体现,同时也随着科学范式的转移而发生变化,从而也作为范式的一个部分反过来推动着这种变革。它是一种共同体交流过程中的无意识的修辞产物,在每一种微小的变化背后都是一种企求认同的修辞动机。

这种隐性的修辞在传统的科学观中往往被忽略或者否认,被当作是中性的科学语言的一个部分,甚至被看作是"反修辞"的。因为实验报告、科学论文形式上的固定性和对于科学语言的各种规定,使得它减少了很多运用花言巧语等各种文学技巧的机会,能够更直白地表述自然。在这种看不到科学话语中修辞的阶段,科学话语的说服力来自于一个不容辩驳的力量,也就是自然界。当科学哲学中认识到自然界不会自己说话时,也就意识到了这实际上是科学家所运用的一种更高明的修辞。运用隐性的修辞意味着对科学共同体的从属、对科学价值的认可、与科学家规范的符合等科学中最重要的几种价值,同时也是同行是否能认可的最重要的标准。

因此,显性的修辞和隐性的修辞之间是一贯的,它们都是以得到科学共同体的认同为最终目标,只是由于过去在传统科学观下对修辞的狭窄理解造成了这两种区分。而在科学修辞学看来,这两种修辞原本都是统一的,只是其各自诉诸的修辞策略不同而已,并且修辞在科学知识发明、辩护整个过程中本质地、不可分离地存在并发挥作用。

14 卢瑟福原子结构理论中"核"隐喻的提出：一项科学文本的修辞分析①

由于科学具有特殊的认识论地位，在科学社会学理论产生前，几乎没有社会学家对科学进行经验研究，而科学知识社会学在科学社会学的基础上形成利益分析、实验室研究、科学话语分析三个研究纲领，从而提出了科学知识的社会建构属性。其中，话语分析纲领以各种经验性的科学文本和图片资料为对象来解析科学知识的性质。"科学话语包括书写文本、图示文本（如科学论文、科学著作、公开演讲文稿、科学图示等）以及各种非正式的语言资料（如科学家之间私下谈话、录音等）。"（王彦雨.2009:9）传统的科学话语分析模式是以理性主义科学观作为理论基础，以确定性的科学概念、科学方法、科学规则以及普适性的评价标准为前提，依靠数理分析来进行宏观的外部分析，忽视了微观的内容分析。而科学修辞学理论的发展，为科学话语尤其是科学文本的微观内容研究提供了重要的分析工具。一些具有修辞学背景的研究者以著名科学家的公开及私人文本、科学史上的经典著作为案例精读分析文本的修辞方式和修辞效果，揭示出科学文本中隐含的隐喻、类比等修辞格，通过分析语言编排、行文风格、叙事策略来探讨科学知识的社会建构。

---

① 本文作者宗棕、刘兵，原载《科学技术哲学研究》，2012 年第 3 期。

此外,在科学传播领域,也出现了对大众科学文本的话语和修辞分析,并与专业科学文本的分析结果作比较来阐述科学知识生产和传播的过程。其中,美国的吉尔斯有其系统的研究成果。在《科技传播中隐喻的动机》一书中,他分别选取了"原子结构"和"克隆技术"作为科学传播和技术传播的案例进行隐喻分析,为我们展示了由于隐喻使用的方式不同而对理论传播带来的积极和消极影响(Giles. 2008)。对于"克隆技术",吉尔斯认为由于隐喻使用的不当导致公众形成错误的意象从而影响到了相关政策的制定,最终影响了生物学的必要研究。对于这一案例,文本不作详细的讨论。值得一提的是,作者大为赞许将"原子结构"与"太阳系"类比,认为"太阳系类比"这一隐喻对于原子结构理论的形成及其向科学共同体和公众的传播均起到了重要的作用。我们知道,卢瑟福提出了原子有"核"并以实验的方法验证了"核"的存在,但是吉尔斯并没有将卢瑟福发现"核"结构作为隐喻分析的重点,因此也未能说明隐喻对卢瑟福原子核结构理论形成和传播的作用。本文沿用吉尔斯隐喻分析的方法,重点考察了卢瑟福 1911—1914 年发现原子"核"的三篇重要论文,尝试分析隐喻对卢瑟福发现原子"核"结构这一重大科学史事件的作用和影响,通过对原始科学文本的隐喻分析来丰富从修辞学视角进行科学史研究的内容。

一、原子概念与早期原子结构理论

"原子"(atom)一词源于拉丁语 atomus,意为"不可分割"(Hord. 2000:27)。最早使用"原子"概念的是古希腊自然哲学家留基伯和德谟克利特。德谟克利特将"原子"视作构成一切事物的不可再分的最小单元,并认为无数原子在宇宙中形成涡旋运动。伊壁鸠鲁进一步发展了原子论,他认为:原子在虚空中向宇宙中心落下是直线运动,在平行运动的过程中,偶然发生的偏斜运动使原子之间相互碰撞,最终形成漩涡运动、分离和结合;而正是因为原子有意识的偏斜运动产生吸引、结合或排斥，形成了世界万物。古希腊的原子论曾有大量著作，但是大部分都已经散失，近代只发现了一些残片和小羊皮纸手稿。直到 17 世纪，由于法国哲学家伽桑狄对伊壁鸠鲁的研究才重新复兴了原子论，并引起人们对原子论的关注。19 世纪初，道尔顿在《化学哲学的新体系》一书中阐述了化学原子论，他沿用了古希腊时期不可分割的"原子"概念，并认为其是组成化学元素的最小粒子。

19、20 世纪之交的物理学革命，使经典物理学的理论基础受到严重冲击，物理学已经臻于完善的思想被打破，对未知世界的探求激发了物理学家对原子内部结构的研究。随着对原子内部结构认识的深入，物理学家在不同时期提出了不同的原子结构模型，其中有几种具有代表性的模型。开尔文首次提出了"涡旋原子"的理论，认为原子是以同心圆形态排列的。而麦克斯韦用涡旋理论类比了太阳、地球和月亮的关系，用涡旋模型解释电、磁和光如何能穿越以太，认为它们类似"涡旋原子"，都是由微粒子(corpuscles)组成的。汤姆逊发展了"涡旋原子"理论，认为涡旋环是一个类似螺旋套接的结构，以接头为中心转动，每个螺纹代表了涡旋中心的中心线(Davis & Falconer，1997：119)；他开始思考原子是由亚原子粒子(电子)组成的问题，将一个原子的结构描述成球状，并用"轨道"来表示亚原子粒子的运动路径；他假设原子带正电的部分均匀分布在球形的原子体积内，而负电子则嵌在球体的某些固定位置。

1904 年在《论原子结构》论文中，汤姆逊正式提出"葡萄干布丁"原子结构理论。他认为"元素的原子由封闭在带均匀正电荷的球体及在其中分布的大量带负电粒子所组成"(Thomson，1904)，电子呈多个电子环分布，并提出外环的电子数分布。虽然他并没有确定原子结构的复杂性，但是在他发现电子的五年后提出："一个正电子和一个微粒子形成了类似于太阳系的系统，带有大质量的正电子相当于太阳，而微粒子则如行星一样环绕在正电子周围。"(Thomson，1907：157)汤姆逊因此被认为是最早将原子结构和太阳系结构作类比的物理学家。日本物理学家长冈半太郎则认为原子结构类似"土星环"，他认为："粒子系统是由很多质量相同的质点连接成圆，间隔角度相等，互相间以与距离成平方反比的力相互排斥。在圆中心有一大质量的质点对其他质点以同样定律的力吸引。"（转引自郭奕玲，沈慧君.2005:225）长冈半太郎的模型，实际已经提出了"原子内有个中心、原子内部存在着相互作用的库仑力、电子绕着中心旋转"的想法，因此他的模型对卢瑟福的"核"模型有重要的启示作用。

　　1911 年卢瑟福的助手盖革和马斯登用 α 粒子轰击金箔的散射实验证实了原子核的存在，而卢瑟福通过对实验结果的分析和计算认为原子核的半径小于 10^{-12} 厘米、原子的半径为 10^{-8} 厘米，证实了原子是可分的，并计算出了原子的大小及其内部结构。卢瑟福用实验的方法将原子内部结构向人们展示出来，为深入探索原子内部结构奠定了基础。

二、卢瑟福原子结构理论科学文本的隐喻分析

　　"隐喻"（metaphor）一词来源于希腊语，"meta"意为"超越"，"phor"意为"传送"，组合在一起就是一个对象的诸方面被传送或转换到另一个对象上，以便第二个对象似乎可被说成第一个（亚里士多德.1991:154）。隐喻是从日常经验出发，以已知的事物作为蓝本，去想象未知的事物。隐喻作为"说服的艺术"被认为是诡辩家们的花言巧语，长期以来被科学家所鄙视，但科学家在建构理论和描述理论的过程中又不自觉地使用了隐喻，本文以卢瑟福发现原子"核"的三篇科学文本为语料库作隐喻分析。

　　原子有核是卢瑟福原子结构理论的中心思想，而"核"隐喻在理论建构中发挥了重要的作用。"核"（nucleus）一词源于拉丁语 nucula，意为"小坚果"。在科学领域，首先被用于天文学的"彗核"，后来又用于指称"细胞核"（Hord.2000:323）。在物理学领域，卢瑟福通过 α 粒子轰击金箔的散射实验证实了原子核的存在。卢瑟福关于原子结构理论发表了两篇最为重要的文章，分别是《物质对 α、β 粒子的散射

和原子的结构》(1911)、《原子的结构》(1914),两篇文章均发表在《哲学研究》(*Philosophical Magazine*)上。通过对这两篇文章的分析,我们可以了解卢瑟福原子结构理论中隐喻的使用及隐喻对于建构该理论的作用。在《原子的结构》发表几个月后,卢瑟福以同样的题目在《科学》(*Scientia*)期刊上发表了另一篇文章,由于该期刊以发表科学评论、科学新闻为主,拥有更多的非专业领域读者,因此,卢瑟福在这篇文章中使用的隐喻也有所不同(Rutherford. 1914)。(见表1)

表 1　卢瑟福使用的隐喻

	文章1:《物质对 α、β 粒子的散射和原子的结构》(*Philosophical Magazine*)	文章2:《原子的结构》(*Philosophical Magazine*)	文章3:《原子的结构》(*Scientia*)
隐喻	原子(atom) 路径(path) 电荷(charge) 中心电荷(the central charge) 卫星(satellite) 土星原子("saturnian" atom)	原子(atom) 核(nucleus) 电荷(charge) 轨道(orbit)	原子(atom) 核(nucleus) 电荷(charge) 母物质(parent substance) 种子(seed) 飞翔的原子(flying atom) 洋葱皮(the coats of an onion)
中心隐喻	中心电荷(central charge)	核(nucleus)	核(nucleus)

由表1可以看出,卢瑟福的3篇文章,尤其是前两篇文章中所使用的隐喻基本相同,都是"死隐喻"(dead metaphor),即由于长期使用而失去隐喻义的词或短语,如原子、电荷等。法国当代文艺理论家克里斯特瓦认为:"互文性是来自其他文本的话语的交汇,互文性把先前的或同时代的话语转换到交流话语中。"(转引自秦海鹰. 2006)因此,隐喻的使用也是一个"互文"过程,具有历史性,是文本间转换生成的产物。

（一）对文章1《物质对 α、β 粒子的散射和原子的结构》的隐喻分析

通过 α 粒子轰击金箔的实验，卢瑟福发现：大部分的 α 粒子都可以穿透薄的金属箔，只有少部分的 α 粒子好像被什么东西挤了一下，因而行动轨迹发生了一定角度的偏斜；还有个别的 α 粒子，好像正面打在坚硬的东西上，被完全反弹回来。根据这一实验结果，卢瑟福认为在原子内部一定有一个体积很小、带正电的坚硬物质。因此在1911 年《物质对 α、β 粒子的散射和原子的结构》一文中，他开篇就提到："众所周知，α、β 粒子与物质的原子碰撞后会偏离其直线运动，对于 α 粒子，要比 β 粒子散射得更厉害，因为 β 粒子的动能和能量更小。……似乎有理由假设，大角度偏离是由于单个原子碰撞，因为在大多数情况下，二次碰撞能产生大角度偏离的机会是极小的。简单的计算表明，原子一定是处于强大电场的位置中，才能在一次碰撞后产生如此大的偏离。"（Rutherford. 1911）卢瑟福否定了汤姆逊认为"带正电的部分均匀分布在球形的原子体积内"的理论，认为"正电荷集中在原子中心"，即"中心电荷"。在 1911 年发表的第一篇论文中，卢瑟福使用的是"中心电荷"这一概念，而并没有使用"核"，大概是出于保守并且稳妥的考虑。虽然"电荷"（charge）一词来源于拉丁语的 *carricare*，意为"给马车装货物"，后被用于法律、经济领域，有"控告""记账"等含义，用于物理学也同样是隐喻使用，但由于长期使用，已经转变为"死隐喻"，为物理学界理解并普遍接受。此外，卢瑟福使用了"卫星"隐喻来假设正电荷并不是一个整体，是由与原子中心有距离的"卫星"组合而成。在文章后面，卢瑟福又提到了长冈半太郎的"土星环"原子结构，他认为："无论原子是一个圆盘还是一个圆球，大角度偏离都是不可改变的了。"在 1911 年的论文里，卢瑟福使用了大量诸如"假设""推论""可能"和"不确定"这样的表达方式，由于理论过于粗糙，并未引起科学家的反响，但是从他的语言和隐喻使用中，已经暗示了原子"核"结构理论，并且从一开始就引导人们将原子结

构与天文现象联系起来。

(二) 对文章 2《原子的结构》的隐喻分析(发表在《哲学研究》上)

从 1911 到 1914 年,卢瑟福和他曼彻斯特大学物理实验室的同事们为检验他的原子结构理论进行了系统的实验研究,并肯定了这个理论的正确性。在 1914 年的论文中,卢瑟福第一句话就明确提出了原子的"核"理论,并通过 α 粒子穿过氢气实验确定了"核"的大小。在这篇论文中,卢瑟福用"核"取代了"中心电荷",创造了"核"与"原子中心"两个概念本不存在的关联性,而"核"的隐喻更符合人们的日常经验,无需解释就知道其处于中心位置。卢瑟福还介绍了盖革和马斯登所做的 α、β 粒子穿越金箔和穿越氢气所发生散射的实验,实验的结果符合卢瑟福之前关于原子结构理论的预测,即:原子包含一个极小的带正电的核,核被电子围绕使原子呈电中性,电子一直延伸到远离核的普遍接受的原子半径上;并基于实验计算出"核"的大小,证实了"核"带正电荷并且决定了原子主要的物理和化学性质(Rutherford. 1914)。在这篇文章中,卢瑟福使用的是诸如"证据""事实""毫无疑问""确定"等判决性实验的语言。卢瑟福虽然没有明确提出原子核结构与太阳系的类比,但是他的不容置疑的修辞方式使读者相信并接受原子核理论,并自然地将"电子围绕核运动"与"行星围绕太阳运动"作类比,将"行星模型"类比了卢瑟福原子结构。因此,"行星模型"是读者通过理解卢瑟福的隐喻而形成的意象建构,而不是卢瑟福本人所使用的隐喻。

(三) 对文章 3《原子的结构》的隐喻分析(发表在《科学》上)

在发表于 Scientia 的《原子的结构》文章中,卢瑟福采用了不同于其他两篇文章的叙事方式和隐喻使用。文章开篇没有出现详细的实验过程和计算公式,而是从阴极射线的发现谈起,介绍有关放射的知识,然后才提及汤姆逊的原子模型和盖革和马斯登的实验,介绍了原子核结构,最后又提到了玻尔试图用量子理论解决原子稳定性的工作。鉴于读者的非专业性,卢瑟福运用了不同于科学论文中的隐喻来解释他的原子结构理论,他也使用了"核"隐喻,但是为了解释这一隐喻又使用了在其他两篇文章中未使用的描述性隐喻。在介绍有关放射的知识时,由于原子的衰变可以产生出新的物质形态,他形象地把衰变的物质称为"母物质"(parent substance),产生的新原子是有"生命时限"的,并携带着内生于他们而最终毁灭的"种子"(seed)。在描述散射实验时,他形象地将散射回来的 α 粒子比做"飞翔的原子"(flying atom),并将汤姆逊的原子结构喻为"洋葱皮"。可见,这篇文章通过使用这些更接近日常经验的隐喻而增强了描述性和解释力,便于非专业的读者更容易理解他的原子结构理论。而对于"行星模型",卢瑟福在这篇文章里也并未提及,因为他认为使原子稳定的力是电子力而不是万有引力,这与太阳系的稳定是不一样的,超出了经典力学的解释能力。

通过考察卢瑟福对"核"结构的隐喻使用,可以将"原子核模型"或原子的"行星模型"视作隐喻建构的结果。卢瑟福继承了早期原子论者的"原子""涡旋""轨道""环"等隐喻,并在自己的论文中介绍了汤姆逊的"洋葱皮"结构和长冈半太郎的"土星环"结构,通过使用一系列接近日常经验的隐喻引导读者形成意象,最终实现对原子结构理论的解释和说明,形成了新的原子结构理论。

三、对卢瑟福原子结构理论隐喻分析的意义

亚里士多德将隐喻定义为:"以属喻种、以种喻属、以种喻种以及类比。"(亚里士多德. 1991:192)而雷考夫和约翰逊将"隐喻"定义为"依照另一事物理解和经历某一种事物"(Lakoff & Johnson. 1980:5),是"概念系统中的跨域映射"(Lakoff & Johnson. 1980:203)。第一个定义是将隐喻视为修辞意义上的名词间的相互替代,是通过相似性意象在词汇层面上进行的主动修辞行为;而后一个定义则是基于认知意义上本体和喻体间的互动映射,通过本体和喻体的特征融

合在篇章层面上得出的认知阐释,因此隐喻不仅是一种修辞格,同时具有认知意义。在卢瑟福发现原子核结构的案例中,"核"隐喻不仅是单纯的词汇修辞,只停留在相似性的层面,而是对原子内部结构的"跨域映射",以此形成认知基础,进一步形成模型建构和计算。"核"隐喻也是将原子结构与太阳系类比的基础,卢瑟福以"核"为中心隐喻来建构和描述原子结构理论,而其他隐喻的使用也可视为"核"隐喻的延伸,在整个篇章中为"核"隐喻服务,从而形成了连贯的篇章隐喻结构。此外,卢瑟福在隐喻使用时还区分不同的对象。从表1中可以看到,在第三篇面向一般公众的文章中,卢瑟福使用了不同于前两篇文章的隐喻,具有更强的说服效果,这也是在科学文本中人际隐喻使用的成功案例。由此可见,卢瑟福将隐喻使用由词汇层面扩展到篇章层面和人际层面,在科学文本中延伸了隐喻使用的范围。

在卢瑟福的原子核结构理论中,"原子"和"核"是两个重要概念,但是两者的来源不同。"原子"概念是从近代化学原子论基础上沿用下来的,具有理论的传承性和延续性,而"核"概念是卢瑟福自己的隐喻用法,创造了本不存在的关联性。因此,原子核隐喻既保证了理论的延续性,又有理论的独创性,对经典原子论的变革有着重要的作用。自卢瑟福以后,原子原有的"不可分"的意象被改变,成为了一个具有"核"结构的可被实验证实的物质实体,为人类进行微观世界的探索奠定了基础(见表2)。

表 2　原子隐喻的发展

原子类型	属性	理论类型	科学方法	隐喻类型	隐喻作用
古代原子	不可分	原子论	思辨	概念隐喻	产生意象 生成概念
化学原子	不可分	原子论	假说＋实验	概念隐喻	产生意象 沿用概念
物理学原子	可分	原子结构理论	假说＋实验＋计算	概念隐喻 篇章隐喻 类比模型	沿用概念 意象改变 生成新隐喻

传统科学史研究对卢瑟福发现原子核这一科学事件是以实验作为主要研究和描述对象的,认为卢瑟福原子结构理论的形成同样遵循从观察实验到理论归纳这一科学发现的逻辑。通过对卢瑟福三篇科学文本的隐喻分析,我们可以发现:隐喻形成的意象对于科学家建构理论同样是不可或缺的,有时甚至起到至关重要的作用,而这点也长期以来被科学史研究所忽视。因此,对科学家科学文本的分析可以补充以修辞为进路科学史研究的不足,拓展科学史研究的方法,这也是本文的应有之义。值得一提的是:自卢瑟福确定了原子有核结构起,人类对原子内部结构的探索从未停止。对于新发现的基本粒子的命名,如质子、中子、夸克等也都是隐喻用法。因此,玻尔认为:"在原子这方面,语言只能以在诗中的用法来应用。诗人也不太在乎描述的是否就是事实,他关心的是创造出新心像。"(转引自柯尔.2002:3)而卢瑟福正是创造原子意象的先驱者。

15 科学史研究中对人类学方法的引入和借鉴:以"深描"为例[①]

一、科学史与人类学

自从新史学派倡导新史学以来,历史学界已经展开了对传统史学的反思,历史学家也越来越重视史学理论的思考和对研究方法的更新。新史学理论的发展,使得历史学与社会科学(包括人类学、社会学)的对话,已经成为历史研究的重要趋势。年鉴学派的代表人物勒高夫曾经提到,历史学应"优先与人类学对话"(勒高夫.1989:36)。对于历史学和人类学这两门学科的密切关系,学者们有过若干论述,科恩(Bernard Cohn)曾清楚明确地陈述道:"历史学在变得更加人类学化的时候,可以变得更加历史学……人类学在变得更加历史学化时,可以变得更加人类学。"(Goodman.1997:784)在"新史学"的倡导下,历史学研究领域中出现了与人类学进行对话的积极局面,这种对话和互通既包括概念和思想的借鉴,也包括方法的引入。

具体到科学史的研究,已经有科学史家意识到这种对话和结合的意义,并且进行了一些实际的科学史研究。在这些科学史研究中,

[①] 本文作者卢卫红、刘兵,原载《科学实践哲学的新视野》,蒋劲松、吴彤、王巍主编,内蒙古人民出版社,2006年10月出版。

体现出了以下几个方面的特点：

第一，人类学基本概念的引入，给科学史研究带来新的研究视角和领域。正如人类学家日益认识到"时间"的重要性一样，历史学家也开始意识到"文化"等概念的重要意义，如印度学者恰托帕德亚亚（D. P. Chattopadhyaya）曾专门提出在科学史研究中采取"结构"概念和"过程"的互补（Chattopadhyaya. 1990:70—72）。

第二，对人类学研究方法和观念的引入和借鉴。人类学研究的主要方法包括田野工作、民族志方法、主位客位研究等；基本观念和研究视角包括整体性视角、跨文化比较研究、文化相对主义的立场等。这些方法和视角的引入，能够给科学史研究带来新的研究局面，目前也已经有一些科学史家就方法上的借鉴（比如主位客位的研究）进行了专门探讨（Jardine. 2004:262—278）。

第三，以上的借鉴和引入带来了各种启发、问题以及相关讨论。人类学视角和方法的引入，可以打破对科学技术的传统界定，扩展科学以及技术的概念，并进而使科学技术史的研究领域和范围得以扩展。比如在传统的标准技术观念的定义中，其"背后所隐含的是一种以西方近代技术的发展为模本的对技术的认识"（刘兵. 2004）。在技术人类学的研究中，人类学以多种不同的方式界定技术，突破了技术的"标准观念"，技术不仅仅是指用以使用的最终产品，还被理解为过程中的意义。除了实用功能外，人造物的符号和仪式性的功能得以强调，有一些仪式本身也进入了技术的研究范围（Schiffer. 2001:3—5）。人类学对于科学、技术概念以及科学史研究领域的扩展，对传统的编史学观念提出了挑战，同时也会带来相关的问题，如对"地方性知识"的提倡所带来的文化相对主义的争论。

科学编史学作为对于科学史的"元"研究，包括反思科学史研究的过去，分析和借鉴新的研究视角与纲领，理解科学史当下的思潮与走向等。作为对"科学史与人类学"的科学编史学的考察，以上的几个方面都应该成为研究的重要内容。本文站在科学编史学的立场上，主要对人类学中最重要的理论之一"文化解释理论"，及其分析工具"深描"在科学史研究中的可能应用进行初步探讨。

二、人类学的文化解释理论与"深描"

美国著名人类学家吉尔兹(Clifford Geertz)是韦伯(Max Weber)社会学与美国文化人类学中博厄斯(Franz Boas)的文化相对论传统的集大成者,也是人类学中解释人类学派的创始人。吉尔兹在人类学界中具有极其重要的影响,同时对其他学科也颇具影响力。用人类学者山克曼的话来说,"除了他对人类学所做的贡献外,吉尔兹已成为跨学科的人物,是在社会科学与人文科学之间的主要发言人"(夏建中.1997:323)。在探索学科对话的研究中,对这样一位核心人物的思想以及研究方法的把握,具有重要的意义。

"文化"是人类学的核心概念,吉尔兹的文化概念是意义性的。在他看来,"文化概念实质上是一个符号学的概念",同韦伯一样,吉尔兹认为"人是悬挂在由他自己所编织的意义之网中的动物……所谓'文化'就是这样一些由人自己所编织的意义之网。因此,对文化的分析不是一种寻求规律的实验科学,而是寻求意义的解释科学"(吉尔兹.1999:5)。这也可看作是吉尔兹对其解释人类学的简要归纳。

而吉尔兹进行解释的工具和途径,就是"深描"(thick description)。"深描"一词是哲学家赖尔(Gilbert Ryle)所创的术语,它是对文化现象或文化符号的意义进行层层深入描绘的方法,吉尔兹借用它来表达自己的民族志方法。吉尔兹引用了赖尔所举的一个眨眼睛的例子,他说:"让我们观察一下两个正在迅速抽动他们右眼皮的孩子,一个是随意的眨眼,另一个则是挤眉弄眼向一个朋友发信号。这两个动作,看起来是完全相同的,如果把自己只当作一台照相机,就不可能辨识出他们之间的差别。而事实上这两个动作之间的差别却是非常巨大的。如果有第三个孩子为了嘲弄上述递眼色的孩子不会递眼色,故意模仿其笨拙的动作,这时这个孩子就不是在递眼色,而是在模仿或嘲弄别人。更进一步想，一个想要模仿以嘲笑他人的人，如果对自己的模仿能力没有把握，事先对着镜子练习一下，这个动作就成了排练。"（吉尔兹. 1999：7—8）

由以上的眨眼、挤眼、模仿挤眼、模仿之练习可见，行动所代表的意义所具有的复杂性在理论上可以层层堆积以至无穷。人的行动和其他文化现象一样，都是一种象征符号，体现了某种或深或浅的意义。从上面的动作看，可以有两种描述：一种是"浅度描述"（thin description），即把上述各种动作都描述为"迅速抽动眼皮"；另一种则为"深度描述"，在浅度描述与深度描述之间有一系列层次深浅不同的意义结构。换言之，上述这些不同的层次，只有在一定的意义网络中才能分离出来并被正确理解。"深描"的作用是把一套复杂的意义层次揭示出来，因为正是以这套意义结构为依据，文化象征符号或象征行动才得以产生，得以被知觉并得到解释（石奕龙. 1996）。吉尔兹把赖尔的"深描"运用到自己的文化人类学研究中，他认为人类学的民族志描述不能停留于素材的堆砌，而应该构成一种"深描"，探索其深层的意义。人类行为具有不止一层的意义，"人类学家要做的是剥开符号结构的一层又一层的意义，对文化进行"深描"，阐释各种文化符号系统的含义"（秦红增. 2004）。

三、"深描"在科学史研究中的应用：必要性和可能性应用

（一）作为文化系统的科学

毫无疑问，艺术、常识、法律、意识形态等，都可以说是一种文化系统。在传统的对科学的理解中，认为科学与这些文化系统有着本质上的区别，因此是不能与之并列的。而在对科学进行文化研究的语境之中，是把科学技术作为一种文化现象来研究的，"是把科学当作整个人文文化的一个组成部分，当作与宗教、艺术、语言、习俗等文化现象相并列的文化形式的一种"（刘珺珺. 1998）。

关于把科学、技术看作文化的论述，也可见于一些学者的论述中，如"在人类学学科范围内，技术始终被看作文化的核心。……对技术的理解，除了技能或工具之外，还包括资源、生态、人口等物质因素和仪式、知识等精神因素"（秦红增.2004）。"科技是整体有机的文化结构中不可或分的一部分，科技在中西历史上的发展脉络也反映着各自文化上的特色"（刘君灿.1983：1）。

在把科学看作一种文化系统的前提下，吉尔兹对于文化的理解，也可以适用于科学，即我们可以把科学看作是一个由行动者所编织的意义之网。这样的研究是一种将科学放置到文化与境中来研究，并试图在更广阔的文化解释和人类学研究中来理解科学和技术的进路。在这种观念下的科学史研究，是对科学这张意义之网的过去以及现时的研究，"深描"就成了解释并发现历史事件深层意义的途径。

（二）"深描"在科学史研究中的应用

在把科学看作文化系统的前提下，科学史家的工作就成了对于科学这一文化现象的解释。在科学史的研究中，具有"深描"的意识并在研究中加以应用的必要性，主要体现在以下两个方面：

第一，从科学史的研究对象和研究内容来看，知识具有很多种来源。

科学的产生，可能来自于经验、明确的思想、传统，以及权威、启示，等等。因此，在科学知识的产生和确证中，都会牵涉到这些因素。"一些学者把文化的每一个层面归到一种单独的来源，为了这种简单易行的清晰性，他们通常会牺牲掉知识内容的丰富性和描述的浓厚性"。事实上，在科学发展的不同阶段，知识的主要来源是不同的。比如，在中世纪，神的启示被认为是第一位的，而感觉和实验则是第二位的；到了 17 世纪早期，知识的来源按照等级分别是权威、实验、推理。可以看出，在不同的智力环境之中，知识的来源是变化的且层层按照等级体系排列的（Elkana. 1981：19—26）。这些层层的体系表明科学史研究内容的复杂性，如果仅仅进行简单的描述，就很难对科学史上的事实进行正确的理解。

科学史学家的研究对象大多是历史上留下的文献,也即是"文本"。在科学史的研究中,研究者如何看到各种结构之间的关系,如何解读文本背后的意义,如何通过这些文本去理解当时的人的理解,并把这种理解转达给科学史的阅读者? 也即"如何对理解进行理解,对解释进行解释,并把这种理解和解释转译出来呢?"(石奕龙.1996)

科学史家做的工作,主要就是对历史上的理解所做的"理解"。而"深描"说的宗旨就是要"'理解'他人的理解",这种"理解"超脱于"生硬的事实"之上,它追求被研究者的观念世界、观察者自身的观念世界以及观察者"告知"的对象——读者——的观念世界三者间的沟通。这犹如在一系列层层叠叠的符号世界里的跨时空漫游,其所要阐明的是有意义的人生与社会中的重要角色(王铭铭.1999)。虽然人类学家强调从当地人的视角来看问题,科学史中也有对于反辉格研究的提倡,要求站在当时的立场上进行研究,但是当代的研究者不可能完全钻进当时或当地人的脑中,他们与当时当地人一样在解释着世界,而他们的描述所能做的就是对他人的解释进行解释,抑或是"叙说对事象的言说"(Saying something of something)(王铭铭.2003:347)。

如上所述,科学史的研究不应该仅仅是史料、素材的堆砌,实证的考察可以看作是一个基础,但不是科学史研究的全部。研究的更重要的目的,是要解释出史料的深层含义,寻求史料背后的意义。要达到这样的研究目的,科学史研究有必要借鉴人类学中"深描"的方法和这种研究的理念。

第二,由于文化是一张由行动者所编织的"意义之网",科学的产生和发展并不是预先设定且必然发生的。

对于所有的历史来说,都存在着两种不同的观念:一种观念是希腊剧(Greek drama)式的;另一种则是史诗(epic theatre)式的。

对这两种不同观念的分析,能为我们提供两种不同的看待历史的视角。"希腊剧是对于必然性的描述和表达,命运是不可避免的,人所能影响的只是他自身命定的细枝末节。在这种观念下,未来只会按照预先设定的规则来展开,一旦一件事情发生了,就意味着这就是它所能发生的唯一方式",而把知识的增长——所有类型的知识,尤其是科学知识——看作是必然的演变,是一种古老的西方文化传统。"以这种观念看待科学,使得我们相信,只有我们的科学是被发现的关于自然的伟大真理,即使没有被牛顿或者爱因斯坦发现,也迟早会被另外一些人发现。"于是,西方的科学就成了唯一必然的对于自然界的正确认识。

史诗式的观念与之相对,一个事件"它可以以这种方式发生,同样能够以一种不同的方式发生",在这种观念之下,唯一有意义的历史问题是:"如果还有其他可能的方式的话,为什么是按照这种方式发生的?"按照这种观念,"科学能够按照不同的方式发展,其他的发现能够揭示出关于自然的不同规律,西方科学的唯一性并不是必然的。在不同的文化之间一种'比较的科学'(comparative science)是有意义的"(Elkana. 1981:66—69)。

在把科学看作是一种文化系统的前提下,科学是由人类自己编织成的意义之网,那么它的图案就不可能由谁预先设定好。这就意味着,我们已经采取了史诗式的历史观,科学史的发展并不是必然的,而是偶然的。"在扩展我们的历史视角时,我们最好能够考虑到西方科学的起源,并且对'是文化的因素促使科学以及科学家选择了这一条途径而不是另一条'这一点取得更加深刻的理解"(Rochberg. 1992)。那么科学史研究的任务就是对于"为什么如此发生"(why)进行"深描"式的解释,而不是对于必然发生的事件"如何发生"(how)的简单描述,这也决定了科学史研究者的历史研究和写作方式。

笔者认为:西方发展出了今天的自然科学并不是唯一必然的,这本身是对非西方智力或认知方式的承认,这种观念必然影响到科学史研究的范围和内容。近年来对于非西方科学史的关注成了一个重要的趋势,对于非本民族科学史的研究,相当于对于"他文化"的研究,也就更加需要一种文化解释的观念,同时这类研究又是和吉尔兹所倡导的"地方性知识"紧密相联的。

(三) 简要的案例分析

为了更加具体地说明"深描"在科学以及科学史研究中的应用,这里举出人类学家特拉维克(Sharon Traweek)对当代高能物理学家进行考察的例子(特拉维克.2003)。在科学史研究中,当代史的研究被认为具有很大的难度,其难点不在于资料的缺乏,而在于资料的繁多和杂乱。如何把握住"科学"这一文化,如何展现出科学家群体的内在文化含义,这项研究中对"深描"的应用对于当代科技史的研究具有重要启发。

特拉维克所使用的方法,是人类学典型的田野调查。她所选择的田野调查的场所是美国的一个高能物理研究实验室,她把实验室作为所要研究的社区,以一个工作人员的身份在那里生活和工作,时间长达五年之久。特拉维克对于实验室中活动的人进行了重点描述:从博士生到资深科学家,以至诺贝尔奖奖金获得者;从一般人员到实验室领导都有仔细的描述。她不但记述了工作人员在实验室里的活动,甚至还描述了他们在餐厅里的对话以及不同人员的着装特点。另外,特拉维克还把实验室的人际关系伸展到外部,和国内外的其他实验室进行了对比讨论。作者还从细致方面着手,描述了实验室不同分工人员之间的差异和关系,从毕业生和导师的关系,到实验室之间的竞争和合作,到工作人员的婚姻家庭和友情,清楚地向我们展现了一个社会网络。通过对一个社会群体的考查进行人类学的研究,是为了向读者展现一种文化,并提出对这一文化的深层次理解。特拉维克在这里描述的所有内容,就是围绕着这么一个目标,都是对于高能物理学家实验室文化的一种诠释。这项研究不仅仅关注科学本身,把科学这种文化现象放到其本身的与境中来解读,同时这种意义的解读是以行动者为中心的。对于行动者及其他们的行为的关注,以及对各种关系的"深描",向我们展现了高能物理学家社区的生动画面,并揭示出了物理学家文化的深层含意。

这项研究虽然不是纯粹的科学史研究,但其中体现的观念和方法,以及对于"深描"的应用能够给我们带来新的视角,并使我们看到把新的方法应用到科学史研究中的可能性。

四、总结和讨论

在一些重要的科学编史学的研究中,专门提出了讨论科学史研究方法和研究工具的重要性(Hacking. 1994:31—48)。科学史家的研究有其自身的优势,比如规范的研究方法和体系。然而,科学史研究者总是需要不断地借鉴和引入来自别的学科的先进成果,及时、合理地吸收相关领域新方法、新思潮。尤其是在当今学科之间对话和交流的大趋势下,如何与社会科学,尤其是人类学对话,成为科学编史学研究的一个重要课题。

人类学所具有的独特且值得科学史研究加以借鉴的方法不止一种,本文仅就人类学中的"深描"在科学史研究中的应用作了一些非常初步的探讨,核心观点在于:

第一,把科学看作一种文化系统,是由行动者所编织的意义之网,在这种前提下,科学史的研究不应停留在史料堆砌的层面,更需要对于意义的揭示和解释。人类学的文化解释理论及其"深描"的方法能够为科学史研究提供很好的借鉴。

第二,科学的产生不是必然的,科学史的研究应是对历史何以如此的解释,任务在于对"为什么如此发生"(why)进行"深描"式的解释,而不是对于必然发生的事件"如何发生"(how)的简单描述。这也是"深描"与一般描述的区别之所在。

事实上,抛开具体的方法,即使我们仅仅从观念的层面来说,对于人类学研究方法背后观念的某种理解和接受,已经能够影响到科学史的研究和写作,"描述"也将是不同的描述。用江晓原先生的话来讲,就是"描述当头,观点也就在其中了"(江晓原. 2002)。

　　总之，无论就一般的科学史而言，还是就中国科学史研究来说，与人类学的结合是科学史发展诸多方向中非常突出且值得重视的方向之一。对其他学科先进成果的借鉴，保持一种开放的态度和胸襟，对学科的发展是极其重要的。值得注意的是：我们对新的方法的引入和应用，不是对传统研究方式和成果的否定或抛弃，更多的是对已有研究的扩展和补充，从而更加有利于整个学科向前发展。从这个意义上来说，对于人类学方法之借鉴的探讨应当是一项很有意义的工作，本文只是一个初步的尝试，还有很多后续的工作需要继续深入研究。

16

皮克林的"社会建构论解释"与"科学家的解释"之分歧:试析关于高能物理学史的一场争论[①]

一、"科学家的解释"与皮克林的"社会建构论解释"

当代美国科学社会学家皮克林(Andrew Pickering)早年学习高能粒子物理学并于 1973 年获博士学位,于 1976 年加入爱丁堡学派并接受社会学训练,以社会建构论的观点来阐述高能粒子物理学的历史发展。皮克林在大量采访高能物理学家以及个案研究的基础上,于 1984 年出版了《建构夸克——粒子物理学的社会史》一书。书中皮克林以主流物理学家所描述的物理学发展史作为参照对象(即科学家的解释),根据高能物理学的历史案例,提出了其对科学发展的"社会建构论解释",在西方物理学界、科学史界及科学哲学界引起广泛关注与争议。皮克林也由此成为 20 世纪 90 年代中期爆发的"科学大战"的批评目标之一。

皮克林所称的"科学家的解释"是指当代主流物理学家所描绘的粒子物理学形象:他们大多是朴素的实在论者,相信当今粒子物理学所认识的物质基本结构单元夸克和轻子是真实存在的,而规范场论真实地反映了夸克与轻子间的相互作用;而且,这种认识的来源也是

---

① 本文作者王延峰、刘兵,原载《自然辩证法通讯》,2008 年第 3 期。

客观可靠的,即对强子谱的观察证据说明了基础概念"夸克"的有效性;观察到的轻子—强子散射的标度不变性先后支持了夸克—部分子模型和量子色动力学(QCD);弱中性流的发现证实了弱电规范场论物理学家的直觉,等等。自始至终,实验事实都是理论的独立的判决者(Pickering. 1984a:403—404)。皮克林分别从哲学及编史学两方面反对这种解释。在哲学层面上,皮克林认为科学家的解释模糊了科学研究过程中曾经存在的"科学判断"的作用。这些判断涉及是否接受某个特定的观察报告为科学事实;是否接受某个特定的理论作为解释给定的观察范围的候选理论,等等。皮克林认为:科学家的解释剔除掉这些判断因素,采取的是"回溯性实在论"(retrospective realism)的立场,"预先假定自然界的确如何如何,那些支持这种形象的数据就被当成自然事实的化身,构成这种预先选定的世界观的理论就表现为是内在地合理的"(Pickering. 1984a:404)。另一方面,皮克林从编史学的角度反对这种回溯性实在论:"如果人们对'科学世界观是如何建构的'这一问题感兴趣,它涉及的是,其最终形式是循环地自我反驳(circularly self-defeating);在选择是如何进行的论述中,对真实的选择过程的解释根本看不到。"(Pickering. 1984a:404)

因此,皮克林在《建构夸克》一书中的主要目标之一,是要阐明"判断"在科学发展中的地位和作用,以及"判断"是如何具体进行的。即他的"社会建构论解释"(他自称为"历史解释",实际上是他的"社会建构论解释"的一系列案例)是要阐明科学家面对同一科学问题的不同经验事实或理论解释时是如何判断的,如何选择并最终达成一致。皮克林认为:其中固然有实验数据的影响,但"实验事实"不是理论的独立判决者,还有其他因素,甚至非理性的因素。

皮克林以弱中性流的发现、夸克探索实验等高能物理学中的典型实验为例,认为整个过程中都存在"判断"因素的介入。甚至当接受了某些"科学事实"的存在,仍有多种理论选择作进一步发展以对"事实"做出解释。没有哪个理论曾经准确地符合相关的事实,物理学家只得不断地做出选择。哪一个理论该进一步完善,哪一个理论该放弃,这些选择涉及的经验数据和理论的合理性具有不可还原的特点:"从历史上来看,粒子物理学家从来不是被迫做出他们的选择;从哲学上来看,这种做出选择的义务似乎从来不曾产生。这一点是很重要的,因为这些选择产生了新的物理学世界,包括它的现象和理论实体。"(Pickering. 1984a:404)因此,皮克林认为科学家并不是被动地接受事实并据之得出结论,而是科学家"既是思想家又是行动者,既是观察者又是建构者"(Pickering. 1984a:405)。即科学家不是被动地为事实所左右,而是主动地参与了建构,科学家的选择判断活动直接影响了世界观的形成,这也是皮克林将他的书取名为《建构夸克》的原因。理论的发展并不完全受到实验事实的限制,它呈现"半自主性"的特点,只是通过理论与实验的"共生"关系部分地受到经验事实的制约(Pickering. 1984a:407)。

二、皮克林的三个重要观点及引起的争论

《建构夸克》一书出版后,很快在学术界引起巨大反响,有多位学者发表批评和评论,成为科学知识社会学著作中被参考引用率最高的作品之一。评论者中有科学社会学家、科学史家、科学哲学家,也有不少著名的物理学家(Heilbron. 1986;Haisley. 1986;Wheaton. 1986)。以下就皮克林的主要观点及其受到学界的批评做比较系统的梳理分析。

(一)"科学判断"在科学发展中的作用

皮克林反复强调了"判断"因素在科学发展中的重要性。不仅面对不同的实验结果科学家需要判断:哪些实验结果是可信的;哪些实验值得进一步开展;哪些结果应该受到质疑。面对不同的理论解释,科学家也需要判断:哪些理论模型值得进一步发展;哪些假说必须放弃。而且,判断是集体的行为,是科学家群体的选择判断活动决定了科学发展的方向。"判断"构成了皮克林的解释模式中的一个重要因

素,他认为在过去的科学史文本或传统的科学哲学中没有得到应有的重视。既然科学家的选择判断在科学发展中起到重要的作用,这就意味着经验事实并不能完全决定一切,否则科学家只要顺从经验事实的指引,科学活动过程也显得简单明了;只要经验事实是明晰而稳定的,科学家就能很快达成共识,不应该存在各种派别之争。此外,存在判断因素也就意味着在科学发展的过程及科学认识的结果中均不可避免地有人类文化因素的参与。因为判断可能凭借科学家的理性和直觉,但也不能完全排除非理性因素的参与,比如科学家的个人偏好、文化背景、自己所熟悉的专业领域甚至职业利益,等等。因此,皮克林引入判断因素来分析科学的发展过程实际上就承认了非理性因素在科学发展过程中曾起到重要的作用,科学认识的过程及成果也将与人类的文化背景相关。

选择判断在现代科学发展的过程中被认为是普遍存在的,也是必须的,此前也有过科学史家做过案例分析(Holton. 1978),但是没有像皮克林这样将其提到突出的地位来考虑。对皮克林的"判断说"学术界有褒有贬,布兰迪斯大学物理学教授彭德尔顿(Hugh Pendleton)在选择判断问题上完全赞成皮克林的分析。彭德尔顿认为皮克林正确地指出了判断因素在粒子物理学发展中的重要作用。判断是必须的,尤其面对昂贵的实验检验,物理学家需要决定哪些理论值得进一步发展并接受实验检验,哪些实验活动富有成果,值得继续进行。它已经成为当代科学活动的一部分,只有在这种文化背景中才能更好地理解当代科学的发展(Pendleton. 1985:75—76)。彭德尔顿也认为:头脑中所偏好的理论影响我们的观察,数据的收集并不是理论中立的;我们的理论偏好跟我们的实验活动是共生性地相互加强的,这使得不相一致的数据和不入主流的理论很难(即使不是不可能)得到公正对待,甚至根本不受重视。

科学史家伽里森(Peter Galison)在这一点上也跟皮克林有类似的看法,他重点分析了人们在对待科学理论与科学实验上出现不对称现象的原因:人们总以为实验结果是绝对可靠的,科学家容易达成一致的看法,而理论假说则经常产生各种流派的竞争。实际上这是实验家在写作实验报告及发表实验结果时应用修辞手法的结果。实验家总是尽力以纯粹客观的语言报告他们的结果,使人感觉它完全独立于研究者的判断、经验和技艺。"每阅读一篇文章,人们所能得出的结论总是某个效应的产生完全是不容置疑地从实验装置中逻辑隐含而来。但是隐藏在实验报告的可信度的背后是一整套微妙的判断工作。"(Galison. 1987:244)伽里森不仅阐述了判断对于接受一个实验结果的解释的重要性,而且直接决定了是否应展开或者结束一个实验。

当然,对皮克林的"选择判断说"也有不少批评。典型的批评是:若判断是重要因素,在既定的时期和给定的数据情况下,不同的判断能否产生出一个与科学家所给我们的这个世界图景全然不同的、能够自洽而且经验可见的另外一幅图景(Cushing. 1986;1985)。这实际上指出了选择判断如何能始终取得一致的问题,包括科学家群体的意见一致以及科学家的意见跟自然界的一致。在皮克林早期的社会学分析中,他一般不谈论判断是否跟自然界达成一致,认为那是科学家的事情,社会学的分析只谈论科学家之间如何达成一致。这实际上就放弃了以逻辑理性来探讨科学合理性的努力,这也是批评者们对他的社会建构论解释不满意的一个主要原因。此外,在他的分析中,他认为判断是在原有的文化资源的基础上做出的。比如,在强子分类的早期,曾经出现过"S-矩阵"与"八重法"相竞争的局面,可当时物理学家的文化传统、社会资源只支持"八重法"。因此,他认为是物理学家的社会条件限定了判断的走向,其他判断并没有机会。这样,他抛开了逻辑解释而直接引入社会学解释。

(二)社会利益对科学判断的影响

为解决实验数据不能完全决定科学家的判断,可是科学家总能达成最终的基本一致问题,皮克林以爱丁堡学派的"社会利益模式"来分析科学家选择判断的动力。既然经验事实不能完全决定科学家的选择,科学家判断的依据是什么呢？皮克林认为:科学家总是处在一定的文化传统中,他们只能以现有的文化条件来判断;而且,不同的科学家个人或某个研究传统中的群体由于理论偏好、知识背景、训练传统的不同,他们可能会做出不同的判断。由于不存在唯一的共同的判断标准,科学家总是力图做出有利于自己的文化传统和职业利益的判断。因此,集体判断是社会互动的结果,是那些体现了群体的共同利益和共有的文化传统的选择得到承认使得科学家能最终达成基本一致。在分析"中性流发现事件"时,皮克林认为:接受标准模型是高能粒子物理学界的共同利益,因为构建一个大统一的理论模型是物理学界长期以来的共同理想。20 世纪 60 年代的高能粒子物理学是各个研究传统互相分散的多元化时期,物理学家之间存在诸多的分歧与隔阂,各自的研究传统不能资源互用。建立统一理论可使整个高能粒子物理学界形成一个整体,不但增加自身的形象地位,而且也给各研究传统更多的机会,是对集体均有利的一种选择。因此,物理学家甘愿抛弃从前的传统,转移到新物理学中来(Pickering. 1984b)。在分析粲夸克的发现时,皮克林同样使用利益作为分析工具,认为当时对新发现的粒子在解释上存在着"色"与"味"之争,结果是"味"的胜利。这是由于对新粒子作"味"的解释更符合主流传统的利益,也体现权威物理学家在其中的影响(Pickering. 1981),等等。

　　皮克林的利益模式受到的批评最多。与科学知识社会学学派有利益之争的默顿学派重要人物科尔(Stephen Cole)认为:"经验事实完全来自自然界而且永远是科学一致性的仲裁者,这种观点是不正确的;但是,对科学共同体有可能视为正确的并加以接受的成果,如果认为外部世界的证据不会对它有重要制约作用,那同样也是不正确的,因为科学是被弱决定的不等于说科学是完全非决定的。"(科尔. 2001:31)科尔试图将科学知识分为"核心知识"和"外围知识":核心知识是科学共同体承,认为"真实的"和"重要的"那一部分知识;外围知识则是由科学研究人员产生的在核心知识以外的所有尚未被普遍认可的知识。核心知识已成为公共知识成果,而外围知识只是地方性的知识成果,是在社会环境中构造出来的,肯定要受到社会因素的影响。只有少量的地方性知识能转变为公共知识(科尔.2001:19—22)。按照这种区分,社会利益只能影响到外围知识,因此,科学的最终成果还是可以排除社会因素的影响。

物理学家的批评更直截了当。伊利诺依州西北大学物理与天文系的布劳(Laurie M. Brown)批评道:"数据制约了结论的'科学家的解释'也许比皮克林的科学仅仅是社会协商的观点更有说服力。"(Brown. 1985)布劳仅从书名"建构"一词即认为它表示"科学仅仅是社会协商的结果",这当然是一种典型的误解,但布劳批评其副标题"粒子物理学的社会史"所隐含的社会决定论意象的确是合理的。皮克林的回答是:副标题不是他的原意,而是出版商为吸引读者所加(他原来设想的副标题是"粒子物理学的统一之路"(Pickering. 1990),即从旧物理学的多元化时期到新物理学的统一理论的建立)。虽然布劳认为皮克林的书是一本重要的、基于广泛采访高能物理学家之上的科学文化开创性之作,其中有丰富的科学家的简短传记,以表明他们的训练传统和文化资源在他们的科学生涯中对不同问题的判断力的影响。但他却没有更多地考虑到当代物理学的其他因素的影响,比如技术的发展大大提高了高能物理主要仪器的效力,包括加速器、检测器、电子学、计算机、超导磁体等的发展,它们使得弱相互作用的重中间玻色子产生成为可能,是研究传统的组成部分。从社会文化方面来考虑,它们应该得到更多的重视,而皮克林通常只是以脚注的方式提到。这实质上反映了皮克林在早期的研究中只注重从社会文化方面来理解科学知识的产生,忽视了实验室中的物质实践活动(客观维度)对科学家判断的限制作用,因此必然遭到批评。

皮克林的"社会利益"主要是指科学家在职业上及认知上的利益。由于科学家在自己的职业生涯里倾注了大量的时间和精力,对自己的专业领域的熟悉和酷爱甚至溺爱,他们总是希望自己的实验结果或理论模型得到承认,成为共同关注的对象,得到更多的人力财力的支持。而且,若承认了其他的理论假说或实验结果,还可能意味着自己从前熟悉的研究传统上的既得利益会丧失。可是，某个研究传统的利益如何能得到科学界共同一致的承认？还有，有些科学家总是力图推翻现有的理论假说，包括他自己从前的信念等，这怎么解释？尤其是有些实验在不同时期和不同条件下进行，但却始终明确而稳定地支持某个一致的观点，并不为谁的利益所左右，这些都是利益模式难以给出满意回答的问题。同时，它不可避免地导致认识论的相对主义，因此，受到科学界的激烈批评是意料之中的。

（三）回溯性实在论与科学知识的相对性

在皮克林的"社会建构论解释"模式中，他多次提出科学家的解释是一种"回溯性实在论"，即用后来被认为是正确的解释来说明当初的判断。通过解释活动的转换，使得原本是反驳的证据转变为支持的证据，这样科学的发展史显得理性化和逻辑化；或者，在有充分的实验证据证实夸克模型与规范场论之前，科学家已经接受了该模型和理论，然后以之回过来解释实验现象，寻找支持这些理论的实验证据，这是一种事后合理化，从而导致了循环论证。而他的社会建构论解释是要回到过去，从过去向前看。如此，在当时的情境下，科学家的判断并不是明确无疑的，在没有充分的证据支持一个理论或模型之前，科学家的选择实际上可以多种多样的，不同的文化背景和研究传统也就会产生分歧和争论。最后能达成一致也存在多种因素的作用，而不是科学家所说的证据已经决定了一切，从而抹煞了外在因素的影响。因此，皮克林认为，科学家所相信的夸克的实在性是一种"回溯性的实在"。当初盖尔曼提出夸克模型时只不过把它当成一种方便的数学工具，不必定真的存在分数电荷的粒子，但该理论在描述其他现象时取得了成功，因此科学家回过来赋予夸克微粒真实的实在性，认为是有了充分证据的情况下科学家才相信夸克模型。相对而言，皮克林倾向于认为夸克模型及规范场论的成功主要是理论本身的逻辑自洽，跟夸克微粒的实在性没有直接关系。社会学家也不必去深究理论与实在的关系，而只当它是一种"理论实体"，而不应该说它就是真实存在的实体。而且,即使没有证据直接支持这些"理论实体"使之成为客观存在的实体,也不会妨碍理论的成功,理论的发展具有一定的自主性。

皮克林的社会学解释显然采取了一种相对主义的态度,从而引起一些物理学家的强烈不满。对多数物理学家来说,他们显然相信有了充分证据的情况下才接受夸克模型,皮克林的社会建构论解释无疑是釜底抽薪。如若没有客观的实在为基础,科学家的所有努力岂不是一场虚构的活动? 因此,论战在所难免。

皮克林的论证思路可大致分为两步:首先,拒绝哲学上的逻辑解释,认为逻辑解释是不够充分的;然后,引入社会学解释。批评者大多认为皮克林在第一个问题上取得一定的成功,"回溯性实在论"是一种事后理性化,一种辉格式的合理重建。它把选择过程中存在的非理性因素抽掉,使科学史呈现纯粹理性化的形象,而过去的哲学传统一味地附和并强化了这种说明模式,对实际的科学问题的认识转换未能给出有效的解释。但是,在第二步皮克林并不成功,他并没有真正解决转换的动力机制,社会学模式只是一个粗略的表面现象,只考虑集体的互动而不考虑具体个人的深层的心理因素,极易导致理论选择的利益驱动模式。而且,它容易造成科学事实仅仅是科学家的创造,而与真实的外在世界无关的印象,走向认识论的相对主义。比如,罗斯与巴雷特(P. Roth, R. Barrett)批评道:"即便'科学概念'或'理论实体'是科学家的自由创造,只要能在自然中找到它的对应物,人们也有理由相信它的客观实在性,在科学史上这样的实例很多。例如,普朗克的'能量子'概念、孟德尔的'遗传因子'、玻尔兹曼的'分子'等起初也是人工建构物,但后来经历大量的实验证实,找到了其实在的基础。因此,皮克林以社会学解释来代替哲学上的逻辑解释并没有成功。"(Roth & Barrett. 1990)还有的学者认为自由夸克不可见并不能作为怀疑夸克实在性的理由,在物理学史上,在能辨别单个原子之前的几十年里气体的原子理论照样很成功,所不同的只是在强子内部的基本实体夸克将永远不会单独现身。"夸克微粒是否真实存在?"这也许是哲学上讨论的很好话题,可在实验室里它是毫无疑问的(Dalitz. 1985)。

在这些批评中有一个经常引起误解的问题是:皮克林是否就夸克只是一个理论实体从而否定了夸克的客观实在性? 从其正式发表的所有文献来看显然没有(而且皮克林在多个场合中也明确否认这种说法)。他所否定的不是夸克本身是否客观实在,而是描述夸克实在性的方式,是传统科学观给予的夸克实在性的形象。至于夸克微粒是否客观存在,他认为这是科学家的问题,不是社会学家所主要关心的问题。他要探讨的是这些信念如何产生以及如何被接受,还原历史场景的真实;社会学家所坚持的科学知识的相对性解释,是指这些信念的产生和被接受均与科学家的文化背景有关,与当时的情景相关,但它并不排除其中包含的与自然相关的客观成分,不过这已经构成了双方的主要分歧。

三、皮克林的进一步说明与我们的分析

面对科学家及哲学家的批评,皮克林在经过一段时间的充分思考后,写出了《知识、实践与仅仅建构》的长文作为回应。文中重申了他写作《建构夸克》一书及相关文章的构想,也承认其中的粗略和不足。皮克林申明:《建构夸克》展现的只是他科学实践研究的一个粗略的模式,还需要进一步精致化和完善。但是其主题很明确,其核心是把科学当成一项实践活动来看待,与哲学传统上将科学仅当成知识概念来看是不同的,尤其有关客观性与相对性、实在论等问题都有待进一步阐述。《建构夸克》的写作有两个目标:一是撰写粒子物理学的发展史,包括 70 年代到 80 年代初夸克/规范场论世界观的建立;二是详细地阐述解释的模式,即科学实践的动力。当然两者是紧密地联系在一起的,联系的主线即科学研究中的实践活动。批评者对《建构夸克》的误读在于把"社会建构"当成"实际上所有科学都是自由的创造",科学理论的概念"仅仅是科学家凭想象的构造或捏

造"，等等。哲学家的误解根植于他们的职业传统，传统的科学哲学预先假定了科学是独立于人类文化的客观的知识体系，20世纪的大部分科学哲学都致力于用逻辑证明科学的客观性。因此，一旦有科学实践的许多其他方面的理解便被归入社会学家的，也就是错误的理解。此外，皮克林还指出：哲学说明的不足之处在于，它为了追求科学问题的客观性，传统哲学把几乎所有实践过程都排除在它的考虑范围之外。"科学家们有他们的目标、兴趣和欲望、技艺和意会知识以及职业技能，他们生活在物质世界里，处于复杂的制度框架中——所有科学的这些方面都被搁置一边以便得出科学家处于某个理论和证据的场域中（field of theory and evidence），是'逻辑'的推理者的形象，这是把科学当成一种知识的结果。"（Pickering. 1990）在他的《建构夸克》及其他文章里，皮克林寻求的是将科学当成一种实践活动来理解，当作人们"存在于这个世界中、跟这个世界打交道、认识这个世界和发现这个世界"的一种方式来理解。虽然在叙述中的确提到了传统未解决的理论选择问题，但他认为要处理好这个问题就必须认真对待实践中物质的、现世的和社会的维度（这是哲学传统所忽视的）以及概念的维度（这是哲学传统所承认的）。因此，皮克林认为他与哲学传统的区别在于认识科学的方式，后者把科学当成一种知识，而他把科学当成一种实践活动。他并不在孰优孰劣问题上去争论，只是感觉把科学当成一种知识这种科学形象显得单薄，它与科学研究活动的主体没有联系。唯一为这种贫困的景象辩护的是其中仍存在问题的各种逻辑框架，但他认为如今并不存在令人满意的有关"科学的逻辑"的解释方案（Pickering. 1990）。

从皮克林的申明中看出：虽然他不赞同对科研过程的逻辑说明，但并不反对对理论与证据间进行逻辑的静态评价。但他同时认为：静态评价不足以解释问题，为理解理论选择及其他，就必须考虑到实践的动态过程。他的目标是在实践活动中将它们当成整体来理解，静态包含于动态中。同时，以动态的实践过程来理解科学必然得出科学知识的暂时性、相对性和历史性。当然，皮克林也承认在他的

《建构夸克》中未能给予静态模型应有的重视,未能将静态的逻辑推理、理论和证据的关系与他的动态模型结合起来。因此,他的说明模式需要进一步发展,尤其是科学家处于一定的理论和证据的场域中,他们如何利用这些资源来达到他们的目标,其中间过程还需要进一步探讨。也由于他未充分阐述科学家在实验室中的物质实践活动以及他们的经验证据如何限制了他们的选择判断活动,从而被某些批评者误解为"科学概念仅仅是科学家的社会性建构,与自然无关"的印象,促使他于 80 年代后期转向实践研究,注重阐述实验室中的物质实践活动如何限定和促进了科学知识的生产,从而将外在因素与内在因素更好地结合起来。

四、小结

皮克林与科学家(以及科学哲学家)之间的这场争论虽然发生在"科学大战"之前,但在"科学大战"中仍很有代表性,而且双方都是在正式的学术刊物上作严肃的学术性探讨,比"科学大战"中那种在公众媒体上的蓄意谩骂、攻击更有理论深度,更值得我们去反思。皮克林的社会建构论解释根源于对传统科学形象的不满,他认为传统的(以逻辑经验主义为主流的)科学形象对科研过程做简单化、理想化描述,忽略了人类社会文化因素的影响。他力图寻求替代性的解释,以还原历史情景的真实,展现科研活动过程存在的各种复杂局面以及科学家的社会文化传统如何具体地影响了他们的科学判断。他的立论明显受到汉森的"观察渗透理论",以及迪昂、奎因关于"经验数据对理论的不完全确定性"的影响,甚至将其发挥到极端,引起某些物理学家的强烈不满。他的早期研究只注重探讨了外在的(即社会文化的)因素对科学知识形成过程的影响,对内在因素的分析还显得不足,从而给出一个与传统的解释方式十分异迥的解释,让人难以接受。但我们认为:虽然其社会学解释完全放弃了哲学上的逻辑分析这未必可取,但若简单将其归结为完全非理性的,甚至是"反科学"的同样也毫无根据;其"科学的社会建构"也不能简单地理解为"科学概念仅仅是科学家的社会性建构,与自然无关",而应当理解为"在科学知识生产的某些阶段,科学家的社会文化因素曾经起到一定的作用"。如若合理地理解他的社会学解释可以作为哲学上逻辑解释的一个必要的补充,或者是科学文化的多元性理解,这也许是很有价值的。

17 对《利维坦与空气泵》的编史学
分析①

    1985 年，夏平和沙弗尔首次出版了他们的作品《利维坦与空气泵——霍布斯，波义耳和实验生活》。在此书出版后的 22 年之中，其对科学史界和科学哲学界的影响经久不衰，以至于想要了解当今科学哲学、科学社会学以及科学史发展状况，就很难忽略和绕开此书。当然，对此书的解读也是仁者见仁，智者见智。然而，已有的评论大多都集中在作者的社会建构立场和对此书的结论的分析上，对于此书在编史学意义上对科学史研究的重要价值的认识有所欠缺。

一、国内外学者的代表性评论

（一）国外学者的评论

    1985 年《利维坦与空气泵》一书出版后很快受到了广泛的关注。我们首先总结一下国外几篇有代表性的评论以及在这些评论中所反映出来的看法。

    就在《利维坦与空气泵》出版的第二年，希尔（Christopher Hill）

---

① 本文作者王哲、刘兵，原载《自然辩证法研究》，2007 年第 6 期。

首先在《科学的社会研究》杂志上发表书评,指出此书是一种新的、后柯瓦雷(Koyre)的历史共识,在叙述科学实验过程本身的同时,也关注科学家波义耳与其反对者哲学家霍布斯的争论,并在此基础上考虑到当时的社会文化因素,解构了科学的内史和外史的区分(Hill. 1986)。

打破了旧的科学史研究方法,必然需要引入新的研究方法。剑桥大学的詹宁斯(Richard C. Jennings)认为此书的研究进路属于爱丁堡传统的科学知识社会学,尤其是其对称性原则。就是说,他们并不对波义耳怎么样正确给出说明,而是试着解释为什么霍布斯要坚持他的立场,并在此基础上继续讨论各自的立场是如何保护并发展自己的(Jennings. 1988)。而加利福尼亚大学的历史教授雅各布(Margaret C. Jacob)看到了作者在分析中大量使用的人类学方法(Jacob. 1986)。他认为夏平和沙弗尔主要是借鉴了 20 世纪 80 年代人类学研究的很多新的方法,给科学史的研究带来了新的局面。

在 20 世纪 80 年代,对社会建构论的接受程度还很有限,一些科学史家和科学哲学家认同夏平和沙弗尔引入的新的研究进路。如布希(Lawrence Busch)认为此书描述了一个基础的、重要的时代,在此过程中,他们重新建构了重要的争论,其中的一些长久以来都被认为已经解决了;《利维坦与空气泵》为科学社会学研究提供了这样一种模式,使得历史、哲学和社会学的方法成为一个整体,并且打开了新的研究和哲学反思的巨大图景(Busch. 1987)。约翰-霍普金斯大学科学史系主任汉纳韦(Owen Hannaway)认为,《利维坦与空气泵》是库恩的革命理论丰富而富有成效的研究成果。汉纳韦充分肯定了建构主义科学史的意义,并对这一视角下的科学史研究所带来的新的研究领域、研究方法给予肯定(Hannaway. 1988)。但也有一些持传统观念的人对于社会建构论的合法性多有怀疑,如在印第安纳大学的韦斯特福(Richard S. Westfall)看来,《利维坦与空气泵》"虽然提供了新的材料和有洞见的理解,但是作者从这些材料上得出的结论却很难让人接受"(Westfall. 1987)。在韦斯特福看来,现实是不容我们这样转换自己的立场来建构的。类似的,哈佛大学科学史系教授科恩(Bernard Cohen)认为：作者没有提供令人信服的证据支持政治理论家确实使得皇家学会作为一个基础的例子来成为这样一个共同体——即使他们的目的是建立一个复辟政策，和实验科学共同成为一种生活形式(Cohen. 1987)。

加州理工学院科学史教授费戈尔德(Mordechai Feingold)对《利维坦与空气泵》的主旨给出了科学哲学意义上的意见：表面上看，这场争论是关于波义耳是否真的能在他发明的昂贵的空气泵里制造出真空，是否能确信实验结果是真的；然而，更多的基础的争论仍处在危机之中。在哲学与科学的王国中，这场争论涉及什么是事实的观念(Feingold. 1991)。

由上面的评论不难看出：评论者对《利维坦和空气泵》的定位基本上集中在它的科学哲学意义，以及它带来的科学史的新的研究视角上，对于此书带来的科学编史学上新的理论意义关注不够。

（二）国内学者的评论

20 世纪 90 年代，国内开始有人关注科学知识社会学，而对于此书的关注也始于此，但尚没有系统的介绍文章。南京大学的蔡仲和南开大学的赵万里曾较为详细地谈论过《利维坦与空气泵》。蔡仲在他的多篇论文中都谈到了此书，认为其是 SSK"强纲领"最出色的案例分析(蔡仲. 2003)；但是他对社会建构论的合法性持否定意见，认为社会建构论没有严肃认真地对待科学实践活动中客体的力量。虽然社会建构论也非常热衷于讨论作为科学知识构成要素的客观力量，但它却始终坚持客观力量要素同其他的科学知识构成要素一样，应该划归到人类力量这一特定领域来进行分析，是人的主体力量的体现；而这种对客观性、理性、可靠性与合理性的全面否定，是社会建构论的关键错误(蔡仲. 2006)。蔡仲一方面肯定《利维坦与空气泵》开拓了科学史研究的视角，另一方面却不认可这种视角下的科学史研究成果。

赵万里在他介绍科学知识社会学的专著中，将《利维坦与空气泵》作为科学争论研究中的批判编史学纲领进行了详细的介绍。赵万里认为:夏平和沙弗尔选择了一场历史上的科学争论,运用历史分析方法以及微观模式,以强纲领所强调的"对称性原则"站在"陌生人"的立场对霍布斯和波义耳的争论进行分析,但最终却对霍布斯的理论采取了近乎"成员"的立场(赵万里.2002:186—189)。由此,他得出这样的推论:"对称性意味着中立性,中立性又不可能,因而对称性在原则上是错误的。"(赵万里.2002:193)由此,赵万里也认为此书的结论站不住脚。

山西大学的郭贵春和赵乐静看到了《利维坦与空气泵》在科学史中的影响,认为夏平和沙弗尔通过"解构实验在当代科学中的基础合法性",而"摧毁(了)被传统哲学家和史学家所主张的科学合理性信念";SSK的争论分析可能有助于维持科学史"辉格—反辉格"解释的某种必要张力。同时,他们将此书视为社会建构论争论研究的一部分,认为这种科学知识社会学所倡导的争论分析法,对当今科学史研究的影响确实存在,不容忽视,虽然其基础与出发点未必牢固,但确有独到之处,特别是将其置于更广阔的哲学、社会学思潮背景的情况下,更是如此(赵乐静,郭贵春.2002)。同样,郭贵春和赵乐静对于此书所持的立场也持保留态度。

从国内外学者对于此书的评论不难看出:评论者基本上都注意到了书中发掘的新资料,运用的建构主义的方法,以及对于作者得出"霍布斯是正确的"的结论等方面。而我们认为:此书最成功的地方在于它在编史学意义上的进展,即初步形成了某种建构主义的科学编史学理论,并运用这一理论重新考查了传统科学史认为早已成为定论的"实验科学的诞生过程",让我们对这段历史有了一种新的解读,丰富了我们对这段历史的认识。

二、《利维坦与空气泵》的编史学理论

总的来说,建构主义的编史学理论是运用社会建构论的分析方

法，对一段历史进行再次解读，进而得出在非社会建构论视角下无法看到的东西，给出关于历史的另一种叙述。《利维坦与空气泵》一书中所体现出来的建构主义编史学的发展，主要涉及考察科学家的身份、科学文本、科学知识制造场所、科学知识产生的文化情境研究等方面，下面分别进行简要的讨论。

（一）科学家身份的形成

科学家的身份是如何形成的？科学家如何获得声望并得到社会认同？这些问题被传统社会学家和历史学家"黑箱化"了，并不对其进行分析。在他们看来，科学家共同体对于谁是科学家进行了严格的筛选，这些过程都是自然而然的，根本成不了问题。

夏平和沙弗尔对这种不证自明的科学家身份产生怀疑，他们放下已有的历史背景重新整理、回溯空气泵的历史，寻找科学家的身份如何形成的答案。波义耳的父亲是大富翁，被称为"科克（Cork）伯爵"。波义耳小时候就读于英国著名的贵族子弟学校伊顿公学，11岁时到欧洲大陆游学。1644年回国，继承了父亲的一大笔遗产。与波义耳相比，霍布斯的家庭背景就差多了，其父是一名脾气不太好的乡村牧师，母亲出身于自耕家庭。霍布斯1610年受聘于卡文迪什男爵，担任其儿子的家庭教师。霍布斯也曾给当时流亡巴黎的查理二世做数学老师。也就是说，波义耳是贵族，而霍布斯不过是个教书匠。在传统的历史书中，波义耳以"化学家之父"之名成为近代化学的创始人，而霍布斯以他的政治、哲学主张成为众多政治家、哲学家中的一分子。

在《利维坦与空气泵》中，夏平打开了科学家身份塑造过程的黑箱，发现在塑造科学家身份的过程中，波义耳强调了科学家的社会形象。他把自己塑造为谦卑好学，将科学作为个人的崇高追求的贵族，而把霍布斯描述为思想保守的、坏脾气的独裁老头。在争论的过程中，波义耳也总是表现得与霍布斯不同，从语言到行为，甚至到其宗教、政治立场，最终成功地将自己塑造成科学家的形象，并将霍布斯及其理论划到了实验科学的对立面。另外,科学家身份也需要共同体的认同。波义耳成功地得到了当时的科学共同体——皇家学会的认可,而霍布斯却没有。据夏平和沙弗尔的研究,霍布斯当时与皇家学会成员胡克的关系密切,并且多次受到胡克的邀请,但霍布斯因为并不认可当时同为皇家学会会员波义耳的实验方法,为了表明其立场,他拒绝加入皇家学会与波义耳成为同僚。他止步于科学共同体之外,也就被排挤在科学家之外了。当时控制着科学的发言权——《科学》期刊的是皇家学会,在长期的争论中,波义耳利用皇家学会会员的身份拒绝将霍布斯的文章发表在《科学》期刊上。这样,霍布斯的声音在论战中逐渐消失,造成了霍布斯理屈词穷的假象,形成了波义耳的学说一枝独秀的局面。

在这场争论中,波义耳充分利用各种社会资源,包括塑造个人的社会形象,谨慎运用语言策略以及划分阵营使自己的主张得到认可,从而使自己得到社会的认同,逐渐建构出科学家鲜明的身份。

(二) 科学文本的研究

科学活动中存在大量的语言交流行为,话语和文本成为科学知识的载体,而要想使自己的理论得到认可,科学家就必须要非常熟练地使用语言。因此,对科学家的科学话语进行分析是必要的。语言的基本功能是说服读者和表达意义,而这两方面又分别与修辞学与解释学相关。于是,建构主义注重应用修辞学、解释学原理对科学话语进行分析。虽然在《利维坦与空气泵》中,夏平和沙弗尔对波义耳与霍布斯之争的分析,使用的是"文学技术(literary technology)"一词,而没有使用"修辞学"这个词,但是"夏平的分析是根据在别处被识别为修辞学传统的中心内容而构架的"(Golinsk. 1998:108)。夏平和沙弗尔指出:"波义耳的表述技术的作用是创造一个实验共同体,划定其内外边界,并规定了实验共同体内部社会关系的形式和习惯。"(Shapin & Schaffer. 1985:17)在夏平和沙弗尔看来,波义耳试图以所谓"有效的证明"来说服他的听众,使听众相信来自于皇家学会的实验报告,"结果在读者心目中产生了如此信服的一种想象,以致认为重新证明和重复实验都是完全不必要的"(Shapin & Schaffer. 1985:65)。这种"有效的证明"就是让少数特权阶层的人在实验室中产生一个事实,然后在皇家学会上宣读,让其成员相信这是事实,结果达到一致。反过来,这一共同体就成为这一事实的口头证明人。没有这种一致,科学事实就不可能被确定。皇家学会强调其成员"绝大多数具有绅士风度,是自由的和没有私利的"(Shapin & Schaffer. 1985:156)。因为他们是绅士,所以是完全无偏见和值得信任的。实验的分界标准成为能够代表一个绅士的证词。为了把自己扮演成一个客观中立的观察者,波义耳对实验过程的描述冗长拖沓,对实验的每个细节加以说明,为了清楚解释实验过程甚至还配以插图。而在对霍布斯论点的反击中,波义耳却采用了华丽的修辞手段,从霍布斯的政治主张、哲学思想,甚至他的论述方法入手,将霍布斯描述成为一个不懂实验科学的人,一个科学界的失败者。

这样,波义耳成功地运用科学文本将霍布斯和他的主张排除在科学大门之外。

(三) 知识制造的场所及设备的研究

实验室是建构主义科学史研究的一个重要领域。实验室作为自然的制造车间,是社会性的。传统观点认为,自然哲学家经常待在远离世俗的地方,在这种场所里他们能够更加接近真理;而建构主义者则认为,科学家的隐居是相对的,不是绝对地与世隔绝,这种与外界的相对隔离恰好是适应某种社会传统的行为。如波义耳的空气泵实验,虽然看似是在一个远离闹市、相对孤立的场所从事科学研究的,但这种与世隔绝只是他们减少外人侵扰的方式,他的实验室还是要接受和邀请"绅士"参观,以见证他的实验成果。尽管实验过程是在相对私密的地方进行的,但是却需要得到大众的接受。因而,波义耳试图表明自己的实验在任何地方都可以重复,并不受地方性的限制。霍布斯看到了波义耳实验过程的这种既具有独立性,又要有公共性的矛盾境地,并对其提出质疑:能够亲自见证波义耳实验过程的永远只是被挑选中的一小部分人——绅士,而不是任何想要目击的人都被允许。霍布斯认为,这种"部分的见证"不具有普遍的效力,因而不能说明其可靠性。

在《利维坦与空气泵》的第六章,夏平和沙弗尔详细叙述了17世纪60年代波义耳的空气泵实验在英格兰、法国、荷兰和德国重复实验的情况。当波义耳的另外两个挑战者——英国列日学院的亚里士多德主义者林纳斯(J. F. Linus)和剑桥的柏拉图主义者莫尔(H. More)对空气泵质疑时;当惠更斯发现了水的不规则悬浮现象部分抵消了波义耳的重要说明资源时,空气泵始终在维护实验哲学中占据着核心位置。波义耳把空气泵作为一种产生有效的哲学知识的工具,并且可以调节实验共同体道德生活的完善性。他借助这些争论提供的机会,展示实验争论如何能在不瓦解实验事业本身的条件下得到解决,并被用于支持实验知识的事实基础。

(四) 科学知识产生的文化与境(context)研究

科学活动是在人类社会中产生的,其研究活动、研究成果也必然会受到社会的影响。通过采用"社会与境"这一概念,夏平和沙弗尔为我们展示了自然哲学家共同体的行为与王政复辟社会之间的联系。他们采用了维特根斯坦的"语言游戏"和"生活形式"等概念,把对科学方法的争论处理为对不同做事模式以及对人员的不同组织模式的争论:"我们将指出,知识问题的解决与社会秩序问题的解决密切相关,对社会秩序问题的不同解决办法反映出对知识问题的不同解决办法。"(Shapin & Schaffer. 1985:15)

在夏平和沙弗尔的研究中,近代科学的内容只不过是科学共同体的权力突现,这种权力是由科学共同体的社会地位、政治利益与经济利益来保证的。皇家学会在认识上的权威与其说是来自实验,不如说是来自政治。"对知识问题的解决是政治的:它是在知识政体中人们之间的关系与规则基础上被预言的。"(Shapin & Schaffer.

1985:342)波义耳与霍布斯在方法论上的对立也反映出他们在政治学上的对立。霍布斯的知识模式是一种精确几何推理,能保证一种整体上的可靠性和不可动摇的和睦。霍布斯坚持社会秩序是靠某些仲裁者或法官的理性(类似于几何中的公理)来裁决的;而波义耳强调以事实为基础的归纳法,这是一种以事实说话的民主。波义耳认为科学实验创造了一种新的生活形式,其中社会的稳定性并不是靠服从权威的完全一致来维持,而是每一人在事实面前按自己的意愿来达到一致,这是这种生活形式的关键。也就是说,在自然事实的证据面前,一致性的民主就能够进入皇家社会的公共生活空间(Shapin & Schaffer. 1985:12)。由此可以看出,他们之间的方法论之争更像是在处理政治问题:霍布斯忠诚于一种政治上的专制独裁主义,而波义耳寻求由实验、观察的途径来达到民主政治的理想,以恢复市民社会的安定。"波义耳的'成功'开始显现出来,它采取一种能够满足历史的生活形式,这种实验的生活形式获得了成功,是因为它能够满足王朝复辟政治的要求。"(Shapin & Schaffer. 1985:342)"对知识问题的解决,联系着社会秩序问题的解决。这就是为什么我们在本书中不仅处理了科学与哲学史的问题,而且还处理了政治史的问题。"(Shapin & Schaffer. 1985:33)科学知识的产生过程,与其所在的社会文化与境密切相关,相互影响。波义耳和霍布斯不同的政治立场决定了他们不同的科学立场,反之亦然。

三、结语

近年来,社会建构论在科学史中的渗透和影响变得十分明显,虽然要说社会建构论已控制了这个领域可能显得有些夸张,但对一个科学史家来说,在学术著作或通俗文章中不遇到带有社会建构论倾向的论述是很困难的(曹天予. 1994)。建构主义主张所有的知识形式都应该以同样的方式来对待,而不是认为所有的知识形式都同样有效。在科学史研究中建构主义的核心涵义是"科学知识是人类的创造,是用可以得到的材料和文化资源制造的,而不仅仅是对预先给定的、独立于人类活动的自然秩序的揭示"(Golinski. 1998:108)。《利维坦与空气泵》将建构主义的主张运用于科学史的研究中,对波义耳和霍布斯的这场关于实验科学的争论进行了系统的分析研究,作为对于建构主义科学史早期的一次成功实践,为我们从建构主义的视角研究科学史,提供了有意义的借鉴。

18 历史与哲学视野中的"实验"：伽里森的《实验如何终结》与哈金的《表象与介入》之比较[①]

一、引言

实验在近代科学的建立和兴起中无疑有着非常重要的地位，它使科学摆脱了神权的束缚，是近现代科学建立的基础。历来的科学史家和科学哲学家都非常重视科学实验，认为离开了实验的近现代科学无法想象。然而，在以往主流的科学史文献中，实验只是被当作科学发展的坐标，科学史家往往只看重实验的结果是否推动了科学的发展，是否有利于科学的进步。他们关心的通常是"一项特定的实验何时在技术上成为可能？实验的结果如何"（孟强. 2006：8），而对实验的过程和科学家的活动并不关心，记录实验过程的史料也不多。

在以往科学哲学文献当中，实验的某些方面也依然被忽视。"对认识论的执着使得哲学家们仅仅从科学理论的角度出发来阐释实验，仅仅把实验看作是对自然的观察和原始资料的收集整理"（孟强. 2006：56），它有时仅仅等同于观察或者经验命题。就连向来以重视实验著称的逻辑经验主义也是如此，"那些称自己为逻辑经验主义者的哲学家们实际上也对实验家们的行为不感兴趣"（孟强. 2006：8）。

---

① 本文作者董丽丽、刘兵，原载《自然辩证研究》，2009 年第 6 期。

在逻辑实证主义那里,虽然经验被赋予了核心和独立的地位,但逻辑实证主义者并不注重经验的来源,仅仅把实验的功能限制在对理论的认识论建构和检验的范围内。而汉森提出"观察渗透理论",认为实验的目的、程序、步骤和结果都需要参照相关的理论才是可理解的,则是将实验置于理论之下。"这样一来,实验被理论所掌控,并被还原到语言的层面上来"(孟强.2006:56)。由此不难看出:在传统的科学史和科学哲学中,对实验的研究仅限于物质层面,或是抽象的语义学层面,而恰恰忽略了其中至关重要的元素——即实验是人类(科学家)的实践活动。传统的观点无疑阻碍了我们更为客观、全面地认识"实验"这一意义重大的科学活动。正是认识到这一点,在 20 世纪的下半叶,科学史和科学哲学界不约而同地将目光投向了实验过程本身和实验中科学家的实践活动。

在科学哲学学界的最新发展中,哈金(Ian Hacking)[①]首先将注意力集中于实验的实践层面,将实验从抽象的语义和结果还原为科学家的具体实践活动,并提出"实验有自己的生命"(Experiment has a life of its own),对理论优位的科学哲学传统提出了强有力的挑战,被誉为"新实验主义"的先驱。与此有关联的科学知识社会学的一些学者,则是从实验室外部的视角看科学家的活动,利用人类学等的方法说明实验如何利用了社会力量得到认可和得到传播。而科学史界,长期以来被国内学界所忽视的科学史学家伽里森(Peter Galison)[②]在近期的研究中,主要从科学史的角度对实验内部过程进

[①] 伊恩·哈金(1936—),出生于加拿大温哥华,1956 年在英国哥伦比亚大学获数学与物理学学士学位,1958 年在剑桥大学获道德科学学士学位,并先后在剑桥大学获硕士和博士学位。毕业之后,哈金先后执教于普林斯顿大学、英国哥伦比亚大学、剑桥大学和斯坦福大学,1982 年受聘多伦多大学并执教至今。

[②] 彼得·伽里森(1955—),约瑟夫·佩莱格里诺大学教授,哈佛大学科学史系科学及物理学史 Mallinckrodt 讲座教授,同时负责哈佛科学史仪器收藏(CHSI)的工作。伽里森在学术上视域广阔,他不仅是哈佛大学科学史硕士、剑桥哲学硕士,还是哈佛大学物理学和科学史博士,早年曾在斯坦福大学担任历史、哲学和物理学教授,1992 年成为哈佛大学教授。同时,他还是约翰和凯瑟琳·麦克阿瑟学会会员,并于 1999 年获得马克斯·普朗克科学奖。

行深入的描述,说明了高能粒子实验者们如何利用实验观察和数据处理技巧使他们的实验令人信服,碰到干扰因素时如何克服这些背景因素,从而使实验结果被学界认可的过程。伽里森的研究进路不仅是对传统科学史家只注重实验结果的研究进路的突破,同时,将科学家的活动与科学实验紧密相连,还实验以全景式的本来面貌的微观研究视角,也使我们对科学史和科学本身有了全新的认识。可以说,哈金和伽里森分别代表了科学哲学和科学史界研究的新趋势,这两种研究进路都将目光集中于实验的实践活动本身,但两者的研究又因为领域的不同而各有侧重,观点和结论也不尽相同。

这里,笔者将以伽里森的代表作《实验如何终结》(*How Experiments End*)和哈金的代表作《表象与介入》(*Representing and Intervening*)为出发点,探讨两者研究进路和思想的异同,以及这种异同背后的原因。

通过这种分析比较,我们可以看到科学史与科学哲学在新研究趋势上的一种融合。同时,更为重要的是:从两者的相同点和不同点中,还可以看到科学史与科学哲学既相互借鉴又因为各自不同的出发点和方法而导致的观点差异,以及这种因研究视角和方法的不同而带来的在结论上的差异。

二、伽里森的《实验如何终结》与哈金《表象与介入》

(一)伽里森的《实验如何终结》

伽里森主要关注的是 20 世纪微观物理学,包括原子、核能、粒子物理学等。《实验如何终结》是伽里森的第一部著作,也是其早期思想的代表作。

此书将注意力集中于现代物理学实验从小型的操作台到"大科学"的发展历程,并通过具体事例的再现对实验者们如何终止实验做深入的考察。在前言中,伽里森写道:"它不是一部粒子物理学简史,也并非技术物理学中伟大成果的展示,而是写给关心实验科学的历史学、哲学和社会学的人,其中也包括正在工作着的科学家。"(Galison. 1987:x)该书意在从实验的实践活动本身揭示实验的真谛,正如作者所说的那样:"我们所做的尝试就是置身实验室内部去理解物理学家小组怎样判断一个过程真实存在,这个过程发生在万分之一秒内,并且和其他十个过程非常相似。"(Galison. 1987:ix)

基于此,伽里森针对"1915—1925 年间测量电子旋磁率(g)的实验、发现 μ 介子的实验,以及发现弱电中性流的实验"这三个实验场景进行了深入细致的考察,并在此基础上得出结论——在实验过程中,实验者在认定得到的实验数据正确时终止实验,而这种认定和终止,是理论、仪器和实验等方面元素共同作用的结果,其中包括实验技巧、材料来源、实践活动、解释模型和理论等。

在书中,伽里森中并没有刻意强调实验在科学发展中的重大意义,而是着重探讨工作中的科学家如何设计和运用 20 世纪物理学实验的复杂技术,并对实验者用来获得可靠和可信结果的各种复杂策略进行了详尽的叙述,这对于从事相关研究的科学哲学家和科学史家从实际的科学实践活动层面理解科学实验无疑有着重要意义。同时,对相关领域的研究者理解当代自然科学的实验者如何处理实验中的常见问题,例如决定实验中的哪一个现象和数量来自于自然过程,而不是他们使用的复杂仪器产生的干扰等,做出了实质性的贡献,而这些问题在实验中往往起到了关键的作用。

(二) 哈金的《表象与介入》

同《实验如何终结》类似,《表象与介入》也是哈金早期思想的代表作。此书在科学哲学的领域中,主要从理论层面对以往的科学哲学研究进路对实验实践活动方面的忽视提出质疑。在书中哈金系统地分析了自"逻辑实证主义"以来各个学派之间关于"实在论"与"反实在论"的争论,并认为关于"实在论"与"反实在论"的争论主要停留在表象和真理层面,而解决这一争论需要将目光从真理和表象转向实验和操作,而"不能仅仅把科学理解为对自然的表象,不能仅仅把目光停留在理论、命题和指称上。科学是一种实践活动,是对物质的干预和介入"(孟强.2004)。正是由于提出了从表象到介入的研究进路,哈金由此成为新实验主义的先驱,此书也成为新实验主义的代表作。

三、两部作品的分析比较

首先,是两者观点的相近之处。从前文的论述中不难看出,《表象与介入》代表了科学哲学研究中实践转向的新进路。与此相对应的是:虽然《实验如何终结》是一部科学史著作,但因为伽里森兼备科学史、哲学以及物理学等多重学术背景,使得此书兼具物理学的专业、科学史的严谨以及对科学史深入的哲学思考。伽里森通过对三个具体科学实验实践活动的研究,恰好从科学史的角度为哈金的科学哲学研究提供了案例支撑。尤其是,在书的前言中伽里森曾提到与哈金、卡特赖特(Nancy Cartwright)等科学哲学家有过多次讨论,并深受启发。同时,其书中也多处引用了哈金的《表象与介入》中的观点,两人还曾互为对方的《实验如何终结》和《表象与介入》写过书评(Hacking. 1990;Galison. 1986)。由此可见,伽里森与哈金的联系紧密,他们的某些观点具有相似之处也不足为奇。同时,两者所处的不同学术领域和视角的差别,也决定了他们的观点存在分歧。

(一)相同或相近之处

1. 力图消解理论与实验的二分,强调实验相对于理论的独立性,以及实验与理论关系的多元性

传统的科学史和科学哲学中,无论是将实验等同于独立于理论的考察自然的活动,还是必须有理论参与的"观察渗透理论",都是透过理论来考察实验。因此,皆以理论优位和实验与理论的二分为前提。哈金和伽里森都认识到这种研究进路的弊端,并力图展现实验

与理论关系的多元性,从而消解两者的二分,还实验以相对独立性。

《表象与介入》第一次把重心转向实验和介入,试图扭转理论优先性的偏见,赋予实验以独立的地位。特别是那句"实验有自己的生命",对理论和实验的关系进行了全新的界定。但"实验有自己的生命"并不等同于实验与理论毫无关联,它与内格尔的"实验定律有自己的生命力"(内格尔.2005:96)截然不同。按照内格尔的说法,实验定律无需借助于任何理论便可以得到理解,但哈金意在强调实验相对于理论的独立性,而且在哈金看来,"理论与实验的关系在不同的发展阶段并不相同"(Galison. 1987:154),并非一维线形关系。因此,不能只将理论作为出发点来定位实验,正如哈金在书中所提到的那样:"一些理论产生了意义深远的实验,一些实验产生了伟大的理论。一些理论因为不符合实在世界而沉寂,一些实验因为缺乏理论的支撑而失去意义。让人欣慰的是,还有一些情况中来自不同方向的理论和实验会合了。"(Hacking. 1983:159)

同样,伽里森的《实验如何终结》也主张实验相对于理论的独立性,并认为实验和理论的关系存在多重复杂性,从科学史的角度为认识实验和理论的相互作用提供了新的研究视角。书中强调:从实验开始到实验者接受实验结果的有效性并决定终止实验,这是一个复杂的过程,它是理论、仪器和实验等各方面原因共同作用的结果。与哈金不同的是,伽里森通过具体的实验史实来阐明理论等因素,在确定实验结果有效从而终止实验的过程中所起到的共同作用。

尽管伽里森强调实验具有相对独立性,但他并不否认理论对实验的重要作用,特别是在决定实验何时终止的过程中,理论起到了不可忽视的作用,这一点也同哈金相似。《实验如何终结》主要从以下几个方面强调理论在实验终止过程中的作用:

首先,实验者所持有的理论预设在实验终止过程中具有重要作用(Franklin. 1988)。伽里森认为,当实验者们相信他们得到了一个将会得到认可的结果时,便决定终结实验。例如,当爱因斯坦和德哈斯(De Haas)得到旋磁率 $g = 1$,刚好符合他们用电磁学处理轨道上旋转的电子的信念,基于此他们便决定终止对系统误差的研究实验。也就是说,决定终止实验的合理时机是当实验结果与之前的测量相符,或是它符合现存的理论。

其次,在实验数据中,哪些数据被视为有效结果,哪些需要解释技巧,哪些是背景因素产生的作用,在这些判断中有来自理论的影响。这里伽里森举了 μ 介子实验的例子。在 μ 介子的发现过程中,奥本海默(Oppenheimer)和卡尔森(Carlson)经过计算,预测了当电子通过物质时将发生簇射,其中具有穿透力的粒子便是 μ 介子。因此,经过实验得到的数据中,那些符合这一理论预测的数据便被保留,而不符合的则被当作背景因素加以排除。

再次,理论还能给出可预期的效果尺度和背景尺度,从而能够对实验的可行性进行预测。这并不是说伽里森同意理论对实验结果的选择具有决定性作用,相反,他认为理论和仪器对实验者的约束在实验者选择实验结果时同样有效。在讨论中,伽里森还强调背景因素的排除并非无关紧要的外围活动,背景因素极有可能对实验结果产生影响,有时甚至会与实验结果混淆。在这种意义上来说,确定实验结果和背景因素的范围,以及背景因素的排除是实验工作中至关重要的部分。

然而,尽管理论在判定实验结果的有效性中起到非常重要的作用,单凭理论却并不能终止实验。因为在伽里森看来,理论自身存在局限,比如在判定实验结果是否是背景噪音的时候,理论便显得无能为力。正如其书中所说:"这个世界远比把所有可能的背景有限的名单都放在一起的理论世界复杂得多。在实验科学中,根本没有严格意义上的逻辑终点。待定的不同类型的实验语境,似乎也不是对发现或者基于归纳逻辑的事实重建的普遍公式富有成效的探索。"此时,来自仪器、实验等方面的其他因素就起到了至关重要的作用。

也正是基于此,伽里森、哈金以及卡特赖特、劳斯(Joseph Rouse)等来自不同领域的学者都不约而同地将目光集中于实验自身的情境性,并认为情境性是考察实验活动的重要方面。

2. 强调实验自身的情境性

哈金很早就意识到科学哲学的理论优位传统中将实验简化为单纯的观察或经验命题的弊端,在《表象与介入》中他对"实在论"和"反实在论"之间的争论进行了详细的谈论,并由此得出结论,认为两方的分歧之所以无法解决,关键的问题是两者对科学的讨论仍停留在真理与表象的层面,而解决争论的根本途径是将目光回归到科学实践活动中的实验和操作中来。在此基础之上,哈金进一步提出:必须从实践活动本身认识实验。对实验来说,"记录并报告刻度盘的读数——这就是牛津哲学词典对实验的描绘——对于实验活动来说并没有什么作用。真正重要的是另一类观察:在仪器异常时发现新奇、错误、启迪或扭曲的独特能力"。而以往在科学哲学领域,研究者往往将注意力集中于实验的意义和结果上,对实验活动本身并没有充分的关注。

伽里森对这一点十分赞同。在以往的科学史研究中,同样也存在着忽视实验过程,只考察实验结果在科学理论发展中作用的问题。在《实验如何终结》的开篇伽里森便引用了哈金关于实验的观点:"许多年来,科学史和科学哲学所依赖的是一幅透过理论看到的实验图景。当人们讨论实验时,所指的都是观察、观察的心理学以及理论家们对观察的应用……只有在实验室中,才能看到矿工是怎样从黄铁矿中找到金子的。"(Galison. 1987:19)基于此,伽里森将目光投向科学实验过程本身,并着重探讨了实验自身情境性在实验终结过程中所起到的重要作用,主要包括以下几点:

首先,不同实验传统对实验结果的影响。书中,伽里森对粒子物理学中视觉探测器(如云室、气泡室)同电子探测器(如盖革计数器、闪烁计数器以及火花室)的不同传统进行了详尽的讨论。例如,一些经验丰富的气泡室实验家在一般情况下会相信"黄金事件"(golden events),而非用计算机模拟的统计数据;另一些更习惯于使用电子探测器的实验家则有所不同(Galison. 1987:18)。对电子探测器传统下的科学家来说,统计数据显然比单个事件更重要。如在弱中性线电流的实验中,需要大量实验事件,因此实验者需要从中子背景中间分离正确的结果。

其次,成员间的争论对实验结果的影响。在大型实验室或实验组织里,一些成员比其他成员更相信某些特定类型的证据。比如,在使用探测器 Gargamelle 进行弱电中性流的实验中,一部分成员认为中微子—电子散射的单幅照片异常重要;对于另一部分成员来说,具有决定性意义的是观察到的弱电中性流与中子背景之间的空间分布差异。同样,当代的高能物理学中,大型的实验组织可能既存在视觉传统也包含电子传统。这就可能造成在这样的大型实验组织中,产生一些关于实验结果的有效性和可信性的讨论甚至争论,而这些耐人寻味的争论并不会呈现在最终发表的成果中,但毫无疑问,它们可能对实验结果的判定具有重大意义。

除此之外,伽里森还对来自仪器、实验中的背景处理、实验技巧、解释模型和策略等多方面的影响进行讨论,这里由于篇幅所限不再赘述。

(二) 两者思想中的不同点

除了相同点之外,伽里森和哈金所持有的观点也存在比较大的分歧,其中主要的原因之一是:二者作为科学史家和科学哲学家,有着不同的学术背景和不同的出发点。哈金倡导"实体实在论",伽里森部分赞同他的观点,但在科学的稳定性方面与哈金有所分歧。按照哈金的提法,伽里森的观点可归结为"技术实在论"。下面,我们先来看哈金的"实体实在论"。

在《表象与介入》中,哈金对"实体实在论"做了具体阐述。首先,哈金认为当一个实验对象能够被控制,同时能够以系统的方式通过它来操控自然界的其他事物时(Hacking. 1983:262),实验对象便具有了实在性。如电子,对它的"直接"证明是我们有能力运用熟知的低层次的因果性质来操作它(Hacking. 1983:274)。同时,虽然人们很自信地把各种各样的性质赋予电子,但是这些确信的性质大多数是在众多不同的理论或模型中表现出来的(Hacking. 1983:263)。因此,同一实体在变换的理论体系中具有不变性,这种相对独立于理论的不变性使实验室科学的稳定性成为可能。

从上面的讨论中不难看出:哈金的"实体实在论"中存在一个在变换的理论中相对稳定的量,即"实验实体",这个量的连续性是科学稳定性的重要原因。而伽里森则认为,科学发展过程中并不存在一条连贯的主线。在他看来,现代科学的分期需要一种异质表示法,它允许理论、仪器和实验之间的断裂。他在对物理学粒子探测器的一项详细研究中指出:在理论发生变迁的时候,实验和工具都没有马上随之改变。这样,科学就像一股绳子,绳子的强度不在于一根纤维穿过整个绳子,而在于众多纤维重叠在一起。在变迁的过程中,科学的非统一化确保了稳定性。

因此,科学的稳定性并不取决于以往一些学者所认为的建立在实验或理论的归纳主义基础上的科学的完全统一,而是基于与情景有关的事实,而这些与情景有关的事实又是在注重实验、理论和仪器等不同传统的亚文化群及其相互作用中具体体现的。在《实验如何终结》中,作者具体关注的是理论约束、仪器约束和实验约束。理论约束可以分为长期、中期和短期约束。例如,在中性线电流实验中弱力和电磁力的统一是长期理论约束,测量理论是中期理论约束,温伯格-萨拉姆理论是短期理论约束。仪器,则是按照类型、特殊设备和特定实验用具加以分类,分别对应于实验的长期约束、中期约束和短期约束,它们也同样会影响到实验者是否接受实验结果,并是否决定结束实验。正是在理论约束、仪器约束和实验约束的共同作用下,实验的稳定性才得以实现。

正是出于伽里森对仪器、实验等物质因素在科学发展中所起作用的前所未有的重视,哈金称其为"技术实在论"。除此之外,伽里森认为:这些物理学中的亚文化群的断层并不同时发生;并且,这些断层之间只存在分段关联,而非整体聚合或还原(Galison. 1988)。

四、总结与评论

综上所述,伽里森和哈金观点中的相同点和相似点在于:两者从各自的研究领域出发,认识到传统方法的局限性,将关注的焦点集中于实验的实践活动本身,并主张实验相对于理论的独立性和实验自身的情境性,这无疑代表了传统的科学史和科学哲学新的研究趋势。其中,哈金主要从理论层面进行论述,伽里森则主要从科学史实出发,深入到实验实践活动的具体案例中进行研究,这就为哈金等人的观点提供了具体的科学史案例支撑。

同时,伽里森与哈金的观点中也存在不同之处。哈金所主张的"实体实在论"认为:实验实体是存于不同变换的理论中相对不变的量,实验实体的这一连贯性保持了科学的稳定性。伽里森则从实际的案例研究出发,认为:在科学的发展过程中,不存在唯一连贯的主线。现代科学的发展允许理论、仪器和实验之间的断裂,正是这种非统一化确保了科学的稳定性。在此基础之上,伽里森进一步提出其"交易区"理论。

由以上的分析可以看出:《实验如何终结》与《表象与介入》两本书中关于实验的思想有着千丝万缕的联系,特别是《实验如何终结》中,伽里森多处引用了哈金《表象与介入》中的观点,并且在前言中便提到曾与哈金、卡特赖特等人进行了多次讨论并深受启发。因此,伽里森的《实验如何终结》一书可以看作是在科学哲学影响之下进行的科学史研究工作。这本书出版之后,不仅受到了科学史界的关注,在科学哲学界同样引起了很大的反响,哈金、布鲁尔(David Bloor)、皮克林(Andy Pickering)等人先后为这本书写了书评(Hacking. 1990;Bloo. 1991;Pickering. 1988)。同时,卡特赖特、克林(Andrew Pickering)和一些建构论者在论文和著作中皆引用了伽里森的观点,从中我们也可以看到,科学史对科学哲学一定程度的影响。因此,通过对两本书的比较分析,不仅可以看到科学史和科学哲学向科学实践的新的转向,更可以看到科学史和科学哲学在某种意义上的融合。

　　除了联系之外,两本书的观点也存在不可忽视的分歧。其中,伽里森主要从科学史实出发,对科学史中发生的具体实验场景进行了详尽的考察,进而得出其对实验活动的观点;而哈金主要从科学哲学理论自身的争论和困境出发,从理论内部得出其关于实验的创见。从中不难看出,出发点和研究方法的不同会对研究结果产生一定的影响。或者说,伽里森的研究对象是现实中的实验活动,而哈金主要针对的是理论中的实验。虽然同为实验,但由于两者研究领域的不同,实际上已经存在相应的差别。通过上文中分析两者所得观点的不同,也有助于我们进一步深化对科学史和科学哲学研究对象、出发点、研究方法和所得结论之间的关系问题的理解和认识。

19 科学哲学对科学史的意义：对证伪主义法拉第研究案例的分析①

一、问题的提出

科学哲学与科学史间的关系问题受到了来自科学哲学家与科学史家的关注，两者的关系也是科学编史学领域长期争论的问题之一。但科学哲学与科学史的关系十分复杂，时至今日，对这一重要问题还远未得出较一致的结论。

先回顾一下对两者关系的一些论述：20 世纪 70 年代初，科学哲学家拉卡托斯在他的《科学史及其合理重建》一文中，开篇便转用哲学家康德的说法，提出"没有科学史的科学哲学是空洞的，没有科学哲学的科学史是盲目的"(Lakatos. 1970:91—136)。劳丹在《进步及其问题》一书的第五章"科学史与科学哲学"中，以引子的形式转述了这一观点。关于科学哲学和科学史这两门学科之间的关系问题，此说法可说是表述了某些科学哲学家心目中的一种理想，然而，这也仅仅是"某些""科学哲学家"的"一种理想"而已。现实当中这种双向的关系是严重不对称的。一方面，除了久远的历史不谈，自 1960 年代末以来，主要是科学哲学中历史主义学派的出现，国外学者对此进行

---

① 本文作者刘兵、王晶金，原载《自然辩证法研究》，2014 年第 6 期。

了颇多的讨论,但参与讨论者绝大多数是科学哲学家,讨论的主要关注点是科学史对科学哲学的作用,大家的观点相去甚远;另一方面,科学史家却对科学哲学家表现出空前的冷漠态度,科学史家坚持"历史是以实例教诲人的哲学"(拉卡托斯. 1999:163),而拒斥任何哲学(合理重建)对科学史研究的"指导"。1970 年代初,有人认为科学哲学与科学之间的关系并不亲密,而将其比作"权宜的婚姻"(Giere. 1973),这种比喻后来为许多人所采用,尽管依然看法不一。如 1980年,美国科学哲学家劳丹提出"科学哲学家(至少是在其行列中的许多人)变得确信,只有当联合起来研究时,科学史和科学哲学才会有意义。相反,在科学史家当中普通盛行的观点,大致是说应该迅速地把提出联姻的哲学求婚者打发走"(Laudan. 1980)。库恩也提到"科学史和科学哲学继续是独立的学科,需要的东西大概不是由'结婚'产生的,而是由积极的讨论产生的"(库恩. 1980)。这种情况表明,从科学史家的角度来看,在科学史和科学哲学这两门学科之间是隔着一道鸿沟的。所以说,在这一重要问题上还未得到令人满意的解决。为什么科学史家对科学哲学家采取不予理睬的态度?这种情形出现的理由何在?科学哲学对科学史的作用、影响、意义及局限何在?这是本文重点关心的问题。

在本文中,笔者关注的是阿伽西(Joseph Agassi)对法拉第的研究,其科学史研究工作的独特之处在于:他是波普尔学说的追随者,在波普尔及其证伪主义思想的指导下进行研究,他出版的《作为自然哲学家的法拉第》正是典型的"为阐述一种哲学而写作的历史"(阿伽西. 2002)。该书出版后曾引发了一场在科学哲学家和科学史家之间的有趣争论。当时,美国对法拉第有深入研究的科学史家威廉姆斯写了一篇非常有影响力、多次为人引用的书评,标题是《应该允许哲学家撰写历史吗?》(Williams. 1975)。威廉姆斯详细地指出了同样受波普尔科学哲学训练的两位作者阿伽西和伯克森(William. 1974)在引证史实方面的诸多严重错误,认为这两部著作充其量只是"历史小说"而已。他评论说:"哲学家们倾向于对观念、观念的逻辑联系及其逻辑推论感兴趣,而这些观念从何而来,它们是怎样地发展,以及怎样为一些自称是受了其影响的人所解释,对这些问题哲学家们似乎就不感兴趣了。因此,在分析一个体系时,他们是最出色的;但正如我们所见,当试图要说明一个体系的演化时,他们就差多了……"(Williams. 1975)。本文将立足于这样一个案例,来具体地讨论科学哲学家如何写科学史,写出的科学史怎么样;并对比其他科学史家写出的法拉第研究的作品,分析其中的异同何在;以及在证伪主义科学哲学指导下的科学史写作有什么问题;最后基于对这样一系列问题的考察来分析科学哲学对科学史的意义。

二、证伪主义法拉第研究案例

证伪主义法拉第的研究主要体现在阿伽西所著的《作为自然哲学家的法拉第》一书。该书共有 10 个章节,从内容上看,一方面,阿伽西写法拉第的方法论、世界观、风格和个性;另一方面,阿伽西写法拉第在科学上的贡献,特别是法拉第在电学、磁学以及有关领域的理论。比如,第 4 章和第 7 章,作者重点写法拉第理论思想的发展,在理论领域、自然规则、原子论等方面进行了有价值的讨论,而这里没有提及具体的方法论。当然,阿伽西所做的,是以法拉第为例子来阐明其自身的哲学观点,来对波普尔的科学哲学观进行更为深入的说明,他的主要目标是要表明证伪主义的方法论准确地表征了科学进步的方式,同时试图否定那类普通传记和思想传记描述法拉第的方式。显然,阿伽西的这种立场就决定了本书不是一种标准、全面的传记,因此,阿伽西也在其序言中承认,"希望你们把此书视为一部微不足道的作品,并把它当作一部新式的历史小说来读,它类似于今天的半纪实性的影片"(阿伽西.2002;6),只是"为了补偿"该书"缺少连贯性并且很难从这些研究中摘录出法拉第的传记"的缘故,他才专门增加了一章作为全书之提要的"简要的传记"(阿伽西.2002;6)。

阿伽西对法拉第的研究中,可证伪的理论、否定的判决性实验构成了阿伽西科学历史重建的骨架。因为证伪主义的主要观点是：知识就是假说；科学就是理性地不断地提出假说，假说又不断地遭到批判，即"被证伪"，在证伪的过程中，又尝试性地提出新的科学假说，并通过经验检验不断排除错误，从而科学就持续地得到发展。阿伽西认为可证伪的理论才是科学的理论，因此他在书中写到了许多可证伪的理论，有些没有出现在以往的科学史作品中，有些出现了但不是被当作可证伪的理论出现的。比如，较为熟知的法拉第的电磁理论，作者认为是典型的可证伪理论。阿伽西进一步证明：三卷本《电学实验研究》是被其他科学史传记所忽视的历史材料。按照此书的描述，在提到电磁理论的发现过程时，法拉第所从事的工作不像人们往常所理解的是一个人、一个个体在工作，却像是一支团队、一个群体在工作。书里所展现的情景是法拉第不仅在建构理论又在进行试验，而且他是在不同方面去建构理论。法拉第一会儿为这个理论辩护，一会儿又为另一个理论辩护。这三卷本展示了一个丰富的关于电磁理论的提出过程，体现了一种不断增长的理论发展的力量。阿伽西在这里给出了法拉第"根据内容总是不断增加的改进"的可证伪过程。另一个例子是电的同一性（这个理论是说所有电都是同一的）。这一理论也是重要的，人们在接受这个理论时往往接受的观点是"电都是一样的，是同一个电的理论"。阿伽西提出这一观点半年后，法拉第本人就提出了一些不一致的看法。从第四组论文的开始，法拉第宣称：他已经解释了各种电之间在表面上的不一致，特别是普通电（摩擦电）与伏打电之间的不一致……简而言之，这个理论就是把表面的差异或者归因于电压强度的不同，或者归因于电流量的不同。

　　法拉第还提出了很多假说，做出了一些大胆的猜测。比如，法拉第把物质看作具有真空的性质。在法拉第之前，从欧几里得到牛顿的那些思想家都认为空间是均匀的和各向同性的，即没有优先的位置和方向。这是与所有实际的例证相一致的，同样与当时的哲学和逻辑观念也是一致的。法拉第提出的"虚空是没有性质的，把物质看作具有真空的性质"在当时看来是荒谬的。在科学中要求的是提出理论之前,先要找出支持这些理论的事实,然后这些理论得到进一步的印证。没有证据可以支持法拉第的这种设想,因此科学不会理会法拉第的假说。此外,法拉第试图承认一种没有振动物体的振动,承认这样一种性质和运动,而具有这种性质和进行这种运动的实体是不存在的。法拉第试图找到电和光之间的相互作用(虽然法拉第失败了,但克尔在法拉第的影响下,在法拉第去世 10 年后发现了电和光的相互作用);试图找到磁和光之间的相互作用(法拉第找到了,即"法拉第效应");试图从火焰的色彩上发现磁效应(法拉第失败了,在他去世 30 年后塞曼成功地从火焰上发现了磁效应);还试图发现电和引力之间的相互作用(爱因斯坦和爱丁顿在 1917 年到 1919 年期间发现了这种作用),等等。

阿伽西强调:史学纪录的标准不能仅仅依赖于他是对的还是错的,而这种对错的标准又是参照今天的标准。虽然从一定层面上来说,阿伽西对参照今天来写历史的历史学家没有超越这个简单的标准过于苛求,但至少我们可以认同研究应该脱离研究者自己时代的理论知识和已有的偏见背景这一观点。阿伽西认为:我们应该对科学家怎么表达他的科学更感兴趣,而不是科学家怎么被证明是对的;我们应该对导致科学家失败而不是成功的想象力和勇气更加感兴趣。阿伽西通过对法拉第提出的可证伪的理论的描述,展现出的历史是法拉第在重复地尝试和运用他杰出推测能力的过程。当假设被批判,法拉第并不惧怕失败,尝试性地做出新的发现。阿伽西在序言中也明确表示:"在我的写作中我试图遵循的主要准则是,一个枯燥真相,还不如一个也许会被读到并被纠正的有趣的错误。"(阿伽西.2002:8)这些作为假设、可证伪的理论的选取是独特的,更加丰富了我们对法拉第的理解。

关于判决性实验,磁体发电实验是一个实例,这个实验使法拉第与牛顿主义分道扬镳了。法拉第认为:电流的产生与金属线切割的磁力线的数量成正比。如果铁屑在磁体周围散开,那么就可以看到磁力线,而且可以想象得到,在铁屑密集的地方磁力线是稠密的。然而，即使在铁屑被移动时，也没有人假设过磁力线在实际中的存在。但法拉第做到了：我们能够切割这些磁力线并且获得一种实实在在的效果，因此它们是真实存在的。他相信磁力是真实存在的因而是不可毁灭的，一切力都是物质的力，并非每一种力只属于某一种物质本身，而且每一种力都可以同每一种其他的力相互转化。

证伪主义科学史重建的骨架就是为了突出大胆的猜测和根据内容总是不断增加的改进的可证伪过程。除此之外，阿伽西还谈到法拉第较为隐蔽的、个人的、心理的形象，这在以往的科学史作品中鲜有提到，并且作者尽可能地将这种个人的形象与公开的、科学的形象加以综合。阿伽西提到法拉第推论的非正统性，之后法拉第与正统同行们所进行的争论以及同他们的教条和尖刻的冷漠所做的斗争，在描述法拉第个人奋斗与他智力上的奋斗之间的相互关系做出了努力。最后阿伽西也说道："他留给我的深刻的印象并不是他所取得的成就，而是他为了进步所进行的奋斗，这种奋斗虽然也有缺点，但也包含了令人钦佩的人文精神。"（阿伽西．2002：8）

阿伽西的哲学立场决定了他如何去面对法拉第这一科学家的历史以及如何处理材料，最终得到的是一部证伪主义的科学史。阿伽西更关注地是那些可证伪的理论，他在书中举出了大量的关于假设的例子。阿伽西认为：如果提出了一个假设，即使是有趣的错误也是好的。他承认假设提出的意义。再者，阿伽西寻找被以往科学史研究忽略的判决性事件，承认他们对科学发展做出的贡献；同时认可批评性地提出新理论的问题，科学史中有新理论出现是重要的。简单地说，阿伽西的科学史可以让我们获得更多对科学家的了解，从这一点上看阿伽西的作品对于更加全面地理解法拉第是有意义的。

我们很容易发现，这本书不是传统意义上的关于法拉第的传记，虽然作者特别写了一章传记，书中也包含了很多相关的有趣的主题；但它不是一个一般性的对法拉第思想的起源、发展、繁荣的学术研究。阿伽西在强调法拉第方法论上的革命特征是对的，更为强调这是一个可证伪的过程，但缺陷在于他对这些特征的描述完全是波普

尔式的,他的方法也不是最原始的。另外有些东西,比如心理方面
的,本身也是不可证伪的。而从科学史家的角度来看,该书的文献叙
述很成问题,主要包括如下两个方面:第一,法拉第自然概念的转变,
真实的、自然的观点的发展与电磁理论之间的关系很少得到阐释,也
就是说法拉第理论核心部分并没有得到应该有的阐述地位。第二,
文献和引用也成问题,威廉姆斯在其评论文中大篇幅地重点指出了
阿伽西书中引用的错误文献。比如,威廉姆斯指出(Williams. 1975)
阿伽西在第 62、103、104、107、109、123、132、133 页里引用《实验研
究》一书时的许多错误:一些情况是关于斜体字的转录,原文是斜体
字,阿伽西引用之后却不是斜体字;有时阿伽西会备注说原文是斜
体,但有时又没有说明。用斜体字是要特别强调某个意思,所以威廉
姆斯据此认为"不清楚阿伽西要强调的是什么,什么是重要的"。有
一处是完全错误的引用,关于力电曲线(electric curves of force)原文
是"它们不存在于电流中吗?",而阿伽西抄写后成了"它们存在于电
流中吗?",丢掉了"不"这个否定词。威廉姆斯认为引用错误会引起
严重的语义错误,他继而又指出了法拉第最著名的"发现电磁感应
(1831 年)"这个例子:阿伽西在写法拉第实验的负面效应时,就没有
体现出法拉第是一位实验家,如何看待实验的错误;而把法拉第描述
成一位理论家、思想家,拒绝接受失败的结果进而得出了一些有意义
的结果。实际上,阿伽西"把法拉第看作理论家而不是实验家"也不
是什么特别新的观点。但是,阿伽西要用历史的叙述来阐释他的哲
学理论就导致了对于证据的粗心大意。

三、与其他相关研究的对比

像法拉第这样与近代科学诞生相关的重要科学家,一直是科学
史家们长久以来反复研究的对象,国际科学史研究的领域中存在大
量有关法拉第的传记和研究专著,这里选取几部比较典型的著作进
行分析。琼斯的《法拉第的生活和信件》(Jones. 1870),是早期关于

法拉第的传记,采取的是一种 19 世纪典型的科学史写作进路;廷德尔的《发现者法拉第》(Tyndall. 1870),突出了科学进步的方式;格莱斯顿笔下的《迈克尔·法拉第》(Gladstone. 1874)凸显出个性,散漫随意;克劳塞的《迈克尔·法拉第:1791—1867》(Crowther. 1945),体现了科学的社会环境,表达了克劳塞自己的社会解释;威廉姆斯所写的《迈克尔·法拉第传》,对于法拉第原稿的发掘做出了巨大的努力,至少对科学史的文献是一个重要的补充。除了威廉姆斯所写的《迈克尔·法拉第传》(1965 年)以外,之前大量的关于法拉第的著作,都在仿效法拉第的早期传记《发现者法拉第》。《发现者法拉第》的作者廷德耳是法拉第为数不多的私人朋友,并且曾经是唯一最有资格成为法拉第的学生和继承者的人。廷德耳笔下的法拉第是伟大的,他从一个微不足道的小人物一举成名,成为自然界重要事实的发现者。这个时期的多数科学史家都把法拉第看作是科学界的灰姑娘,身为伦敦贫民区一个穷铁匠的儿子,却成长为一个著名的人物——那个时代最伟大的实验物理学家、皇家研究所受欢迎的所长。这些论点在廷德耳的书中是非常确定、无可争议的。以上提到的诸多著作各有所侧重,但如果从科学哲学的视角来看,大都属于典型的归纳主义科学史,是要用确凿的事实命题和归纳概括的。归纳主义者认为这两者构成了科学内部历史的支柱,并由此在科学史上来寻找这类命题或概括。20 世纪 90 年代对于法拉第的科学史作品有了科学与社会、科学与宗教的视角。康托尔的《迈克尔·法拉第》(Cantor. 1991)旨在对一个科学家进行更为详尽地描述,他把法拉第放在 19 世纪的科学和宗教中讨论,法拉第的生活有他特定的宗教背景,并且其科学生涯正好处于一个戏剧性的改革时期,当时英国的政治、科学和宗教等社会各方面都在发生着改革。托马斯的《法拉第和皇家学会》(Thomas. 1991),讨论法拉第与英国皇家学会的关系,英国皇家学会如何有影响力,法拉第的思想如何在英国皇家学会得以发展,等等,此书总体内容较少,谈得比较泛泛。

接下来,重点分析一下威廉姆斯的《迈克尔·法拉第传》(Williams.

1965)，不仅因为这部传记是典型的由科学史家写出的作品，而且这位作者曾对阿伽西的作品提出了严厉批评，写了一篇非常有影响力的书评。威廉姆斯对法拉第进行了深入的研究，他的《法拉第传》是基于已有的法拉第的实验研究和日记来说明其实验和思想的发展过程。关于电磁研究，一般科学史记载的观点是由于法拉第反对传统的原子论而做出的发现，法拉第被看作一个严格的经验主义的许多传说也是源于这个反对的思想。威廉姆斯从法拉第的原子论中找出了特别的传统，认为法拉第是受 18 世纪意大利自然哲学家博斯科维奇理论的影响，并在文中表明法拉第是如何在他的实验研究中运用这个理论。文中列出史料说明法拉第对博斯科维奇的观点产生了兴趣，并且法拉第曾真正接触过博斯科维奇的研究。博斯科维奇的观点是：所有原子都由力场包围，力场能够把影响从一处传播到另一处。当时，戴维和法拉第发现，博斯科维奇的这个思路可以帮助理解原子和分子的相互作用。法拉第猜想，"围绕线圈运动的磁场可能就是博斯科维奇所说的力场之一"，便着手研究磁场的特性。法拉第顺着博斯科维奇的思路解释了电磁的秘密。在这里，威廉姆斯更倾向于把法拉第电磁研究的发现归功于博斯科维奇，只是因为在他看来，已有的史料中没有其他更为可信的证据支撑其他论点。威廉姆斯的哲学观就认为"他所采信的证据一定是要诉诸于已有的材料显示"，这是典型的历史家的范式。

　　威廉姆斯书中颇为成功的是对于法拉第科学实验工作的描述，他强调法拉第工作连续性的观点。威廉姆斯力图贯穿本文的一个思想是法拉第从一开始，并且一直在思考的是原子之间的空间，而不是原子本身。法拉第寻求自然力统一的实验可以说与偏振光学后期发展史是交织在一起的。法拉第在坚信各种自然力统一的信念驱动之下，寻求光电联系，关于电的状态、连续的力、力线的想法等。经过 23 年的不懈探索，反复实验，法拉第终于揭开了"光""磁"联系的秘密，找到了使"光"和"磁"（虽然他一直在寻求的是"光"和"电"的联系）两种自然力发生作用的密码，成就了其后来的抗磁性现象的发现。威廉姆斯的理论也是有吸引力的,因为他提供了一个新的出发点,关于法拉第科学实验工作连续性的观点及描述在廷德耳那类传记里是没有的。

我们可以总结下威廉姆斯关于法拉第研究的特点:第一,追求研究的完整性。威廉姆斯试图从根本上考察法拉第科学研究的全部,并把这些放到他的科学文本中。第二,遵循历史学家的规范。威廉姆斯选择大量的相对多元的一手材料,包括未发表的笔记、信件、日记,以及法拉第发表的论文等,在传记中有效地从一手文献中举了大量的引用。第三,威廉姆斯做到了频繁地、简洁而清晰地呈现出较为复杂的局面。无论是描述法拉第的个人生活,还是他的实验工作,威廉姆斯巧妙地选择了有代表性的方面来实现。总之,在这些例子中,威廉姆斯已经写了一些非常好的历史。第四,威廉姆斯有力地传递了法拉第深刻的思想"力可转换",但是没有对法拉第的思想进行更为深入的挖掘。在描述法拉第的社会性方面,威廉姆斯没有做好,但在他之后就出现了这方面的专著。而这些哲学能够弥补历史的,关于人性或社会方面的因素是不可避免、不可或缺的,在这个问题上,哲学能帮助历史学家解释,他的故事为什么如此发生。相比威廉姆斯的研究,阿伽西的研究虽然表面上缺乏完整性和历史的规范性,但在逻辑上显得更为顺畅,立场明确。

我们也注意到:威廉姆斯对法拉第和科学界依然采取美化的态度,对法拉第以及他所处的环境的描述,没有提出任何异议和遗憾,所以太缺少真实感而平淡无味了。实际上,虽然威廉姆斯严格按历史学的规范写科学史,但更深层地,他采取的是一种归纳主义的哲学观。归纳主义编史学把科学史按现代科学的标准写成"黑白分明"的历史,把对科学的贡献看成是某种有积极意义的确定的东西——某项发现,某种得到验证的理论,通常只引用他的所有推测中那些已得到证实的部分,并且依旧遵循着古典的倾向,用确凿的事实命题和归纳概括进行历史重构。这样的写作存在着问题:忽视了法拉第的失败,而强调他在发现已得到普遍认可的观点方面的成功。如果要真诚地按照我们的标准接受今天的理论,那么至少我们必须要把成功与失败作一个对比。当然这种标准也有缺陷,也是极其不稳定的。如当接受光的微粒说时,就不能对牛顿过高地评价;而接受光的波动说时,也不能过低地给予法拉第评价。总之,这种在公认的理论体系中对法拉第的陈述观点进行大加赞扬的评价标准、方法是要谨慎对待的。

四、结论

通过比较威廉姆斯和阿伽西他们各自的特点以及以上几个例子,我们可以很清晰地看到科学哲学家与科学史家撰写的"科学史"的差别。实际上科学史家对科学哲学家写出的历史不予承认,有一些表层的原因,比如学科差异,哲学家缺乏历史专业的训练,撰写历史的出发点、目的、工作方式、研究的重点问题等诸多方面均与历史学家大不相同,因此,写出的历史自然也就不符合历史学家们的标准了。但我们也得承认:像阿伽西这样的哲学家,他的这种方式对于思考历史、提出问题,也是有启发意义的,但确实不符合历史学研究的规范,不能按历史学专业标准的要求处理史料。

实际上,历史学家一方面按历史的规则研究;另一方面,他们其实也有自身的哲学立场。科学史的经典作家们多少都从明晰的哲学观点出发撰写科学史。观念的变化、关键的要点,都是科学观在起作用,科学观背后围绕着怎么看科学,科学发展的模式、要点、标准、规范,都是科学哲学。在一定科学哲学观指导下,被选入科学史的事实已经不是完全脱离科学史家主体的纯粹客体,而是科学史家按照自己的编史学方法论从科学史客观存在的事实中合理地"挑选"出来的事实。科学史家先在的理论,对科学的看法不一样,导致了它们关注的历史问题、内容不一样。一旦问题关注点变了,那么,对于材料的选择随之发生变化,关注的视角、兴趣点就不一样了。抛开记法上、材料严谨上的因素外,这种观念引发的因素也起到一定作用。科学史家威廉姆斯虽然意在强调学科方法,实际上,他潜在的采取的是一种朴素的、近似于实证主义的归纳的科学史观来选择材料写科学史,并把其当作了真的、客观的。以这种方式把科学史唯一化是有问题的。

我们可以看到,由于潜在的观念不同,不同的作者就同一对象写出了不同的历史,但到底哪个更客观、更真实? 当把历史看作历史学家们工作的结果时,传统的"客观性"在历史学中是不可能的,"客观性""真实性"只是保证了历史的方法论在程序上符合历史规范,实际上程式化的规范并不能解决其背后科学哲学观念的问题。"由于历史内容的无限丰富,要把所有事实都充分讲授的历史实际上无法写出,任何一部历史著作都必然是有选择的,问题只在于,历史学家是以什么样的方式,按照什么标准来进行节略。……这种选择,必然与历史学家的哲学理念相关,因此,主观性就进入写作之中。""材料的客观性,或者不妨说其可靠性,依赖于研究者的判断、分析、评价。""历史学家在对史料的观察和选择中,在对史实的观察和选择中,也都无法回避当下理论背景的影响,因为也有主观的成分""过去我们以为在科学中所进行的观察,实际上总具有理论负载而不可能是纯粹中性的"(刘兵. 2009:72—73)。

科学哲学家阿伽西与科学史家威廉姆斯的科学史的对比非常典型,能写出哪一种历史,取决于作者选用哪一种观念。历史学家关注的是写作是否具有历史学学科方法上的严谨性,以及按自己的观念选择材料,并且在历史学学科方法前提下选择一个逻辑自洽的描述。我们可以设想:如果阿伽西接受了更为规范的历史研究和写作方法的训练,并改变了其哲学方式的叙事,也可以写出威廉姆斯那样的历史,但更为根本的哲学立场的差别却是不容忽视的。对两个版本的历史进行比较我们看到:基于不同的哲学立场,两位作者其实都有各自的道理,写出的历史都是历史的一个侧面,都是"真实"历史的某种简化、理想化,是某个突出的侧面,并忽略了其他的很多方面。实际上,基于各种不同理论的研究,构成了我们认识这个世界的多种角度,可以让我们更全面地了解历史。

20 "光学一致性"与科学视觉表象的客观性:关于摄影技术史的一项科学编史学考察[①]

一、引言

科学活动具有社会性、传承性和积累性,科学家只有将其研究对象、研究方法和过程、观察到的现象和数据、得出的研究结论表达出来,才可能与他人进行交流,才有可能接受科学共同体的检验并纳入知识积累体系。表达的形式可以是语言文字的,也可以是视觉图像的。科学家通过绘画、版画、制图、图表、符号、摄影、录像、电影、模型以及实物标本等非语言文字的视觉方式进行的表达被称为"视觉科学表象"(visual representation of science),其中二维静态的视觉科学表象就是我们平常所说的"科学图像"。

科学图像对事物的观察和记录功能往往是文字所不能代替的。特别是 17 世纪在培根(1561—1626)建设宏大的"自然档案"的理想激励下,科学图像得到了更加充分的运用,尤其是对于博物学、解剖学这样的观察和描述性学科来说,将研究对象以图像形式细致而真实地记录下来,对于建设"自然档案"显得特别有意义。

科学图像的记录功能要求图像必须具有写实性,即图像与其所

① 本文作者刘兵、宋金榜,原载《山西大学学报》(哲学社会科学版),2014 年第 5 期。

表达的对象必须从视觉上保持一致。中国古代画家将这种写实性称为"应物象形",而西方学者称之为"光学一致性"(optical consistency)。写实表象技术的发展史就是追求光学一致性的历史。从原始的勾线填色到文艺复兴艺术的透视画法,再到暗箱和明箱等绘画辅助工具的使用,使得光学一致性的达成越来越容易。而19世纪摄影技术的发明则完全摆脱了画家的参与,使得没有艺术背景的人(包括科学家)同样可以轻而易举地制作具有高度光学一致性的图像,摄影技术因而成为人类历史上写实表象技术的革命性突破。

在科学史上,摄影技术出现之后迅速以其没有人工干预的"机械性"引起19世纪科学家的高度兴趣和极端宠幸,一度掀起使用照相机制作各种科学图集的热潮,这些图集被称为"观察科学的圣典"。但是摄影技术的"机械性"也逐渐受到人们的质疑,特别是到了20世纪八九十年代,建构主义学者更是对摄影技术的"机械性"进行了细致的"解构",提出摄影和绘画一样渗透着摄影师或科学家的理论,而主观需要和审美情趣对摄影同样有着重大的影响。科学史家也发现,摄影的出现并没有完全取代绘画在科学中的运用,他们认为其根本原因在于摄影本身对于表达科学概念的功能的缺失。

本文试图从科学编史学角度出发,对摄影技术出现之后的19世纪科学家、20世纪的建构主义学者以及科学史家在摄影史研究中对摄影所持的不同态度及其研究进行梳理,以便更好地把握摄影史的发展变化和其中对摄影技术看法的变迁,从而更深刻地理解摄影技术运用于科学视觉表象的优势与不足。

二、从写实绘画到摄影技术

不管是达·芬奇著名的《蒙娜丽莎》,还是尼德兰画家扬·凡·艾克(Jan Van Eyck)的《阿尔诺芬尼的婚礼》,从形象和光影效果上对事物真实而细致入微的描绘都会带来强烈的视觉冲击力和美的享受。绘画与其描绘对象的光学一致性对于科学来说更加重要。所谓

"光学一致性"，就是指画面中所描绘物体的每个点，从相对位置、亮度、颜色等方面都和人眼所观察到的物体本身的点一一对应。这样，绘画就准确地记录了人眼所观察到物体的形象，人们观看绘画就能真切地感知到物体本来的样子。

绘画是画家用画笔把眼睛观察到的物体的形象描绘在画纸（或者画布）上，因此从物体本身的形象到画纸上的形象之间要经过画家双眼、大脑和手、笔的一连串转换过程。经过这些过程的转换，最终的绘画结果和物体本身的形象相比难免会有不同程度的失真。高明的画家能更逼真地描绘出物体的形象，而平庸的画家则难以准确地"应物象形"。

15 世纪早期欧洲兴起的透视画法第一次为绘画的光学一致性提供了系统的理论和方法。透视画法的基本原理就是画家用一只位置固定的眼睛通过一个窗口去观察窗口后面的物体，将人眼所观察到的物体在窗口中投影的相对位置准确地复制在另一个"窗口"——画纸上，从而达到准确描绘物体的目的（Alpers. 1983:43）。透视画法将观察者的眼睛固定下来，绘画过程中省去了大脑的转换过程，因而在写实绘画技术史上取得了重大进步。

公元前 400 多年，中国的墨子就观察到小孔成像现象。如果利用小孔成像的原理将物体的形象直接投射到画纸上，然后用画笔将物体在画纸上所成的像描绘下来，这样就省去了画家双眼和大脑的转换，就有可能比透视画法更准确地进行描绘了。暗箱（camera obscura）就是基于这一原理发明出来的。暗箱是一面开有一个小孔的密封箱，箱外景物透过小孔，在黑暗的箱内壁上就形成了上下颠倒且两边相反的像。画家先用铅笔勾勒出成像的轮廓，然后再进行着色，即可得到一幅非常逼真的绘画。1807 年，英国画家奥拉斯顿（W. H. Wollaston）又发明了更为简便易用的明箱（camera lucida）。明箱的关键部件是一个棱镜，画家通过棱镜向下观看，可以同时看到下面的画纸和前面物体通过棱的反射所成的像，而物体所成的像刚好就在下面画纸的位置上，这样画家就可以直接在画纸上将物体的成像描绘下来（Galloway. 1992:330）。

在摄影技术发明之前,暗箱和明箱在科学研究中得到了广泛运用。虽然利用暗箱或明箱绘制的作品一度使真正的画家感到一丝威胁,但这种绘画方式仍然离不开绘画者的手法和笔墨,因此并不能达到完全准确描绘事物的目的。如果能有一种物质或者技术,可以直接将物体在暗箱中所成的像记录下来(明箱在画纸上所成的像是虚像,因此无法直接记录),那么"绘画"的过程将不仅不再需要画家双眼、大脑的转换,甚至也无需画家的手法和笔墨的参与,因此就应该能够更为准确地描绘物体的形状。这一想法导致了摄影技术的发明,而暗箱也被公认为是照相机的前身。

对于摄影技术的发明来说,最重要的就是找到自动记录光学成像的物质和方法。1825 年,法国人尼埃普斯(Joseph Nicephoce Niepce,1765—1833)利用朱迪亚沥青作为感光材料,使用"日光刻蚀法"拍摄了人类历史上有确切年代可查的第一张照片《牵马的孩子》,但是他的方法要经历数小时的曝光,而且成像模糊,因此实用性较差。1837 年,法国人达盖尔(Louis Jacques Mande Daguerre,1787—1851)创立了"达盖尔摄影术"(Daguerretype,亦称"银版摄影法")。达盖尔摄影术以铜板为载体,以光敏银层为感光材料,曝光时间仅需15~30 分钟,而且成像品质优良(李文芳.2004:8),达盖尔因此被公认为摄影技术的发明人。达盖尔摄影术的诞生,掀开了利用"自然之笔"——光线,获取图像的新篇章。

从写实绘画到摄影技术的发展史,是一部逐步将主观因素排除于"绘画"过程的历史。随着主观因素的逐步排除,绘画的光学一致性越来越容易实现。发展到摄影技术,主观因素被最大限度地排除出去,"绘画"过程完全通过光线来实现,使得其光学一致性达到了前所未有的高度。

三、"自然之笔":19 世纪科学家对摄影技术的极端推崇

摄影技术以其操作过程的机械性,为科学图像的精确性和客观

性带来了无限期望,更迎合了培根思想影响下的观察科学积累知识的需要。对于观察科学来说,"科学家必须杜绝将自己的愿望、预期、概括、审美,甚至日常语言强加于自然的影像。由于人类自我约束的能力在衰减,因此必须由机器来取而代之"(Daston & Galison. 1992:81)。摄影技术恰恰满足了这种需要。"碘化银纸照相法"的发明者塔尔博特(William Henry Fox Talbot,1800—1877)是世界上最早的一批摄影师之一,他在 1844 年出版的《自然之笔》(Pencil of Nature)一书中把摄影描写成"自然物体描绘它们自己的过程,而不需要艺术家的画笔的帮助"(转引自 Rijcke. 2008)。人们都深信,由于摄影是利用化学方法将物体发射或反射的自然光线通过镜头在底片上所成的像记录下来,整个过程都是通过自然过程实现的,也就摆脱了画家的技能、好恶等主观因素可能带来的偏差,因此能完全客观、真实地描绘物体。

比利时安特卫普大学传播科学系教授保韦尔斯(Luc Pauwels)也指出:与手工表象方式相比,对于摄影来说,"人眼直接观察可见的物体或现象可以被照相机这样的表象设备捕获,并产生以时间统一、空间连续为特征的详细表象,这会产生某种'中立',因为所有的元素和细节都是被平等对待的"(Pauwels. 2006:7)。所谓"时间统一",是指摄影是在瞬间完成的,是在某一特定时刻对对象完备的描绘结果,而不是将对象不同时刻的状态进行综合的结果。所谓"空间连续",是指凡是对象进入镜头的发光点,都会依据既定的投影关系在底片(或者数码相机的感光元件)上形成一个像点,发光点和像点有一一对应的关系,摄影师在按动快门的瞬间无法改变这种对应关系,摄影因而被认为是一种"机械的""中立的",乃至"客观的"表象方式。而手工表象不具有时间统一性(因为绘画过程不可能在瞬间完成),也不具有准确的空间连续性(因为绘画需要画家的参与)。因此,摄影发明以后不久就迅速得到科学家们的信赖,并被广泛应用于不同领域的科学研究。"让自然为其自身说话"成为出现于 19 世纪后半期新科学的口号,并激起了采用照相机制作确保不受人类干预的鸟类、化石、人体、基本粒子、花卉图像的图集，即"观察科学的圣典"的狂热（李文芳.2004:81）。

这种狂热的确在知识的积累中起到了重要作用，但也暴露出人们对摄影技术的过度迷信。德国海克尔（Ernst Haeckel）博物馆馆长、生物学和哲学教授、自然科学史讲师布赖德巴赫（Olaf Breidbach）在其《微观世界的描绘：19世纪科学显微摄影中对客观性的申明》一书中，详细研究了19世纪的科学家对摄影这种图像生产方式的过度痴迷与信赖。显微摄影是摄影技术在科学中的最早应用之一，第一本有显微照片插图的专著于1845年出版。到了1860年，解剖学家已经出版了大量介绍显微摄影技术的书籍。从布赖德巴赫的研究中可以看出，当时人们把显微摄影技术看作是一个记录显微分析的、不受观察者主观干扰的重要方法。显微照片被一些作者认为是对微观世界彻底的、可靠的替代，而不是人工生产的制品，他们甚至试图利用这些显微照片代替标本本身来研究微观世界。当时显微镜的放大极限是2 000倍，为了获得更大的放大倍率，当时的科学家采用了这样的方法：首先制作一张某一真实标本的显微照片，然后把这张显微照片作为标本放到显微镜下再次放大，从而制作第二张放大倍率更大的照片，这样第二张照片可以达到8 000甚至30 000倍的放大率。这些科学家利用照片代替标本以实现二次放大，是因为他们的确认为这些"照片可以提供微观世界结构的精确信息"，而没有认识到这种方式还将向我们提供照片成像的颗粒以及光学负片的其他物理属性的"信息"（Breidbach，2002）。

摄影被认为是自然物体描绘它们自己的过程，而不需要艺术家画笔的帮助，因此可以杜绝画家将自己的愿望、预期、概括、审美甚至日常语言强加于自然的影像。但是19世纪的科学家对摄影技术也存在着过度迷信，甚至将照片代替研究对象本身的现象。

四、"人工干预"：建构主义学者对摄影技术"机械性"的解构

19世纪的人们有些过于沉醉于摄影带来的惊喜，片面夸大了摄

影的"客观"和"真实"。虽然摄影师对摄影的干预方式不如绘画那样自由和多样,但是摄影也无法完全摆脱主体的干预。从摄影发明之后不久,便开始有学者反思摄影的"机械性"。特别是到了 20 世纪 80 年代,在美国科学哲学家汉森(Norwood Russell Hanson,1924—1967)更早些时候就已经提出的"观察渗透理论"学说以及科学知识社会学的影响下,建构主义学者更是热衷于发现科学家的理论背景在摄影过程中的渗透方式,揭示主体对摄影进行干预的途径,从而对摄影技术的"机械性"进行解构。对这些研究进行归纳,可以将摄影渗透主体理论的方式以及主体对摄影进行干预的途径分为以下几种:

(1)摄影器材及其设置。照相机本身以及镜头、滤镜的选择,照相机光圈、焦距、快门速度、白平衡等参数的设定以及摄影模式、对焦模式、测光模式的选择,相机底片大小及其感光度,相纸的选择以及冲印技术的运用,自然光线以及闪光灯的布设,等等,都为摄影师干预摄影提供了可能性。

(2)对象选择。对拍摄对象的选择直接渗透着科学家的理论背景和学术观念。假如一个植物学家信奉林奈分类体系,他在拍摄植物的时候就会特别关注植物的花而很可能忽略其他器官,因为林奈分类体系是以植物的性器官——花,为依据的;而一个信奉自然分类系统的植物学家必定关注植物的全部器官,因为它们都是自然分类系统的分类依据。

(3)背景选择。背景的选择也能体现出科学家的理论倾向。如林奈分类体系对动物的分类更强调其形态学特征,因此信奉林奈分类体系的动物学家拍摄动物时就有可能不会特别关注动物所处的环境,甚至会有意使动物脱离特定的环境;而有的动物学家则强调动物的生活习性及栖息地特征也应成为动物的分类依据,他们拍摄动物时便会更注意将动物置于特征性的环境中。

(4)视角控制。由于照相机的底片是平面的,这就决定了摄影和透视画法一样不可避免地会产生边缘拉伸形变,广角镜头产生的形变尤其明显,这种形变就是透视形变。而人眼的视网膜是球面的,不会产生这种形变,这就决定了摄影不可能完全准确地记录人眼所观察到的效果。人像摄影师使用广角镜头拍摄美女,可以使其双腿显得更为修长,就是利用了广角镜头的透视形变。在科学研究中,透视形变也很早就被科学家有意识地利用。19世纪时考古学家、建筑师和制图师史密斯(Worthington George Smith)在利用明箱绘制尼安德特人头骨化石标本时,就曾通过将明箱更加靠近眼眶,以使得眉骨显得更大,而其他部分包括前额则被缩小(Reybrouck. 1998)。较小的前额代表着较小的大脑容量,这样就佐证了他所支持的赫胥黎所提出的尼安德特人是一种"最古老的人种"的理论。

(5) 美学考量。摄影师的摄影技术、摄影风格、艺术修养和审美兴趣,以及拍摄需要、对拍摄对象的认知和个人好恶,都将对拍摄结果产生不同程度和不同方式的影响。斯坦福大学的凯斯勒(Elizabeth A. Kessler)曾经参与观察了"哈勃后续计划"(Hubble Heritage Project,又直译作"哈勃遗产项目")的天文学家对M51号星云的哈勃望远镜照片选择和处理的详细过程。通过观察她认为,哈勃太空望远镜所拍摄的照片对换取官方支持和公众热情有着重要的作用,这些图像并不是依赖其科学内容,而是依赖其惊奇和震撼的美学效果来激发公众的兴趣和热情的。因此,天文学家在选择和处理照片的过程中不可避免地包含了某种程度的美学价值判断。如为显示光强度的精细差别以看到对象更多的结构和细节,天文学家们调整了数据中的测光范围,减少了图像中所包含的亮度的范围,并强化在该范围内的光强度数值的差别,而在此选择范围之外的数据则被忽略或者降低饱和度。图像还被进一步修正以提高清晰度:宇宙射线痕迹被去除,望远镜或者探测器的其他一些设备因素,如坏像素带来的暗点以及过度曝光区域等也被去除。为了创造一幅完美的图片,尽管天文学家和图像处理者如此细致打磨,但是他们却保留了一项设备不良因素带来的影响——衍射芒(看上去像是从明亮星体发出的尖细的光线)。这虽然是光线在望远镜内部形成的不理想的效果,但是因为它们很符合星星"一闪一闪亮晶晶"的形象,成为重要的美学元素得以保留(Kessler. 2007)。

(6) 作品解读。摄影的解读离不开主体的参与,解读过程无法避免主体的理论背景、兴趣、意愿等主观因素的干预。其实,在传统的科学哲学关于观察渗透理论的研究中,对于"观察陈述"中主观因素的存在和影响,已经是一个接近于常识性的知识了;但当这种学说专门地用于对摄影技术带来的用于科学研究的视觉图像的分析时,仍然会突出地展示出其冲击力。荷兰马斯特里赫特大学艺术与文化系的帕斯威尔(Bernike Pasveer),曾经观察研究了临床医生制作和解读 X 射照片的过程。他发现,对 X 射线照片中阴影的临床意义的判断是一个复杂、费时而又充满着主观解释的过程,它有赖于从他人、传统医学以及其他诊断方式(触诊、叩诊、听诊,对尸体的解剖等)获得的知识体系,离不开对其他 X 射线图像的对比研究(Pasveer. 2006:57)。

因此,不管是科学摄影还是艺术摄影,都无法完全摆脱摄影者的干预和主观的表达。对于科学摄影而言,科学家的理论背景更是渗透于整个摄影过程,包括摄影器材的选择及其设置,拍摄对象的选择及其背景的处理,摄影手法的运用,最终照片的解读等。

五、"功能缺失":科学史家对摄影技术科学表象功能的反思

普林尼曾断言绘画不可能成为传递真正的普遍知识的工具,因为它们总是和有形物体的偶然特质相关(Chen-Morris. 2009:135)。如果普林尼能够活到今天,他会发现这种说法更适合于摄影。

摄影期许不受人为决断干扰的、以时间统一和空间连续为特征的客观图像,但这也恰恰造成了传递"真正的普遍知识"的功能缺失。摄影的时间统一性使得单张摄影作品通常无法表达事物随时间变化的关系,摄影的空间连续性使得科学家无法像绘画那样对视野中的对象进行取舍、强调或重组。因此,摄影是一种包含着完备的原始信

息的"原始图像",是对具体的特定事物的表象结果,而不是对一类对象共同属性的抽象,因此无法传递或者再现"物理对象的本质",即科学概念和规律。

绘画则可以通过选择、忽略、分离、组合、强化、淡化、色彩运用甚至加注文字等手段,抽象出同类对象的一般特征然后描绘出来,从而表达和传递物理对象的本质。比如在解剖学中,绘画可以淡化、模糊,甚至忽略次要组织,从而简化复杂的解剖学信息;可以将不同的元素综合到一幅绘画中,从而描绘出更完整的解剖学概念;可以加上箭头来表示血液流动的动态路径;可以用红色线条表示动脉,蓝色线条表示静脉,白色线条表示神经,从而更好地揭示机体的解剖学本质;等等(Thomas. 1997:24)。

科学史家在研究摄影技术应用的历史时也发现:虽然摄影技术出现之初迅速引起科学家们的广泛兴趣,也出现了一些使用摄影作品的科学画册;但这种热情很快冷却,更多的科学家仍然倾向于继续采用绘画来表现他们的研究成果。

荷兰格罗宁根大学的瑞克(Sarah de Rijcke)关于 19 世纪神经解剖学图像的研究得出了类似的结论。1873 年,在摄影技术发明 30 多年后,第一本包含有照片的神经解剖学图集,路易斯(Jules Bernard Luys)的《中枢神经摄影图集》才出版,此后摄影在神经解剖学中的应用仍然相当少见。《中枢神经摄影图集》是作者此前《对大脑系统结构、功能和疾病的研究》一书的修订和补充,其中最大的改变是照片的使用。作者在前言中谈到了在这本图集使用照片的真正目的:"在这本书(指《对大脑系统结构、功能和疾病的研究》)出版后,我看到有些知名人士(对他们我完全发自内心地给予敬重)对我当初精心制作的,表达了我对神经中枢理解的绘图产生了怀疑,而且听说他们还怀疑这些绘图是否的的确确真实地反映了我所看到的,甚至怀疑我是否以我自己的双眼亲自看到过,或者怀疑我这个极度专注的作者的过度想像是否影响到了我之所见。""解决的办法是通过把我自己完全清除,通过用光线的作用来替代我自己的行为来获得既客观又可信的关于我第一部作品中的插图的解剖学细节图像,以此来有效回应对我第一部作品的批评。"(Rijcke. 2008:356—357)通过使用照相机,路易斯成功地证明了此前科学行为的合法性。但是有趣的是:作者为了充分阐释照片不太清晰的解剖学内涵,所有的照片都在下一页配上了一幅说明性的版画。

　　瑞克还研究了显微摄影领域的领军人物卡哈(Santiago Ramony Cajal)作为狂热的业余摄影家,为什么更倾向于使用绘画而不是他所独创的显微照片。在一本关于神经组织摄影的专著中,卡哈提到:只有当神经组织切片非常平整而且非常薄(1～10 微米)的情况下,照片的效果才能和较好的绘图的效果相提并论;但是当组织学切片变厚的时候,神经解剖学家通过显微镜观察时就不得不频繁地变换焦距,不得不对大量的不同光平面进行整合。但照片不可能表达多个焦平面中观察到的重要细节,同时隐去那些不重要的细节;而绘画却可以"像地图一样刻意指明穿越陌生地带的道路……大脑的特征能够通过颜色或交叉影线的综合运用来得到突显,而其他无关信息则通过阴影淡化或者省略消失在背景中……这对于摄影来说是极端困难的"(Rijcke. 2008)。

　　海克尔认为,插图不仅是对所看到的事物观察的结果,也应该是对事物的解释。摄影"时间统一、空间连续"的特征决定了摄影用于科学概念和规律表达的功能缺失,这是造成 19 世纪摄影技术发明之后,科学家仍然倾向于继续采用绘画来表现他们的研究成果的根本原因。绘画可以通过选择、忽略、分离、组合、强化、淡化、色彩运用,甚至加注文字等手段,描绘出同类对象的一般特征,因而相对于摄影而言,在表达科学概念和规律方面有其独特优势。

六、结论

　　图像对事物的观察和记录功能往往是文字所不能代替的。图像要用于科学研究中的观察和记录,就必须要有良好的光学一致性。

从写实绘画到摄影技术的发展史，就是一部追求光学一致性的历史。当时的人们认为，将主观因素排除于"绘画"过程而以自然过程来取代，是提高光学一致性的重要途径。对于摄影技术而言，主观因素被最大限度地排除，"绘画"过程完全通过自然过程来实现，使得其光学一致性达到了前所未有的高度。

摄影被认为是自然物体描绘它们自己的过程，而不需要艺术家的画笔的帮助，因此可以杜绝画家将自己的愿望、预期、概括、审美等强加于图像。摄影因而受到19世纪科学家的高度依赖，并被广泛运用于制作各种科学摄影集，"让自然为其自身说话"成为出现于19世纪后半期的新科学客观性的口号。

但在后来，科学史家及相关的研究者们发现：摄影"时间统一、空间连续"的特征决定了摄影用于科学概念和规律表达的功能缺失，这是造成19世纪摄影技术发明之后，许多科学家仍然倾向于继续采用绘画来表达他们研究成果的根本原因。而绘画可以通过选择、忽略、分离、组合、强化、淡化、色彩运用，甚至加注文字等手段来描绘同类事物的一般特征，因而在表达科学概念和规律方面有其独特优势。

在科学史家对摄影技术史的研究中所发现的科学家、科学哲学家，以及他们自身对摄影图片以视觉方式所表达的对象"客观性"的这些认识的变化，其实与科学哲学中著名的"观察渗透理论"学说有着异曲同工之意，都是对观察陈述的客观性的新认识。只不过在对摄影技术的利用中，因为更多不依赖于人的技术手段得以发展的缘故，而使这种传统中被设想的客观性的假象更加隐蔽而已。

不过，在现实中，传统观念的影响依然是很顽固的，再加上对于新的技术手段的崇拜，在当代还出现了对于所谓"图像时代"到来的片面认识、欢呼和追捧。从科学界对图像的利用，到现代化教育中对视觉图像手段的过分热衷，再到日常生活中人们对于"有图有真相"这种观点的信奉，恰恰是受传统观念影响的实例。因而，重温摄影技术史中所体现的人们对于基于"光学一致性"而带来的客观性的信念及其后来的变化，依然是有着重要的启发性意义的。

21 从视觉科学史看科学与艺术的同源性和同质性①

一、引言：问题的提出

C. P. 斯诺 1956 年提出的"两种文化"说不仅引起了学术界关于科学与人文之间关系的广泛争论，也让科学与艺术之间关系的问题成为一个老生常谈而未有公论的话题。

有的人认为，科学与艺术是两个完全对立的学科领域，二者在本质上没有共通点。科学包含自然科学和社会科学，其中以数学、物理学、化学、天文学、地理学、生物学等学科为代表的自然科学被认为最具逻辑和实证特征，而社会科学则不具备自然科学那样严密的逻辑性和实证性。我们平时所说的科学往往指逻辑最为严密的自然科学；人文科学则是指那些被拒斥在自然科学和社会科学之外的学科，包括我们通常说的文、史、哲等，而艺术在逻辑性和实证性上则连文、史、哲这样的学科都不如。艺术所具有的审美性和主观性，与科学所追求的逻辑性和客观性形成鲜明对比，因此是最为对立的两个学科领域。

① 本文作者宋金榜、刘兵，原载《上海交通大学学报》(哲学社会科学版)，2014 年第 6 期。

　　也有人提出,艺术与科学是有一定的相通性的。比如,乐器的原理至少与物理学中的声学有关;绘画中用到的透视也涉及几何学;建筑作为一门艺术,和力学、材料学、美学等都有关系,等等。

　　确实,这样的论证未免太牵强附会了。在讨论艺术本质上是否能和科学相通的问题时,江晓原指出,"轻易断言'科学与艺术是相通的',其实在理论上有着相当大的困难","如果主张这两者是相通的,接下来就会有义务为相通举出证据,而我们已经看到,这种举证相当困难";而"主张'科学与艺术是不相通的',在理论上困难会少些"。因此在这一问题上,江晓原从策略上采取的立场是主张"科学与艺术在表层可以有联系,但在本质上是无法相通的"(江晓原.2007)。

　　不过,一个新兴的科学史研究领域似乎可以从更深层次为主张科学与艺术相通的观点做出一些颇有说服力的举证。20世纪七八十年代以来,随着国际学术界对视觉文化的日益关注,科学史界以及艺术史界对科学史中包括科学图像在内的"视觉科学表象"(visual representation of science)[①]的研究也越来越多,到了20世纪90年代已形成了一个新兴的热门研究领域,这一领域可被称为"视觉科学史"(visual historiography of science)。

　　视觉科学史因其涉及科学和科学史、艺术和艺术史、历史和编史学这三个方面而成为一个真正的跨学科研究领域。而且,随着研究课题和方法的不同,还可能涉及科学哲学、艺术心理学、认知心理学、语言学、图像学、符号学、解释学、修辞学、人类学、文化研究、印刷技术史,乃至宗教和宗教史等多种学科领域。视觉科学史直接从历史渊源上将科学与艺术(至少是视觉艺术)联系起来,因而成为联结科学与艺术的最直接纽带。

　　本文的目的就是试图从视觉科学史的视角出发,通过对近几十年这一领域关于科学与艺术关系问题的研究进行回顾和梳理,提出

---

① 视觉科学表象是相对于语言表象而言的,是指利用摄影、绘画、版画、制图、图表、符号等二维静态图像,以及电影、电视等二维动态影像,乃至标本、模型、器物等三维实体对科学研究的对象、方法、过程、结论等进行表达的过程和结果。

科学与艺术在本质上具有深刻的同源性和同质性，从而为科学与艺术本质上的相通性提供论据。本文的主要观点是：从历史渊源上看，欧洲文艺复兴是现代科学与艺术的共同起源；从学科目的和认知模式上看，揭示事物的神奇和美好是科学与艺术的共同旨趣，对事物进行观察、描述和解释是科学与艺术共同的认知模式。两者的共通性几乎贯穿了整个人类历史，直到一百多年前才出现了我们所看到的科学与艺术相互分裂的现象。

二、欧洲文艺复兴——现代科学与艺术的共同起源

科学是反映自然、社会、思维等事物及其发展变化的客观规律的分科知识体系。科学致力于通过以逻辑推理为特征的科学方法对客观世界进行充分的观察和研究（包括思想实验），从而验证、获得关于客观世界的普遍规律的知识，进而将这些知识纳入人类既有的科学知识体系。艺术则是凭借技巧、意愿、想象力、经验等主观因素创作隐含美学诉求的器物、环境、影像、语言、动作或声音等不同形式的表达模式。艺术作品体现并物化着艺术家的审美观念、审美趣味与审美理想，因而审美特征是艺术最本质的属性。因此人们通常认为，科学与艺术以其"逻辑性和客观性"与"审美性和主观性"的鲜明对比成为两个完全对立的学科领域。波士顿大学艺术史系从事当代艺术和理论教学以及博物馆研究的琼斯（Caroline A. Jones）、哈佛大学科学史和物理学教授伽里森（Peter Galison）这样总结了人们对艺术和科学之间这种二元对立关系的认识：直觉—分析；归纳—演绎；视觉—逻辑；随机—系统；自主—协作；女性—男性；创造—发现（Jones &. 1998：2）。

这种二元对立观在视觉科学史研究领域里遇到了一些挑战。如果按照这种二元对立的观点，视觉科学史的研究对象应该是科学史中有关科学的图像，理所当然地应该将艺术绘画作品排除于视野之外。然而，有不少科学史家发现两者在历史上的界线远没有想象的

那么清晰。他们在从事视觉科学表象研究时，都发现难以就科学图像和艺术绘画之间的划界问题提出一个明确清晰的划界标准。产生这种现象的主要原因在于：在第一次科学革命之前，并不存在科学与艺术在学科建制上的明确划分。比如在文艺复兴时期，许多杰出人物既是现代意义上的科学家，也是现代意义上的艺术家。他们既从事科学研究，也从事艺术创作。因此以今天的学科结构将科学建制化之前的图像人为地划分为科学图像和艺术绘画，难免会产生辉格解释的错误。即使在科学建制化之后，科学家和艺术家在许多领域里仍然保持着密切的合作，区分某一幅图像到底出自科学家之手还是艺术家之手，或者用于科学目的还是审美愉悦，都需要进行深入的史学分析。只是到了 19 世纪摄影技术出现之后，艺术和科学才出现了最终的分离。

在科学建制化之前的文艺复兴时期，科学与艺术是一种共生关系。许多现代人眼里的"艺术家"也同时在从事着"科学家"的工作，甚至无法指定他们到底是科学家还是艺术家；而许多现代人眼里的"科学家"也有着很好的艺术修养。因此，我们也完全没有必要惊奇于达·芬奇何以能在这两个"相互对立"的领域里都取得了如此杰出的成就，其实在当时看来，他所从事的完全可以看作是同一领域的工作。

另外，透视画法的发明和运用也是科学与艺术共生关系的很好体现。如果不精通数学和几何光学理论，艺术家就不可能发明这种理性的客观描绘事物的绘画技术；而透视画法的发明，也为艺术家和科学家提供了观察和记录事物的有力工具，并且促使描述性科学，如解剖学、植物学以及建筑绘画技术取得了革命性进展。

在今天看来，科学与艺术在文艺复兴时期都取得了辉煌的成就，正是科学与艺术共生的历史特征为这一成就提供了不可或缺的历史背景。一方面，文艺复兴时期的许多艺术家都通过从事科学观察研究来提高他们精确描绘事物的能力。以解剖学为例，由于文艺复兴时期第一次可以出于研究目的对人体进行解剖，因而迎来了解剖学史上第一次大规模的系统研究。美国罗文卡瓦鲁斯社区学院社会科学系的吉恩（Sheryl R. Ginn）和意大利神经内科医生洛鲁索（Lorenzo Lorusso）发现：文艺复兴时期的艺术家经常参与解剖，他们对解剖细节的观察也体现在他们的作品中。正如人们所熟知的那样，达·芬奇花费了许多年参与完成了许多解剖活动，才造就了他杰出的绘画和雕塑作品，他的许多绘画作品中都展示了他对细节的特别关注。达·芬奇对解剖学的参与在文艺复兴时期绝非个例，当时有大批艺术家参与解剖，曾促使了一个新行业的诞生，就是艺术家作为雕版师为解剖学家的著作制作插图。在当时，备受崇拜的艺术家—解剖学家—雕版师三体合一的"完人"（universal man）的数量出现了明显增加。吉恩和洛鲁索指出："文艺复兴时期艺术和科学的'异花传粉'带来了对神经解剖学更科学的、更有创造性的分析方式。艺术和科学共同得益于这种互惠，并且共同提供了解释人类身体和思想奥秘的新方法。"（Ginn & Lorusso, 2008）另一方面，科学家的艺术修养也为其科学研究提供了得天独厚的条件。柏林洪堡大学的艺术史教授布雷德坎普（Horst Bredekamp）在对伽利略和哈里奥特观察月相的过程进行对比研究之后认为，"当伽利略通过望远镜观察月球表面时……他能够将月球表面的光影图案理解为山脉和山谷排列的结果"，正是"他的艺术经历使他能够正确地理解他所看到的景象"（Bredekamp, 2001）。布雷德坎普指出：伽利略不仅在他年轻的时候就希望成为一名艺术家，同时在其整个一生中都与视觉艺术领域保持着紧密联系。伽利略能够比哈里奥特更早地意识到月球表面的光影图案和它不平整的表面有关，不仅仅在于技术装备上的差别，而更在于伽利略对绘画艺术中所认识到的"第二光线"的理解，即亮的物体所反射的光线在另一物体表面形成的浅淡光泽。月球表面的图案可以用这一原理来解释（Bredekamp, 2001）。

文艺复兴时期艺术与科学共生的原因在于它们都体现着对理性的智识力量的追求，而理性的智识力量被认为是上帝对人类的恩赐，也是欧洲精神的体现。文艺复兴时期著名的建筑师阿尔伯蒂（Leon

Battista Alberti)曾经说过:"人们颂扬上帝,通过自己美好的作品来让他满意,因为这些礼物来自上帝赐给人类灵魂的德能(virtù,意大利语,包含美德和能力两个意思),这种力量使人类比地球上任何其他动物都伟大和卓越。"(转引自 Shirley & Hoeniger. 1985:15)

透视画法对于艺术家来说就是其智识力量的体现。牛津大学三一学院的克龙比(Alistair C. Crombie)认为,理性的艺术家和理性的实验科学家同样是这种智力文化的产物。"理性的透视画法艺术家首先通过对以几何透视关系组织起来的视觉线索进行分析,从而在他头脑中形成一个他将要展现的构想;理性的实验科学家也同样要对他的主题进行数学的和概念的分析。他们共享一个培养德能的智识承诺。"(Crombie. 1985:15—16)透视画法这种从视觉上精确地、可测量地描述自然世界的方式,为科学革命奠定了不可缺少的认知态度,即对经验观察的尊重。文字记录方式造就了传统权威,而图像记录方式则尊重经验观察,正是文艺复兴艺术使人们摆脱了此前赋予书写文字比感觉经验更高优先权的传统权威的束缚。科学史学家巴特菲尔德(H. Butterfield)较早地认识到视觉艺术对于科学革命的意义,他提出 15 世纪艺术家发明的透视画法促进了精确观察的发展,迎来了"科学革命发展的初始阶段"(Baldasso. 2006:70)。

因此,科学与艺术的共通性首先表现在它们的同源性。也就是说,科学与艺术有着共同的历史渊源,那就是 15 世纪前后的欧洲文艺复兴。在文艺复兴时期,科学与艺术之间并不存在我们今天在建制上的明确划分,科学与艺术是一种共生关系,科学家和艺术家也有着最大程度的共同活动的领域。

三、认知与审美——科学与艺术的共同兴趣

人们现在通常认为,科学家寻求解释"为什么",他们试图依据逻辑推理,通过按照统一的自然规律和物理定律描述世界来改变我们对世界的共同认知;而艺术家则以美妙而和谐的直觉演奏着富于想

象力的视觉音乐,却不必为那种需要判断孰对孰错的逻辑法则所累。然而,我们也不能片面地强调科学与艺术在思维方式上的差别,更不能将这一结论应用于 18 世纪之前的历史时期。近几十年的视觉科学史研究能够提供充分的证据来说明:不仅在 18 世纪之前,科学与艺术在学科目标和认知模式上存在着深刻的共通性,而且即使是在19 世纪科学与艺术相分裂之后,审美考量仍然在科学图像中起着重要作用。

(一) 观察、描述和解释是科学与艺术共同的认知模式

科学与艺术不仅在文艺复兴时期有着精确观察和研究事物的共同旨趣,在整个人类历史上科学与艺术的思维方式都在一定程度上存在着共通点。在视觉科学史方面著述颇丰的牛津大学艺术史教授肯普(Martin Kemp)指出:"如果我们看一下他们的工作过程而不是最终结果,我们会发现科学与艺术分享了许多共同的处理方式:观察、结构化的猜想、视觉化、类比和比喻的运用、实验测试以及对特定类型的重复实验的描述。"(Kemp. 2000:4)

科学与艺术在学科目的和思维模式上的这种共通性是有着深厚的宗教文化根源的。在基督教文化当中,赞美上帝是基督教徒和信众许多行为的重要动力。和科学家通过揭示造物主作品的奇妙规律来颂扬造物主的伟大一样,艺术家通过精美而写实的描绘来赞扬造物主作品的美好。肯普在和华莱士(Marina Wallace)合著的一本关于人体解剖学史的专著里认为:从神创论的角度揭示人体小宇宙的"神创结构"的精妙,是解剖学长达数百年的学科目标,而文艺复兴之后的许多非常精细逼真的解剖学插图正是对这一目标的体现,因为这些插图的精细程度已经远远超出当时的医学技术的需要(Kemp & Wallace. 2000:11)。

科学与艺术对上帝的颂扬都离不开对造物主的作品即万事万物的观察、描述和解释。人们的思想都起始于感觉,不管是艺术家在描绘事物之前,还是科学家在提出关于事物的公式化表述之前,都要首

先通过感官感知它们。抽象和概括也是科学与艺术的共通属性,只不过艺术家通过运用绘画描绘出所观察到的同类事物的典型特征,而科学家则试图以文字和公式的形式描述事物的本质属性。因此,不管是科学研究还是艺术创作,它们都是从对事物的观察开始的,它们都有着观察和记录事物,对事物进行抽象概括,从而理解并解释事物的愿望。

科学与艺术在 19 世纪之前表现出更为明显的同质性。特别是对于描述性科学来说,科学家并不需要提出公式化的表述,科学的图像并不是像库恩所说的那样是科学活动的副产品(Jones & Galison. 1998:4);和艺术家的绘画一样,科学图像也是描述性科学的最终产品。而且在 16 世纪和 17 世纪时,艺术家同样需要进行"实验",因为那时所说的"实验"并不是为了检测一个特定的理论或假说而人为设计和控制的特殊的观察行为,而是和"经验"(experience)差不多是同义词。实验的目标也不是理论化的表述,而是对环境和事物的精确报告(Alpers. 1983:105)。

艺术不仅和科学一样需要对事物进行直接观察和描绘,而且从艺术史上看,艺术家对事物的直接观察和描绘的历史要远远早于近代科学诞生的历史。正如华盛顿文化发展学院的霍尔(A. Rupert Hall)所指出的那样,"自然主义在艺术中比在科学中历史悠久"(Ritterbush. 1985:162)。在欧洲,中世纪时期的写实绘画技术已经发展到一定的水平,一些画家所描绘的动植物已经可以被现代博物学家辨识物种,然而这些图像往往是用于装饰目的,并不是用来进行科学观察和研究的。

中国历史上也存在着类似的现象。我们现在通常认为:中国历史上的技术"图"和艺术家的"画"的区别在于,"图"更注重"形"的精确表达,而"画"更注重画家"意"的抒发。然而,中国古代画家特别是在宋元文人画出现之前,历来注重对事物的直接观察和"写生"。比如,五代时期、北宋初年的著名的花鸟画家黄荃、黄居寀父子的实写画风统治了北宋画坛近一个世纪,宋代范缜的《东斋记事》(卷 4)中就有关于他们写生的记载："黄荃、黄居寀，蜀之名画手也，尤能为翎毛。其家多养鹰鹘，观其神俊，故得其妙。"宋代罗大经的《鹤林玉露》中也有类似的记载："曾云巢无疑工画草虫，年迈愈精。余尝问其有所传乎，无疑笑曰：'是岂有法可传哉！某自少时取草虫笼而观之，穷昼夜不厌，又恐其神之不完也，复就草地之间观之，于是始得其天。方其落笔之际，不知我之为草虫耶，草虫之为我耶，此与造化生物之机缄盖无以异，岂有可传之法哉？'"

法国国家科学研究院柯瓦雷研究中心主任梅泰里（Georges Métailié）关于中国古代植物绘画的研究也发现：画家所描绘的植物通常比本草类或者农学类技术图书中的插图更精确，这是因为画家可以从有限的易于直接观察的植物中选择他们描绘的对象；而技术图书特别是本草类图书的插图中的许多植物都是野生的，或许生长在很偏远的地方，绘图师只能从用作药材的干枯的局部（叶、皮、根、果实等）或者关于它们的已有图书中的插图来描绘它们（Métailié. 2007：488）。

艺术家对事物的精确描绘还带来了出版史上一个奇特的现象，就是科技类图书对前人非科技类图书或其他作品中已有插图的沿用（或剽窃）。美国密苏里州堪萨斯城大学历史学副教授、堪萨斯城琳达-霍尔图书馆科学史顾问阿什沃思（William B. Ashworth）在研究17世纪的科学插图时发现：这些插图大多不是原创的，即使在物理学的著作中也常常见到利用16世纪的已有图像（原型）来制作的星座、弹道、天平和彩虹的插图；而"这些原型不仅可能来自科学论文，也可能来自各种关于符号、图案、寓言和风俗画作品的图书，这些都远远超出了自然哲学的范围"（Ashworth. Jr. 1984）。

科学与艺术的精确观察和记录事物的共同旨趣还体现在艺术家对一些描述性科学研究的参与上，这种参与一直从文艺复兴持续到19世纪。肯普和华莱士在研究1500年到1880年西方科学对人体的科学观念、解释和描绘的历史时，也特别关注了绘画、摄影技术的发展以及艺术家和科学家之间的合作关系。他们的研究显示出：从达·芬奇时期起,艺术家和科学家就因其共同的兴趣(即关于人体的感觉知识)开始密切合作,此后艺术家在人相学、病症学、人种学以及精神错乱、犯罪行为研究等领域都有着广泛参与;艺术家对人体内部的、不可见的以及显微结构的研究同样有着浓厚的兴趣(Kemp & Wallace. 2000)。加拿大国家美术馆的卡佐特(Mimi Cazort)也认为:人体解剖插图领域出现了科学插图和美术传统最有趣的交汇,从17世纪直到19世纪,通过面容和头脑的外貌对感情的表达以及对性格类型的描绘一直是艺术家和解剖学家共同关心的问题,解释姿态、手势、比例的模式和关于美的思想都在解剖学表象中得到清晰的体现(Cazort. 1997:21)。

因此,几乎在整个人类历史进程中,观察、描述和解释事物都一直是科学与艺术的共同兴趣,艺术创作和科学研究一样,都有着观察和记录事物,对事物进行抽象概括,从而理解并解释事物的愿望。只是随着以牛顿、拉格朗日等人为代表的经典力学体系的建立,带来了科学对世界认知方式的改变。进而随着19世纪摄影技术的发明,写实绘画技术失去了以往的实用意义,艺术家不得不最终放弃了以往忠实观察和描绘自然的艺术追求。至此,科学与艺术才算是分道扬镳。正如格劳巴德(S. R. Graubard)所总结的那样:"艺术和科学之间一度存在过的,就像我们在文艺复兴时期所能明显看到的那种契合,可能一直很好地维持到18世纪,然后就烟消云散了。"(转引自Lynch & Edgerton. Jr. 1988:184)

(二) 科学图像中的审美考量

按照我们现在的普遍观点,评价科学图像和艺术绘画应该有完全不同的两个标准。衡量科学图像的首要标准应当是其精确性而不是其审美性,科学图像应该是像照相机那样对客观事物的精确描绘;评价艺术绘画的首要标准应当是其审美性,而不应与其精确性有关;然而,视觉科学史研究发现,科学图像的审美性在科学图像的传播过程中往往起着重要作用。因此,即使是在19世纪科学与艺术相互分裂以后,审美考量仍然是科学家制作科学图像时要考虑的重要因素之一。

最近的一些民族志研究也进一步证实了现代科学家在制作专业的科学图像时对审美因素的关注。比如,斯坦福大学的凯斯勒(Elizabeth A. Kessler)通过研究哈勃后续计划(Hubble Heritage Project)的天文学家对 M51 号星云的哈勃望远镜照片的选择和处理的详细过程认为,美学考量在科学家选择和处理用于科学研究的专业照片的过程中也起到了重要作用:天文学家会对图像的亮度进行调整以增强图像的显示效果,锐化图像以提高清晰度,对多张图像进行拼接以提高视觉吸引力,去除宇宙射线产生的曝光痕迹、设备因素带来的暗点以及过度曝光的区域等以使图像更加完美,等等。更能说明天文学家对审美的关注的是他们对衍射芒的处理。衍射芒是因设备的不良因素带来的看上去像是从明亮星体发出的尖细的光线,这些光线在客观上是不存在的,对于科学图像来说,当然应该将这些并不存在的光线去除掉,这样才符合图像的客观性要求;然而因为它们很符合艺术绘画中星星闪闪发光的形象,因而成为重要的美学元素在专业的科学图像中被保留了下来(Kessler. 2007:484—489)。

因此,科学与艺术的共通性还表现在它们的文化同质性。首先,科学与艺术有着共同的学科目标和认知模式。在基督教文化里,通过揭示事物的神创奇迹来赞美上帝曾经是科学与艺术的共同目标;通过观察和描述事物,对事物进行抽象概括,从而理解并解释事物,是科学与艺术共同的认知模式。其次,科学与艺术一样有着对审美的追求,审美不仅是艺术作品的重要特征,也是科学家制作科学图像时要考虑的重要因素之一。

四、结论

本文通过对近几十年的视觉科学史中关于科学与艺术关系的研究进行回顾和梳理,提出科学与艺术在本质上是相通的。科学与艺术的相通表现在它们在历史渊源上所具有的同源性以及在学科目的和认知模式上所具有的同质性。

从同源性上看,欧洲文艺复兴可以认为是现代科学与艺术的共同起源。在文艺复兴时期,对理性的智识力量的共同追求形成了科学与艺术的共生关系。许多艺术家和科学家一样从事精确的科学观察以提高他们精确描绘事物的能力;一些科学家也有着深厚的艺术修养。艺术家在数学和几何文学理论的帮助下发明的精确描绘事物的透视画法技术,也迅速成为科学家用于科学观察和记录的有力工具,从而摆脱了经院哲学传统权威的束缚,形成了尊重经验观察的认知态度,为科学革命奠定了不可缺少的认知基础。

从同质性上看,科学与艺术有着共同的学科目标和认知模式。在学科目的上,通过揭示事物的神奇和美好来赞美上帝曾经是科学与艺术的共同目标。科学与艺术还有着共同的认知模式,即通过观察和描述事物,对事物进行抽象概括,从而理解并解释事物。另外,科学与艺术一样有着对审美的追求,审美性是科学家制作科学图像时要考虑的重要因素之一。

因此,科学与艺术的对立只是最近一百多年才出现的现象,在绝大部分的人类历史时期,科学与艺术在本质上都是相通的。通过对科学与艺术从共生到分裂的历史进行梳理和回顾,可以帮助我们更好地理解人类文化的共通性,并促使我们对现代科学的研究目的、认知方式及其变迁的历史和原因进行反思。

22 对若干种居里夫人传记的性别视角分析①

一、研究背景

传播学自 20 世纪 80 年代被引入中国，至今已经发展成为一门显学。其重要研究领域之一——科学传播，也随着学界对传播学研究的日渐深入而成为一个新的研究热点。而近年来逐渐进入中国学者视野的女性主义，作为传播学的方法论之一，也开始成为科学传播的一条重要研究进路。

在此背景之下，用性别视角解读科学家形象的传播，成为了性别与科学传播交叉研究领域中一个非常重要但又少有人涉及的研究课题。科学家形象的传播是科学传播的一个重要研究内容，而科学家形象往往是由科学家传记来进行传播和构建的。尤其是在影像不发达时期，相对于较为枯燥和专业性强的科学史而言，科学家传记无论在形式还是内容上都更具传播优势。但科学家传记，尤其是早期作品，往往是在去性别视角的情况下创作完成的。如果用女性主义视角对这些作品进行分析就会发现：相对于男科学家，女科学家形象在

① 本文作者李娜、刘兵，原载《中国女性主义 II》，荒林主编，广西师范大学出版社，2009 年。

传记中往往被无形地、变相地贬低,即使最著名的女科学家也不例外。甚至在某种程度上越是著名的女科学家,其形象被贬低得越严重,这是科学领域的性别研究所不能漠视的。因此,以著名女科学家传记作为考察对象极具典型性。本文选择了著名女科学家居里夫人传记作为研究对象进行分析。

二、居里夫人形象调查

为了了解公众心目中的居里夫人形象,2007 年 12 月,笔者在清华大学科学素质教育公共选修课上进行了问卷调查。共发出问卷150 份,收回有效问卷 135 份。调查对象均为清华大学不同专业的在校本科生,其中理工类专业 107 人,人文类专业 28 人;男生 104 人,女生 31 人。其中有 122 位同学认为自己心目中最著名的女科学家为居里夫人,占全部人数的 90.3%。

53.3% 的调查对象认为居里夫人的形象是:科学上孜孜以求;家庭上照顾周到、善教子女、平淡低调;生活贫苦时亦科学至上,是道德上堪称表率的科学家、妻子、母亲的合体。另外,有将近 50% 的调查对象认为:完美女科学家的标准应该是在科学上有建树;生活中相夫教子,家庭角色也是成功的;在社会规范的道德问题上也起到表率作用的。这种形象在很大程度上来源于居里夫人传记,尤其在影像不发达时期,居里夫人传记对居里夫人形象的构建起到了巨大的作用(李娜,刘兵. 2007)。

但在公众广泛崇拜居里夫人的大背景下,却鲜闻对其形象的反思之声。公众往往按照自己心目中居里夫人的形象来要求女科学家或者进入科学界的女性。从性别视角来看,这种要求是存有一定问题的。因为居里夫人的大部分传记所传播的女科学家形象是被打上了男权烙印的,这会以一种隐蔽的形式,将女科学家在科学共同体内部、在社会中,相对于男科学家受歧视的地位和形象传递给公众,这对女科学家和想要进入科学界的女性都是非常有害的。同时,居里夫人形象的建构和传播方式,在很大程度上也代表了女科学家形象传播的共同特征,因此对其传记进行研究,不仅对于科学史有着重要意义,还可以通过像性别研究这样崭新的视角来分析一般科学家传记对其形象建构与传播的影响等问题。因此,本文选择了几部具有代表性的作品进行性别视角分析。

三、居里夫人传记的具体分析

(一) 女性主义对于科学的分析

女性主义对于科学分析的第一步就是把镜头对准了科学话语历史中一直占据主导地位的性别标记。

历史早期,由于女性的生育角色和孕育万物的自然具有一定的相关性,因此女性被隐喻为"自然";男性随着社会分工逐渐在人类生活中起主导作用,因此被与"智慧"联系在一起。17 世纪,将"自然"女性化,将"智慧"男性化的常见指代被赋予了新的关系。由于男性在变化多端的世界中,不断寻找一种新的认知政治,这种新关系适应了男性创造的现代科学理论的需要。17 世纪的英格兰,"智慧"与"知识","男性"与"女性","上帝"与"自然"的含义,以及这些范畴之间的争论,直接影响了人们对于女性气质的评价,影响了男性的妇女观,影响了妇女在知识体系中的地位,简而言之,影响了性别与科学的意识形态。

随着女性逐渐失去了其特征,现代科学产生了一种变质的、世俗化的、机械的自然观念。科学成为社会变革的积极的代言人。如果说,某一流行的科学观成为理性和客观标准的依据,科学也同样为新的男性化观念提供了依据。至此,科学的男权形象确立。科学取得的巨大成就都是和女性化的事物对立的,"所以现代科学对于自然和女性心有余悸",因此女性科学工作者,势必在科学共同体中受到显性或隐性的性别歧视,其个人的职业生活和家庭生活必定会产生一定的冲突(李银河.1997:184—188)。

女性主义的基本分析范畴是社会性别,它既是一种概念,也指代了一种分析方法。英国女学者奥克利提出生物性别(sex)与社会性别(gender)的区分:"生物性别"代表人类与生俱来的自然属性、生物属性,指男性与女性之间在生物学、解剖学意义上的差异;而"社会性别"概念可以被定义为"由历史、社会、文化和政治赋予女性和男性的一套属性",强调社会性别正像人类文化一样,是一种文化构成物,即人类建构的产物,是以社会性的方式建构出来的社会身份和期待,在其建构时往往会比照真实或假想的生理性别特征(荒林.2007:147—148)。

性别与社会性别的关系,正如激进自由主义女性主义者鲁宾(Gayle Rubin)的看法,"性别/社会性别制度"是一套安排,社会通过这套安排把生物学意义上的性别转变为人类活动的产物。例如,父权制社会采用男性和女性生理学上的某些事实(染色体、人体结构、荷尔蒙)作为基础,建构出一套"男性气质"和"女性气质"的身份和行为,这一切发挥了赋权男人、削弱女人的作用。"(童.2002:71)

所谓的"男性气质",代表的是一种客观、理性、智慧、积极、勇敢、有魄力、有气概、有控制力量,适合在外打拼,兼有养家的责任,等等;"女性气质"往往指代感性、敏感、易冲动、柔弱、善良、消极的、更适合居家或者十分稳定的工作的、温柔、体贴、相夫教子,为家庭和子女付出更多,等等。

由 sex 到 gender,使得性别研究从生物学领域转向了社会文化领域,批判了生物决定论的观点,即男性和女性不是生来就具有男性气质和女性气质的,而是在成长的过程中分别被无形地规划到既定的性别角色中去,即男性要向男性气质靠拢,女性要向女性气质靠拢,否则就是违反了社会规范。这种社会建构论的观点,使得"社会性别"这个概念开辟了社会科学研究的新视角,即"性别视角",由此延伸出的分析方法也成为"社会性别"。

对于科学来说,妇女之所以受到性别歧视,原因在于父权社会把性(sex)和性别(gender)合并为一,认为对妇女合适的只是那些与女性气质人格相联系的工作。几百年来,男性气质与女性气质的区别、公共领域与非公共领域的区别、工作与家庭的区别日益突出,与此相适应的是现代科学极力促成了智慧与自然、理性与情感、客观与主观的分裂(Rosser. 1989:3—16)。

(二) 对居里夫人传记的性别视角分析

居里夫人的中文传记中,大部分缺乏性别视角,但是仍有极少数佳作令人耳目一新。本文选择了居里夫人的次女艾芙·居里的《居里夫人传》、法国作家纪荷的《居里夫人,寂寞而骄傲的一生》,以及《执着的天才,玛丽·居里的魅力世界》等三本传记作为主要考察对象,对不同传记中同一问题或细节的不同表述进行了性别视角分析。

1. 居里夫人的外在形象

在《居里夫人传》中,从居里夫人到巴黎求学开始,正面描写其形象的地方有十余处,除了用一句话提到她在新婚旅行时,"穿了一件白上衣,很清新"之外,其余的衣着描写,整体上给人的印象都是以暗淡的黑灰色为主,突出其节俭,为了科学而无暇顾及外表的形象,甚至认为其"不懂什么流行样式,也没有审美观念"(艾芙·居里. 1984:298)。

而在《居里夫人,寂寞而骄傲的一生》《执着的天才,玛丽居里的魅力世界》等数本传记中都提到了居里夫人一次特别的衣着,"她穿的是入时的白色长裙,腰间插了一朵粉红色的玫瑰花"(戈德史密斯. 2006:128)。如果这次对比鲜明的衣着只是一个例外,那么《寂寞而骄傲的一生》中还写道:"为了方便,她不是穿黑就是着灰。黑色让她显得出色,因为旁人很少穿黑;而灰色很好配,尤其配她淡金色的头发。"(纪荷. 2004:107—108)居里夫人并非没有审美观念,只是审美观念不同流俗罢了。

这两种描写的本质差别在于居里夫人有无审美观念。对于白色长裙和玫瑰花这个绝对吸引眼球的形象,流传最广的《居里夫人传》

视若无睹,因为这幅照片涉及的背景是居里夫人的一段"绯闻"公案。作者作为居里夫人的女儿,不想让母亲有丝毫的可能与任何"污点"沾上关系,是可以理解的。但是,女科学家的审美观念是值得分析的。男科学家往往是科学共同体的代言人,女科学家从事了具有男性气质的科学工作,本身所谓的温柔、贤惠、顺从等女性气质就必须被淡化,而尽量向男性气质靠拢,因此公众眼中的女科学家往往就应该是没有性别色彩或者是中性的。越是花哨的、能彰显女性色彩的衣饰,越会让人觉得这个科学家拥有不令人信服的女性气质。科学家传记中,有意无意地将女科学家外部形象男性化或者中性化,这是科学的男权思想下,女性科学工作者受到歧视的一种折射。

除了科学家传记,其他作品也是如此,很多女科学家在衣饰打扮方面被擦去了性别印迹。短发、戴眼镜、装束呆板、性格无趣等,是很多人对于女科学工作者的潜在印象。一旦有女科家反其道而行,就会被认为是突破常规。2007 年前后热播电视剧《暗算》,塑造了一个非常亮眼的女科学家形象。数学家黄依依因为外形姣美、装扮时髦、观念新潮而成为全片的亮点,在观众中刮起了一股"黄依依"热潮。主要原因之一,就是黄依依的外在突破了人们以往对科学家的认识,给了公众很多新鲜感。也许女科学家在实验室并不喜欢过分修饰自己,但是在生活中,传记作者往往不注意挖掘女科学家女性气质的一面,常常把女科学家塑造成没有审美观念的中性人。这一点在早期作品中尤其常见。

2. 居里夫人的行为方式

在《居里夫人传》中,居里夫人被刻画成是能够处理好事业、家庭、子女教育三者之间关系的女强人,她总是以科学家的思维来思考问题,常常保持着客观、冷静和审慎的态度。但另外一些传记,却记录了居里夫人另类的一面。

居里夫妇的长女诞生后,居里夫人生活负担变重,她有时候会突然锁上实验室的门,冲回家看保姆是不是把孩子看丢了。对此《居里夫人传》将其归结为一个母亲对孩子的关心,而《居里夫人——寂寞

而骄傲的一生》将其归结为"精神极度紊乱"。《寂寞而骄傲的一生》
中有几个独有的细节：居里夫人喜欢著名雕塑家罗丹的作品，并常常
去他的工作场地看他；大女儿有一次心不在焉地答错了一道物理题，
居里夫人立刻抓起她的笔记本，扔向窗外；负责为战地培训 X 光师
时，面对极少数不认真的学生，居里夫人毫不客气地将其赶走。另
外，也有人说居里夫人在实验室偏心于她的女儿，有人为此和居里夫
人起过冲突（纪荷. 2004：230—248）。

　　上述细节，都是关于居里夫人所谓的"女性气质"的表现。早期
的传记忽略这些女性气质的表现，从本质上说是对女性气质的蔑视
和否定。"激进—文化派"女性主义者认为，女性气质本身是被男人
建构出来的，是为父权制目的服务的（严济慈. 1989：26）。而男性分
配给女性的气质都是价值不高的，所以男性蔑视女性气质。从事具
有男性气质的科学家职业的女性，自然要在人格气质上符合"男性气
质"的标准，即在所有的情况下，都保持冷静、客观、审慎。否则，她就
不能被看作是一个合格的科学家。这是对女科学家的一种误读。科
学家传记在传播科学家形象的时候，没有必要舍弃她"女性气质"的
生活细节和人格特点。

　　值得单独提及的是：1911 年 1 月，居里夫人参加法国科学院院士
竞选落败后，《居里夫人传》只用了一句"她对于这个几乎没有使她感
觉苦恼的挫折不加一句评论"（居里. 1984：296）便轻描淡写地结束了
此事。而《寂寞而骄傲的一生》则写道：在竞选失败的下个月，又有一
位院士去世需要补选，但她再也不愿提起此事，并且从此之后再也没
申请任何席位和荣誉。不仅如此，她也再没有把自己的研究计划提
交到科学院会议讨论。

　　从性别视角来看，科学界是一种男权统治，而全部由男性组成的
法国科学院更加是科学男权形象的典型代表和最高组织。父权社会
认为男性天生优于女性，女性如果进军科学院这样的男性精英团体，
失败之后被忽略心情，或者是用一种漠然的反应来隐瞒其心情，这在
某种程度上意味着居里夫人无条件、无感情地默认了科学共同体的

决定,这是对居里夫人人格和形象的一种欠缺性表述;而她后来对于科学院的敌视态度,从某种意义上说是对于科学共同体的男权统治的一种不满和反抗,体现了她更加珍贵的富于反抗性的人格。

3. 关于家务问题

《居里夫人传》放大了居里夫人事业与家庭上的双重"成功":面对家庭生活和职业生活之间的冲突时,玛丽从没有想到过要在两者之间做出选择,而是决意要把爱情、母职、科学三者一起兼顾,而且绝不敷衍应付。家务俨然成为女科学家居里夫人义不容辞的责任(居里小姐.1994:159—166)。

而在《执著的天才,玛丽居里的魅力世界》中,居里夫人对家务的态度由被动变为主动:玛丽将对科学一样的激情也带入了婚姻。她把家务作为科学题目来研究。这个当年连汤都不会煮的学生现在学会了做醋栗酱,还仔仔细细地记下用料以及成品的数量(戈德史密斯.2006:47)。而《寂寞而骄傲的一生》中写道:"她的家井然有序,但她决不让自己成为家务的奴隶……她自己做果酱,为女儿裁制衣裳,都是为了省钱,不是因为她喜欢做。"(纪荷.2004:88)

需要指出的是:无论哪本传记,都暗含着同一个前提,即家务无可争议就该由居里夫人承担。几乎每本传记写到家务时,居里夫人无可挑剔的完美丈夫皮埃尔都成为了透明人——家务与皮埃尔没有任何关系。

只不过,不同传记视角略有不同。后两种传记以居里夫人本人为出发点,说她做这些事情或是出于对生活的激情或是出于经济限制。《居里夫人传》则间接地表达了成功女科学家的标准之一是重视家庭生活,尤其对居里夫人进行科学研究的同时尽职地承担家务进行了赞美和歌颂,突出了主人公对家务的牺牲或额外的承担。这在无形中传递给读者一种信息:尽职地承担家务,是作为一个成功女科学家的必要条件。这在无形中构筑了女科学家的标准:不仅要事业上有成就,还要扮演成功的家庭角色。

家务问题是马克思主义和社会主义女性主义尤其关注的话题。

传统的社会观点认为：男主外女主内，女性生来就擅长并且应该从事家务劳动，家庭主妇是女性角色必不可少的一部分。马克思主义女性主义认为：妇女独自承担家务是受压迫的一种表现。恩格斯对此进行了透彻地分析：从人类历史的发展来看，妇女从事自在性的工作，如炊事、清洁和抚育子女；男人承担自为性的工作，如狩猎、战斗——大多数这类活动涉及使用工具征服世界。从这时开始，作为这一特殊劳动分工的结果，男人攫取了生产资料，他们开始成为了"有产者"，而妇女成为了"无产者"。资本主义支持这一状况，因为这样它就不必为妇女的家务劳动支付工资。资本主义制度使妇女的家务劳动成为免费的（童.2002：266）。所以马克思主义女性主义主张妇女出去工作或家务劳动必须支付工资。而本斯顿指出：家务历来就是女人的责任，即使她们外出工作，她们也必须兼顾工作和家务（或者负责监督替代她操持家务的人）。女人，尤其是已婚有子的女人，在家庭外工作，完全是做两份工作：只有当她们能够继续完成她们在家庭内的首要任务时，她们才被允许加入劳动力队伍（童.2002：156）。通过这个过程，一个顽固的观念得到强化，家和家庭仅仅是妇女的责任，而不是妇女和男人的共同责任。

科学家的传记不体恤女科学家在家庭与工作双重压力下的困境，还把"尽职做家务"当作一种美德来宣扬，这实际上是一种变相的、隐蔽的性别歧视。因为社会并不要求男性涉足家务，反而大力颂扬女性在家务上的牺牲，以求职业女性把承担家务当作一种职责或者美德来看待，也正是男性对女性更深层次的压迫。而科学家传记大力颂扬女科学家对家务的付出和额外承担，对于女科学家本身而言是一种限制，想要从事科学的女性也必定会以此为"潜在标准"来要求自己，这对于职业女性的人格发展是非常不利的。

4. 与科学共同体的关系

1）关于镭的发现

不同传记对于居里夫人发现镭的意义的表述并不相同。有不少传记认为镭最大的作用就是能够治疗癌症，而居里夫人正是因为如此才被认为居功至伟,实际上这只是她所开创的放射性研究的一个小小分支而已。即使是艾芙的作品,也大肆夸赞母亲为人类发现了治疗癌症的福音——镭元素,而对其最重要的科学贡献语焉不详。这一方面可能与作者的科学水平有关,但这可能在深层次上暗示了科学共同体对女性准入门槛的高要求。

1898 年 4 月,居里夫人将发现放射性以及提出沥青铀矿中可能含有新的放射性元素的报告提交法国科学院。但"法国的物理学家并没有留心。也许可以这么说,这份报告若是以男子的名义提出,他们或许会比较热心地探究事情吧"(纪荷. 2004:80)。等居里夫人提出镭元素的存在后,质疑之声也不断响起。直到居里夫人提纯了镭元素,科学界和公众才将其奉为天人。而为了证明这一元素的存在,居里夫人花了 4 年的时间,并付出了大量艰辛的劳作。

对于想要宣传居里夫人的人来说,想要吸引读者、扩大居里夫人的影响力和公信力,最快最好的方式之一是宣传她发现镭的功绩。从女性主义视角来看,居里夫人依靠镭的发明而闻名世界,不过公众对于她本人更具科学价值的工作并不了解,这从一个侧面说明,女科学家在科学共同体和公众当中,受到认可的难度之高。正如激进女性主义所言,科学在发展过程中被打上了父权制烙印,女性从事科学研究被认为是低级的、次于男性的、不被人信服的、不可靠的,等等。因此,无论是公众还是科学共同体并不乐意很快接受女科学家的研究成果。不过在危及人类生命的事物面前,人们才肯放下所有偏见。一位女科学家发现了治疗癌症的良药,她便一下从一个低级的、不被信任的研究者跃升为人类共同敬仰的圣人。

科学家传记,尤其是女科学家传记,在传播女科学家工作的时候,不应该仅仅关注表面上的显赫成绩,而是应该深入地传播女科学家的科学精神和对基础研究的理论贡献,因为这一点,她们并不劣于男科学家。

2) 第二次获得诺贝尔奖

第二次获得诺贝尔奖,对于科学工作者而言是无上的荣耀。《居里夫人传》高调地描述了居里夫人携姐姐和长女出席颁奖仪式的场景，并认为这是对法国科学院拒绝接纳居里夫人的嘲讽。而在《执着的天才》一书中，则记录了一个插曲：因为居里夫人获得诺贝尔化学奖的消息传来时，居里夫人正身陷一场席卷全国的绯闻事件。于是诺贝尔奖委员会的一个委员代表委员会写信给她，建议她不要去瑞典领奖，并且尖刻地指责道，如果事先知道这件绯闻，诺贝尔奖委员会根本不会授予她该奖项。居里夫人勇敢地回信进行了反击，她指出这个奖是授予对镭和钋的发现的，科研工作和私人生活之间没有任何联系，她无法认同科学研究被有关私人生活的恶意中伤和诽谤所影响（戈德史密斯.2006：138）。

　　没有记录这个细节，极可能是因为作者认为这是件有损科学家母亲荣誉的事情。从女性主义的角度来看，公布这件事情才能真正体现科学共同体对于女科学家的侮辱。

　　笔者在清华大学进行的问卷调查显示，只有9.5％的调查对象认为，女科学家的标准是只要在科学上有建树就可以了，个人生活上的问题不能影响其女科学家的形象。而大部分调查对象认为女科学家不仅要在科学上有建树，还要有成功的家庭角色和良好的道德表现。这从一个侧面折射出科学共同体对于女科学家的苛求。因为男性科学家往往只是被要求在科学上有建树，科学共同体并不会过分关注他的私人生活。

　　如前文所述，科学被认为是男性气质的工作，虽然女性从事了这种工作，在工作方面要尽量表现男性气质，诸如要客观、冷静等，但是在生活方面仍然要恪守女性气质，如服从、温顺、被动。这是科学共同体对女性科学工作者的额外要求，这种苛求建立在男女不平等的基础之上，对于想进入科学界工作的女性的人格发展影响非常不利。

　　5. 绯闻事件

　　居里夫人在居里去世几年后，与法国著名物理学家郎之万之间发展了一段感情，当时郎之万已婚。关于这个事件，笔者曾在《居里夫人绯闻考》一文中进行了详细论述，此处不再赘述（Zoonen. 2007：19）。

6. 与皮埃尔的关系

皮埃尔·居里和居里夫人在彼此的一生中互相扮演了重要角色,两人既是夫妻,又是科研伙伴。因此,他们两人的关系是最值得用性别视角来进行分析的:

第一,饮食起居方面。玛丽这个贤妻扮演了皮埃尔的保姆这一角色,皮埃尔对家务毫不关心。

第二,重要问题决策方面。《居里夫人传》中写道:居里夫妇一度生活艰难,日内瓦大学邀请居里担任教授,并指导一个实验室,玛丽也获准在其中拥有一个正式职位。比埃尔反复几次,终于叹息着拒绝。"因为爱镭,他不顾这个给他便利的诱惑,决定留在巴黎。"在这个关乎两人前途、居住地的重要事件上,丝毫没有提到居里夫人的态度。而在《寂寞而骄傲的一生中》第93页写道:"其实,他本来已经接受了的。各种迹象显示,这次仍然是她做的决定。"这两种描述表现了在重大事件决策当中,玛丽的角色变化。前者无视玛丽的存在,后者则认为是玛丽起了决定性作用。这个细节表明了在生活中并非是居里一人独自进行所有重要决策。不过早期的一些传记中,在居里家的家庭重要决策方面,常常出现"妻子缺失"的状态。

第三,日常交往方面。《居里夫人传》将居里夫人描写为一个总是仰望丈夫的女性:"而在学者聚会的时候,玛丽通常很少说话,若是偶尔热烈地参加讨论科学上的某一问题,常会忽然脸红,惶恐地住了口,转向她的丈夫,让他说话;她深信皮埃尔的意见比她自己的要宝贵一千倍。"(艾芙·居里.1984:260)而《寂寞而骄傲的一生》则写道:皮埃尔的同事或学生造访实验室时,她总是沉默寡言。但不论多么寡言,谈到理论方面的问题时,她仍是主要发言人。皮埃尔认为她在数学方面比他高明;而居里夫人则佩服皮埃尔的"持论坚定严谨,适应力惊人,因此可以改变研究题目"。可见两人都对对方评价甚高(纪荷.2004:89)。

从上述细节可以看出:前者俨然把居里夫人放在了低于皮埃尔的位置,而后者则把他们放在了平等的位置。

第四,丈夫去世后居里夫人的心态。丈夫去世后,《居里夫人传》所传递出来的信息是:玛丽是因为居里的精神指引,才继续奋战在科学前线的,暗示居里即使在死后也仍然充当了玛丽的精神导师。

对此,《寂寞而骄傲的一生》有不同的描述,虽然也曾经表现了玛丽在居里去世后的种种悲痛,但是明确地指出,"可是她一定会有成就,她也一定要承受寂寞,因为,这就是她的人生"。该传记还记述了居里去世后,玛丽在别人的攻击中重获坚强,"玛丽因为骄傲而坚强,因此从不服输"(纪荷. 2004:140—145)。这样的描写显然是从居里夫人本身骄傲、高贵的性格出发的,表现了主人公的一种积极心态,这也是玛丽精神世界的可贵之处,作为一个传记主人公,前两者忽略主人公丧夫之痛背后的来自自身的坚强,而把其生活的动力都押在亡夫的身上,未免不是一种性别视角的缺失。

第五,科学研究中和居里的关系。《居里夫人传》写到居里夫人在选择博士论文题目以及研究的过程中,不止一次提到了居里的重要性:"他是玛丽所在的实验室的主任,是她的'保护者',而且他的年纪比较大,经验也丰富得多。在他身边,玛丽总认为自己有点像个学徒。"(艾芙·居里. 1984:168)在获得了诺贝尔奖之后,居里因为身体的病痛,就更加争分夺秒地研究,而"玛丽把对于科学的爱和对于一个男子的爱融汇于一种热诚之中,强制自己过一种紧张的生活"。当居里对妻子放缓科研进度表示不满时,居里夫人的反映是,"她服从他(她永远是服从的),但是她觉得脑力和体力都很疲乏……玛丽需要有一个时候不作'居里夫人',把镭放在脑后,只吃,只睡,什么都不去想"(艾芙·居里. 1984:243)。显然,居里在居里夫人的生活中起着一个引领人的作用,她的生活是以居里为核心的。

而《寂寞而骄傲的一生》却写道:玛丽和皮埃尔不仅在私人关系上完全平等,工作上两人也分庭抗礼,"这一男一女都无意主宰对方,因此才有如此罕见的心灵结合。这是皮耶的'高度文明'和玛丽对自身价值的肯定两种因素造成的,而他们的科学成就也与此不分"(纪荷. 2004:88)。

《居里夫人传》将居里夫人描绘成一个处于从属位置的人,无论在生活方面还是在科研方面,都是以居里为中心;而《寂寞而骄傲的一生》则把他们的关系描绘成彼此平等,两人在心灵和品格以及对科学的追求等各个内在方面并无高低之分。前者使用被动的态度来表现一位伟大女科学家,这在男科学家传记中十分少见。整本传记主人公似乎都处于丈夫的阴影之下,在生活上照顾丈夫,在科学研究上依赖丈夫,通过整体的环境来展开对人物的描写,表现方式被动;其次,居里夫人作为一个女科学家,被描述成次要于男科学家——居里,这也暗含了一种性别歧视,即男女科学家在科学上的地位高低和性别有关。后者则从主人公本身出发,通过人物本身的人格和性格对整体情境展开叙述,这背后是一种主动的表现方式,这样更能把主人公作为一个高价值的个体进行表现,这是很多男性科学家传记的普遍表现方式,但却是一些女科学家传记所缺失的。

女性主义者断言传统科学不仅仅忽略了妇女的主题和经验,而且否定妇女的认知方式的合法性(Zoonen. 2007:19)。传记作为媒介,就是要把传记主人公的珍贵价值表现出来,以供读者品评、学习或者借鉴,但是前者把主人公塑造成了一个男性科学家的优秀伴侣,而后者则把主人公作为一个独立的珍贵的个体进行描述。前者容易误导读者,女科学家往往是在优秀男科学的提携培养之下成长起来的,而后者则传递给读者一种女科学家对自身价值的肯定的观念,尊重了女性的价值。

四、结论

本文通过对若干版本居里夫人传记的性别视角分析,揭示了居里夫人传记中存在的一些问题。

1. 居里夫人在国内公众心目中的形象是建构在去性别化的基础上的。

富于孝心的《居里夫人传》,没有明显的性别视角,反而把居里夫人塑造成了一个刻板的科学神坛上的"圣女贞德"的形象。该传记以及后来一系列不具备性别视角的传记，为了维护居里夫人"完美女科学家"形象，避讳"绯闻事件"，突出其为家庭所做出的贡献，把居里夫人置于其丈夫的阴影之下进行表现等，从女性主义的视角来看，这些都是对居里夫人形象价值的一种变相贬低。

2. 去性别化的形象对于女科学家本身和想要进入科学界的女性都产生了不良的影响。

相当比例的公众对于女科学家或者是女性科学工作者有着居里夫人式的潜在要求，这使得女性进入科学界的准入门槛无形中高于男性，即女性除了要做好科学工作之外，还必须要比男性承担更多的义务和接受更严苛的附加条件。这些对于科学共同体内部的女性以及想进入科学共同体的女性都是一种潜在的负面影响。

3. 女科学家传记乃至科学家传记，应该通过具有性别视角的科学家形象的传播，给科学家本人和公众以更高价值的人文关怀。

由居里夫人传记延伸开去，我们可以尝试对科学家传记的编纂提出一些具有推广性的建议。在编纂科学家传记的过程中，应该更加注重性别视角的运用，应该把女科学家和男科学家放在等同的位置上，而不是将女科学家放在一个潜在的较低层次上进行表现。科学家传记是最能传递科学精神的作品，因此应该具有更深层次的精神关照和人文关怀，要做到这一点，女性主义的视角不可抹煞。

第三编

问题与争议研究

23 科学史的专业化研究与科学史教育的应用:基础教育引入科学史的目标与"少儿不宜"问题[①]

一、引言

随着教育界对于沟通科学与人文两种文化问题的重视,以及以新课程标准为代表的国内最新教育改革的发展,人们对于基础教育的目标也有所修正和调整,从过去只注重对于知识的传授,发展到现在开始强调"知识与技能、过程与方法,情感态度与价值观"的三维目标。在这样的变化下,对于教育工作者就提出了更高的要求,也对教学内容提出了新的要求。至少,就"过程与方法",以及"情感态度与价值观"这两个维度教学目标的达成而言,有时科学史被认为是可选用的重要的新教学资源。一般来说,这是合理的;而且从国外科学教育改革的发展来看,也是经历了从早期引入科学史,到后来逐渐又引入科学哲学、STS 等更多相关内容的历程(刘兵. 2002)。但在这个过程中,科学史内容的引入,仍然是最基础性的。笔者也曾在专著《科学史与教育》(刘兵,汪洋. 2008)中,详细地分别分析讨论了科学史对于科学教育、人文教育和通识教育等的重要意义。

然而,在从正面看待在基础教育中引入科学史的积极意义的同

---

① 本文作者刘兵,原载《美育学刊》,2011 年第 5 期。

时,也应考虑到另外一些负面的可能性。例如,在基础教育中科学史的某种"少儿不宜"问题,就是其中之一。

二、问题的提出

关于在基础教育中科学史的某种"少儿不宜",如果说不是最早,至少也是最为认真地提出这个问题并引起人们重视的重要工作,是美国科学史家布拉什(S. G. Brush)于 20 世纪 70 年代在《科学》杂志上的一篇题为《科学史应该被定为 X 级吗》的文章(Brush. 1974)。从这篇文章的标题上就可以看出,布拉什是把西方曾对色情作品的传播进行分级限制的说法转用到了在教育中的科学史身上。

在文章中,布拉什提出:"把历史材料引进科学课程经常是以如下一些愿望为动机的:即不仅教给未来的科学家以事实和技能,而且教给他们正确的态度或一般的方法论。"由此可以看出,现在的新课程标准中的某些新目标,以及达到这些目标的手段,实际上在将近 40 年前就已经为西方科学史家所提出了。但是,布拉什在这篇文章中,主要想说的并非是科学史在教育中的正面意义,而是可能存在的问题。随着科学史研究的发展,特别是反辉格式科学史的发展,颠覆了许多传统中的科学史上的"神话",科学史家们试图努力地还原越来越接近科学家实际地从事科学研究和做出科学发现的过程。布拉什也举出了许多的例子,表明新的科学史研究结果与传统中更适合于教学的那种科学史上的"神话"不同,即科学家们在做出重要的科学发现时,往往并非严格地遵守着在教育中极力强调的科学研究的规范。

于是问题就出现了。布拉什认为,这些新的科学史"可能的确是对科学共同体的一种实际的描述",即"存在着两种科学家:必须遵守规则的一般科学家和懂得什么时候该打破这些规则的天才"。如果在基础教育阶段就将这种更接近实际的科学史描述教给学生,他怀疑"那将会对这个共同体的道德产生什么样的影响"?"伽利略或爱因斯坦要被看作是一个以每小时一百英里的速度驱车,期望在婴儿出生前直到医院而不会因超速得到传票的父亲,这是偶然的吗?""那些想要利用历史材料来说明科学家是如何工作的科学教师,确实是处在一种尴尬的境地。也许人们最终必定要问:'即使作为很少在实践中被实现的理想,客观的科学方法的标准是否值得维护? 或者,是不是由于我们对这种标准唱高调,而歪曲了我们对科学本质的理解?'"

三、对问题的分析

对于布拉什提出的这个问题,其实是有诸多背景需要注意的。

首先,20 世纪中叶以来,在科学史研究的阵营中,出现了从辉格式科学史向反辉格式科学史的转变。也即,职业的科学史家们开始从传统中那种以当前的科学标准作为判据,写出一路凯歌走向胜利的科学史,转变为更关注所写的科学史之当时境况,更关注微观细节的科学史。这种转变,在让人们阅读历史时更加接近历史中科学家和社会的实际情况,但与此同时,也带来了专业学者更具研究性的科学史,与像科学教师这样更注意为某种目标而应用科学史的人群之间的隔阂。这也正如就在布拉什的文章发表的两年前,美国科学史家克莱因(M. J. Klein)曾提出"在物理学中对历史教学的利用与滥用"的问题。因为他认为,"让物理学史教学服务于物理教学是困难的,原因之一就是在物理学家和历史学家观点之间的本质差异",因为历史学家对历史的评判标准与在物理学教程中选择历史材料时所涉及的选择原则是不相容的,"其结果是,关于过去的物理学家所关心的问题,关于他们在其中工作的与境,关于成功或不成功的说服他们的同代人接受新观点的论据,学生并未得到了解,在此意义上,这种历史几乎不可避免地是糟糕的历史"。这种历史只是一种"零级近似",他的论据是:"物理学史不可能为了要包含物理教程的目的被切割、被选择、被改形,而不在这过程中变成某种不那么像历史的东西。"(Klein. 1972:12—18)科学教师的真正目的是为了更有成效地教授现代的理论和技术,他们必定会采取一种很带选择性的方式,只能从过去选取那些看上去对现实有意义的材料,这样或许能带来一系列迷人的,而且经常是神话式的轶事,但却肯定不是为历史学家所理解的历史。

其次,与科学史相关的科学哲学、科学社会学等领域的研究进展,也在很大程度上修正了人们对于科学的看法。例如,像美国科学哲学家库恩在20世纪60年代提出的基于"范式"概念的科学革命理论,将不同时期的科学理论之间看成是"断裂"而且彼此"不可通约"的,这又在相当的程度上,成为在布拉什的问题提出之后才更蓬勃发展起来的像"知识社会学"(SSK)和社会建构论等领域中,对传统中一元的、真理性的科学形象有所修正的研究。这就更加剧了"少儿不宜"问题的严重性。实际上,后来在国际上的一些科学教育改革中,也体现了这种对于"科学的本质"的新认识。例如,1989年,曾有国外学者对于在当时八种国际科学标准文献中总结出来的对于科学的本质的一致性看法,其中就包括:科学知识是多元的,具有暂时特征;科学知识在很大程度上依赖于观察、实验证据、理性的论据和怀疑,但又不完全依赖于这些东西;通向科学没有唯一的道路,因而没有一种普适的一步一步的科学方法;科学是一种解释自然现象的尝试;以及来自一切文化背景的人都对科学做出贡献(McComas & Almazroa. 1998)。

这些关于科学的本质的观点,既来自科学史,也来自科学哲学、科学社会学和STS。后几个研究领域,既是在科学教育中应用科学史的延伸和新发展,又与科学史密切相关。与此相对比,可以看出:在国内,其中的许多观点甚至在学术界也仍不无争议,更不用说在基础科学教育或者科普中的普遍反映了。这种情况也鲜明地反映出我们在观念中的滞后。但这些新的观念的引进,又确实是再次地与前述"少儿不宜"的问题有所联系,尤其是在学术界,更不用说教育工作者当中的认识尚不统一时。

再次,关于科学的双刃剑效应,科学史也本是有效地进行这种教育的重要手段。实际上在目前国内许多教材中,在"情感态度与价值观"这一维度目标的实现中,这也是重要的内容之一。但这也并非不存在争议,尤其是在科学主义仍有相当影响的情况下。虽然这并非是布拉什在几十年前的文章中所关注的内容,但在当下,如果以一种科学主义的立场来看,也仍然会涉及某种"少儿不宜"的问题。当然,我们是不应该持有这样的立场的。

四、可能的结论

这里所讨论的关于在基础教育中,科学史的某种"少儿不宜"的问题,实际上是一个很复杂的问题,也很难给出一个普适性的简化结论。人们都知道,教育是存在有需要针对不同年龄段的学生采取不同方式教授不同内容的特点的。或许,要在两个相反的极端之间保持某种平衡,这并不是一种有明确的可操作性同时会因人而异并且带有某种微妙特色的方式,但却又是一种常见的处理问题的方式。

我们前面的讨论甚至还没有涉及更多一些相关的问题,如由于专业训练的差异和欠缺,科学教师所采用的科学史经常是一种非专业化的"准历史",与历史学家们的历史颇为不同等。布拉什在他的文章中,其实也并没有给出更为具体可操作的结论,但他在倾向上,却似乎并不反对科学教师适度考虑科学史家们专业的科学史。"如果研究科学史的新方法对科学家的行为确实给出一幅更真实的图像,那么也许它会具有一种'补偿性的社会意义'。从而,不是把科学的概念局限在由传统的狭隘标准所允许的严格模式内,人们就可以试着以这样一种方式去改变那些标准,例如去考虑那些最大胆的自然哲学家们总在运用的自由"(Brush. 1974)。由此可见,布拉什在观念上还是相当开明的。在布拉什提出这个问题的几十年之后,在科学史、科学哲学、科学社会学等领域又出现了更多挑战传统的新观念,我们也自应保持一种开放的心态,在尽可能的程度上更多地考虑将带有这些新观念的科学史引入教学中。

或者,一个可以确切地给出的结论是:将科学史引入基础科学教育,其实在其必要性的前提下,又是一个相当微妙因而需要教师们予以更多思考的复杂问题。

24 "革命不是请客吃饭"：兼论"第六次科技革命"问题①

2011 年，中国科学院中国现代化研究中心的何传启等人，将其有关"第六次科技革命"的研究成果公布，引起了一些相关的讨论，也引起了一些院士们的关注。然而，作为传统的科学史概念的科学革命，在学术上历来是有些不同理解的。本文即尝试从科学编史学的立场出发，就科学史研究中有关科学革命的观点，结合新近出现的有关"第六次科技革命"的说法，做一些分析与讨论。

一、"科学革命"的概念

在笔者有关科学编史学的著作《克丽奥眼中的科学》（修订版）中，关于科学革命问题，曾有这样的描述："当人们谈及科学的历史发展和科学的成就时，不论是在科学哲学家中，还是在科学史家中，乃至在一般公众中，'科学革命'已成为一使用频率极高的术语。在我国，近年来，尤其是随着库恩的科学哲学理论被译介之后，'科学革命'这个概念（或按西方常用的术语，作为科学哲学或科学史中的一个常用的隐喻）更是有口皆碑。然而，当人们广泛地使用这一概念

---

① 本文作者刘兵，原载《科学与社会》，2012 年第 1 期。

时,并不一定总是对此概念作了明确的限定,使之具有前后一贯并且为人们所共同认可的含义。这一方面影响了对科学发展的描述的精确性;另一方面也引起了一些混淆、误解与争议。"(刘兵. 2009:81)

美国科学史家柯恩(I. B. Cohen)曾考查过,"科学革命"作为一个科学史的概念,其自身也经历了长期的演变过程。他的结论是:revolution 这一专门术语最初是来自天文学和数学领域,与它获得了现今"革命"一词含义的历史相伴,"科学革命"的概念起源于 18 世纪(Cohen. 1976:257—288)。

实际上,直到 20 世纪 50 年代,科学革命才成为撰写科学史的一个核心的组织原则。而这种情况的改变,主要由 3 位学者的 3 部著作所产生的影响。这 3 位学者和 3 部著作分别是:英国历史学家巴特菲尔德(H. Butterfield)在 1949 年出版的《近代科学的起源:1300—1800》,英国科学史家霍尔(A. R. Hall)于 1954 年出版的《科学革命:1500—1800》,以及美国科学哲学家和科学史家库恩(T. Kuhn)于 1962 年出版的《科学革命的结构》。

在这当中,库恩的著作影响最大,它使人们开始不仅仅关注规模巨大的第一次科学革命,而且使人们转而注意到科学中单个的、规模较小的革命,并认识到革命在科学中的发生或许是科学发展的一种规律性特征。

二、有多少次"科学革命"?

在现实中,人们对于"科学革命"的用法并不统一,有时甚至相当随便。例如,正像有人注意到的,柯恩在他研究科学革命的专著中(Cohen. 1985:41),就曾提到了 66 场不同的科学或智力革命(Frangsmyr. 1988:164—173)。当然,这些不同的"革命"不仅仅涉及整体性的科学革命,也涉及把"科学革命"的概念用于科学的各分支学科的发展。柯恩只是在对那些被不同的人在不同的场合称之为"革命"的事件的历史进行具体的考查分析。而实际上,正是因为对于什么是近代科学的根本特征，什么是近代科学起源的标志，以及什么是科学史所要描述和考查的内容等问题，不同的人有不同的看法，才会出现这种在不同的意义上使用"科学革命"概念的现象。

与之相关地，就出现了对科学革命的不同指称，甚至于不同的分期。以某些科学史领域中的权威人士的看法为例，在 20 世纪 60 年代初，库恩最先引入了"第二次科学革命"的概念："在 1800 年到 1850 年间的某个时期，在许多物理科学部门，特别是一些被当作物理学的那些领域的一系列研究中，研究工作的特点有过一个重要的改变。这个就是我把培根式物理科学的数学化称作'第二次科学革命'的一个原因。"（库恩.1981:217）美国科学史家布拉什（S. Brush），则把第二次科学革命的时期作了大幅度的扩充，即 1800—1950 年；并认为"在西欧的文明中只见到过两次这种规模的完整科学革命。"（Brush. 1988）柯恩主要从科学建制的发展着眼，把革命分为四次：第一次科学革命相对应于科学共同体的兴起；第二次科学革命是从 19 世纪初到 19 世纪末，对应于科学的职业化和科研机构的增加；第三次科学革命是从 19 世纪末到 20 世纪初，对应于工业实验室的出现和科学研究大规模地用于生产；第四次科学革命始于"二次大战"，特征是政府对科研的大规模资助及集体的研究方式。而现在一般的科学史著作中，以库恩或布拉什或柯恩的这种方式来指称"第二次科学革命"或"四次科学革命"的分期的做法却已经很少见了。

即使在科学史大家中，对于"科学革命"的具体指称尚且如此不一致，这恰恰说明了并没有唯一确定的"科学革命"。不过，在后来的科学史著作中，将从哥白尼到牛顿的那段带来了西方近代科学诞生的发展称为"第一次科学革命"，将 19 世纪与 20 世纪之交的以量子论和相对论为代表的那场物理学的变革称为"第二次科学革命"，倒成为现在较为普遍接受的说法。

三、科学革命与技术革命

正像在科学史中传统上是要适度区分科学与技术一样,科学革命与技术革命显然也是极为不同的。对于"科学革命",虽然如前所述在指称和分期上科学史家们也并不一致,但至少在"何为科学革命"的问题上,还是有些基础的。在这其中,库恩在"范式"概念的基础上提出的"常规科学→反常→危机→科学革命→新的常规科学……"这种发展模式,对于后来科学史和科学哲学中人们理解科学革命的持续影响最为巨大。在其学说中,"范式"的概念是一个重要的核心假定,而库恩本人也承认,"在革命之后,科学家们面对的是一个不同的世界",因而"向新范式的转变便是科学革命"(库恩. 2003:101—103)。这种看法,比较有代表性地反映了人们对于科学革命的一般理解。

与科学革命相比,"技术革命"的概念就相对不那么明确了。有时,它亦与产业科学、工业科学等说法含义相近甚至于被混用。按照《大不列颠百科全书》的说法,"产业科学指现代历史上从农业和手工业经济转变为以工业和机器制造业为主的经济的过程,它首先发生于 18 世纪的英国,又从英国传播到世界各地"。对于这个被称为"第一次产业革命"的说法,人们相对比较公认;但对于像"第二次""第三次"产业革命的说法,学界就存在有不同的看法了。(刘兵. 2011:182)

因而,我们可以总结两点:一是科学革命与技术革命(或产业革命或工业革命)是不同的;二是在科学史和技术史界,对于二者都还没有最终完全一致的说法。

四、"第六次科技革命"

2011 年,科学出版社出版了由何传启主编的《第六次科技革命的战略机遇》一书。在书中,作者使用的是"科技革命"的说法,并说明"科技革命是科学革命和技术革命的统称"(何传启. 2011:9—10)。该书作者认为:在过去 500 年里,曾发生了"大约"五次科技革命,分别是近代物理学的诞生、蒸汽机和机械革命、电气和运输革命、相对论和量子论革命,以及电子和信息革命。最重要的是,何传启等人预言:在将来(大约 2020—2050 年),有可能发生以生命科学为基础,融合信息科技和纳米科技,提供满足人类精神生活需要和提高生活质量的最新科技的"第六次科技革命"。

此书的出版实际上是基于相关的"科技革命与中国的现代化"课题研究报告。作者的观点曾在网络上和报刊上引起了一些讨论,包括不少院士也加入到了讨论之中。我们可以理解,作者实际上更想强调的是:中国失去了前四次科技革命的机会,在第五次科技革命中表现平平而且收获不多,因而基于对第六次科技革命的预言,是为了建议在中国建立第六次科技革命的响应机制,是为了中国现代化的发展。

在与之相关的讨论中,像一些诸如第六次科技革命会带来"仿生和再生革命"和"再生和永生革命"等观念,因其与现有的科学认识有些相悖之处,因而引发了一些争议。但在本文中,我们先抛开这些枝节的争议,仅就其"科技革命"的说法和预言,进行一些科学编史学的分析和讨论。

五、对"第六次科技革命"说的分析与讨论

第一,如前所述,"科学革命"和"技术革命"本是相当不同的概念,因而笼统地用"科技革命"的说法,实际上并不有助于人们对其所指称的对象有更明确的把握。

第二,无论是"科学革命",还是"技术革命",在这两个概念的指称对象和具体分期上,科学史界一直有着不同的理解和认识,而何传启等人在其书中所说的"许多科技史家"(或"目前比较多的学者")认为历史上曾有的"五次""科技革命",其实是颇可质疑的。这里的"许

多"到底是多少？"比较多"是在什么程度上？如果真正查阅"比较多"相对权威的科学史著作，人们会发现，其实很少（如果不说没有的话）有科技史家使用"科技革命"的说法，当然也不会将科学革命与技术革命统而笼之地并列为"五次"说。而且，在绝大多数科学史著作和教材中，虽然会使用"科学革命"和"技术革命"的说法，但却极少有人以此作为整个科学技术史的主要历史分期标准。

第三，"科学革命"或"技术革命"本是科学技术史中的概念，科学技术史是历史的分支，而历史却并不承担预言的任务。像对于"第六次科技革命"这样的预言，实际上已经进入了预测学、未来学的领域。在预测学或未来学的领域中，要做出相对可信的预言，又是要有相对规范的方法程序的，而且即使遵循了这样的方法程序，其预言也依然是相当不确定的。依赖于并不确定的预言，力图动用国家的力量来规划、设计科学，也是有悖于科学发展的本性的。

第四，即使在其"第六次科技革命"的预言中，因其涉及诸多学科，这与人们对"科学革命"或"技术革命"的传统理解也是不一致的。这正如对科学革命问题有较多论述的科学史家波特（R. Porter）所说："科学中的革命需要有对地位牢固的正统观念的推翻，本质性的内容是挑战、阻力、斗争和征服。仅仅提出新的理论，这并不构成一场革命。如果科学共同体匆匆地赞成一项革新，赞扬其优越性，这也不是一场革命。此外，革命不仅要求对旧理论的摧毁，而且还要求新理论的胜利，必须要建立一种新的秩序，有一可见的突破。革命还要以规模的宏伟和步伐的急迫为先决条件。小的、部分的革命以及长期的革命是对这一术语的滥用。"在波特看来，现在人们广泛谈论的形形色色、规模种类不相同的科学革命，无异于使"科学革命"概念像货币一样可悲地贬值（Porter. 1986:290—330）。

六、余论:解构科学革命

还可以提及，在关于科学革命问题的长期争论之后，颇有意味的是，以建构主义科学史研究而知名的科学史家夏平（S. Shapin）于1996 年出版的著作《科学革命》一书。在这部著作中，夏平干脆认为，根本就不存在唯一确定的科学革命这回事。

夏平在简要地回顾了有关科学革命概念在科学史家中的理解、争议和困惑之后，提出："科学革命这个想法本身至少在一定程度上是'我们'对先人兴趣的表达，这里的'我们'是指 20 世纪末的科学家和那些把他们所相信的事物当作自然界真理的人。"而夏平的核心观点则是："我不认为存在着这样一种东西，即 17 世纪科学或者甚至是17 世纪科学变革的'本质'。因而，也就不存在任何单一连贯的故事，它能够抓住科学或者让我们在 20 世纪末的现代正好感兴趣的科学或科学变革的所有方面。我想象不出任何在传统上被认作近代早期科学革命本质的特征，它当时没有显著不同的形式，或者当时没有遭到那些也被说成是革命的'现代主义者'的实践者的批评。既然我不认为存在科学革命的本质，就有理由讲述多种多样的故事，而每个故事都意图关注那个过去文化的某种真实特征。这意味着无论历史学家花费了多少篇幅去写过去的历程，选择总是任何历史故事的必然特征，可能根本不存在任何确定无疑的或一览无遗的历史。我们的选择不可避免地反映了我们的趣味，即使我们一直打算'如其所是而言之'。也就是说，在我们所讲述的过去的故事中不可避免存在某种'我们'的痕迹。这就是历史学家的困境，尽管出于善意，但认为有某种方法可以解救我们脱离困境则无异于痴人说梦。"（夏平. 2004：9—10）

夏平除了理论上的论述之外，在其书中，他作为论述主体的历史内容，其实仍与传统中讲述第一次科学革命的历史著作中的内容大致相同，但他却是站在不同的立场上来看待这些内容。他是要摆脱那种认为有一种确定的科学革命这种"客观的"历史的束缚，把先前那些对科学革命的传统的定义和理解，还原为历史学家们的一种有理论负载的认识框架；而基于那样的框架对历史内容的选择和建构，其实并不唯一，也是可争议的。而他则是要在摆脱了这种束缚之后，把 17 世纪的科学完全当作一场共同实践的，与历史紧扎在一起的现象来写，更加注重 17 世纪关于自然的知识的"多样性"，从而使历史"鲜活起来"。

七、余论之余

其实，除了上述对"第六次科技革命"就事论事的讨论之外，还有许多相关且值得更深入探讨的内容，如关于对革命的过分崇拜的问题（而这恰恰与库恩对常规科学的强调相反），关于与革命相联系的现代化问题（这本来就是需要反思的），关于因过去"落后"因而更加过分强调"规划"科学的这种有悖科学研究发展规律的习惯做法所带来的对科学发展的损害的问题，关于把科学与技术过于混为一谈而导致的各种在发展观上的误区的问题，如此等等。但限于篇幅，这里就不一一展开讨论了。

25 关于 STS 领域中对"地方性知识"理解的再思考[①]

近来,关于"地方性知识"问题的相关研究,越来越成为学术界研究的热点问题。然而,究竟如何恰当地理解"地方性知识",如何将之作为研究的基点,以及如何伸张其延伸的意义,由于不同的学者对于"地方性知识"概念的不同理解,以及不同的立场,仍然是可以而且需要讨论的问题。鉴于"地方性知识"的概念现在已经在不同的学科领域、不同的理解中被广泛应用,除了在其起源的人类学之外,在像农业、生态、经济、管理、文学、艺术、历史、政治、法律等多个领域中均被引入并成为研究的视角。为了收缩讨论的范围,这里仅以 STS 领域的研究为限进行一些讨论。尽管这也还是一个颇为巨大的领域,大致说来,可以包括科技哲学、科技史、科技社会学、科技人类学、科技政策、科学传播等多门学科,但其约束,因领域名称的限定,总是与科学和技术相关。而且,这也不可避免地与人们对科学技术的理解相关,与在本体论和认识论上的科学技术知识的本性的理解相关,也与对科学技术的价值及评判的认识相关,甚至仍然在某种程度上无法回避最基础性的形而上学立场。当然,随着讨论和认识的深入,这对于在 STS 领域中如何更好地运用"地方性知识"概念框架,以及如何

① 本文作者刘兵,原载《科学与社会》,2012 年第 1 期。

使 STS 领域的研究在这种框架下得到理想的发展,也是具有一定的意义的。由于面对这样一个庞大的论题,以及篇幅的限制,本文只能是一种纲要性的讨论。

一、两种"地方性知识"

2007 年,清华大学的吴彤教授在《自然辩证法研究》杂志上发表了题为《两种"地方性知识"——兼评吉尔兹和劳斯的观点》的文章。此文在 STS 领域中影响颇大,例如,从中国知网上查找,以"地方性知识"作为主题词检索,得 15 199 条结果,而吴彤教授的此文,下载1 836 次,居首位。

我们就先从此文说起。吴彤教授论文的主要观点是:存在有人类学的与科学哲学中实践哲学的两种地方性知识,因而,要"搞清楚这两种地方性知识的联系与区别,说明科学实践哲学中的地方性知识概念具有更为深刻的意义"。

在对人类学家吉尔兹的地方性知识概念进行总结时,吴彤教授提出:"在某种意义上,知识的地方性,是就它们与西方知识的关系而言的。"此外,"地方性知识还指代与现代性知识相对照的非现代知识"。"事实上,这种地方性知识紧密地联系着当地的地域。""以吉尔兹为代表的人类学的地方性知识主要是一种与地域和民族的民间性知识和认知模式相关的知识,它虽然带有强烈批判西方'逻各斯中心主义'的意蕴,但却确实带着浓重的后殖民色彩。"与之对应的"科学实践哲学中的'地方性知识'概念,是一种哲学规范性意义上的概念,指的是知识的本性就具有地方性,特别是科学知识的地方性,而不是专指产生于非西方地域的知识。其地方性主要是指在知识生成和辩护中所形成的特定情境(context or status),诸如特定文化、价值观、利益和由此造成的立场和视域,等等。地方性知识与普遍性知识并非造成对应关系,而是在地方性知识的观点下,根本不存在普遍性知识。普遍性知识只是一种地方性知识转移的结果。可见,一开始科学实践哲学的开创者劳斯的'地方性知识'与吉尔兹的'地方性知识'以及一般人类学中通常的'地方性知识'概念就有本质上的不同"（吴彤，2007）。

更具体地说，吴彤教授认为，"在人类学那里，西方学者对于其他地域的非西方知识的关注，虽然的确带来了对于地方性知识的认可，但是仍然视地方性知识为普遍性知识的对照者，是一种普遍性知识的补充而已。地方性始终兼有负面和有限制的意思。因此，从非西方知识入手去论证地方性知识如何补充了普遍性知识，无论如何也不能打破普遍性知识的幻觉和西方理性知识或者科学知识的垄断话语地位，而只能看着这条鸿沟的存在而无法跨越"。与之相对，吴彤教授详细地讨论了科学实践哲学关于科学是"地方性知识"的主张。例如，科学实践哲学坚持认为："从实践活动论的视角看，根本不存在普遍性知识，一切知识包括科学知识都是地方性知识，科学知识在本性上就是地方性的。这是因为一切科学家的实践活动都是局部的、情境化的，是在特定的实验室内或者特定的探究场合的，从任何特定场合和具体情境中获得的知识都是局部的、地方性的，走向所谓的普遍性是科学家转译的结果……科学知识表面上可以给人以普遍性的印象，但是这只是知识标准化所造成的。看似普遍性的知识实际上是地方性知识标准化的过程的一种表征。"（吴彤，2007）

从这些转述中，我们可以看出和体味出一些潜台词。如，有人类学的和科学实践哲学的两种"地方性知识"，而科学实践哲学的"地方性知识"概念意义要"更为深刻"，如此等等。其实，除了这样理解之外，基于其他一些不同的观点和立场，对于"地方性知识"这一概念，也还是可以有另外不同的理解的。

二、对于"地方性知识"的理解

首先，我们可以先来讨论一下关于对"地方性知识"这一概念的理解的问题。其实，对于何为"地方性知识"，人们的理解是彼此并不完全一致的。一般来说,大多认为是人类学家吉尔兹首先在人类学,或更准确地说是在阐释人类学的派别中,强调了这一概念。随之,这个概念变得在许多研究领域中都流行起来。"至少,在人类学领域,'地方性知识'这个术语,成为关注的热点,是由于吉尔兹关于法律比较研究的人类学论文。"(Goody. 1992)

不过,如果仔细地读读那本经常地被人们引用的名为《地方性知识》的文集(吉尔兹.2004),人们会发现,其实吉尔兹自己并未严格地对之给出非常明确的定义,而只是将这一并不十分清晰的概念用于其对法律的人类学研究。但他确实将这种法律的"地方性"与"法律多元主义"联系起来。至于"地方性知识"的概念是如何从人类学的研究中扩散到其他学科,相关的过程,笔者尚未见到系统的研究。或许,这个过程与库恩的"范式"概念从科学哲学向其他领域的进入有某种类似。

也许,正是由于这种在起源上的界定不明确,以及对后续此概念在其他学术领域的扩展使用过程的不清楚,我们现在可以看到的是:虽然这个概念成为诸多领域中被频繁使用的重要概念,但人们对之的理解却并不一致(这又与库恩的"范式"概念后来被使用的情形颇有类似),甚至会有望文生义的"误解"。王铭铭曾指出,吉尔兹的书名"原文叫 *Local Knowledge*,翻译成中文为《地方性知识》。'地方'这个词在中国有特殊含义,与西文的 local 实不对应。按我的理解,local 是有地方性、局部性的意思,但若如此直译,则易于与'地方'这个具有特殊含义的词语相混淆。Local 感觉上更接近于完整体系的'当地'或'在地'面貌,因而,不妨将 *Local Knowledge* 翻译为《当地知识》或《在地知识》,而这个意义上的'当地'或'在地',主要指文化的类型,而非'地方文化'"。因为"local knowledge 被翻译成'地方性知识',接着有不少学者便对'地方'这两个字纠缠不放。实际上 local 既可以指'地方性的',也可以指广义上的'当地性的',而它绝对与我们中国观念中的'地方'意思不同。我们说的'地方',更像 place、locality,而非 local。Local 可以指包括整个'中国文化'在内的、相对

于海外的'当地',其延伸意义包括了韦伯所说的'理想类型'."(王铭铭.2008)

　　在联合国教科文组织的网页上,对于"地方性知识"是这样定义的:"关于自然界的精致的知识并不只限于科学。来自世界各地的各种社会都有丰富的经验、理解和解释体系。'地方性知识'和'本土知识'指那些具有与其自然环境长期打交道的社会所发展出来的理解、技能和哲学。对于那些乡村和本土的人们,地方性知识告诉他们有关日常生活基本方面的决策。这种知识被整合成包括了语言、分类系统、资源利用、社会交往、仪式和精神生活在内的文化复合体。这种独特的认识方式是世界文化多样性的重要方面,为与当地相适的可持续发展提供了基础。"

　　以上这两种理解,基本上是基于人类学的视角,但突出强调的是:其实地方性的一个重要特点,是一种知识系统的类型。王铭铭的这个说法是很值得强调的。不同文化类型的知识,各自构成不同的地方性知识,而整个地加起来,构成了所谓的地方性知识的大类。这个知识的大类,在说人类所有的知识都是地方性知识的意义上,差不多也就是人类的知识,但其中,不同文化类型的知识系统,构成了多样性的各种地方性知识。在这一大类的意义上,差不多等同于说只有"一种"地方性知识,而在这个大类中各种多样性的子项(也即不同文化类型的知识系统),各自成为多种地方性知识。尽管其缘起会与某个"地方"相联系,不过,从人们认识的过程来看,哪种知识又不是从某个特定的地方产生的呢? 所以,其实强调起源于"地方"并不是最重要的,最重要的是将这种缘起于某地的"地方性知识"作为一种具有类型意义的知识系统。值得注意的是,在这种意义上,这样的理解完全可以不仅限于人类学的领域,其实是具备了被推广到其他领域的充分可能的。如果说(各种)"科学"作为地方性知识,只不过是以其中以自然为知识的对象而再以另一种分类方式的分类而已。当然这样的说法似乎有些笼统,要严格地限定像"究竟怎么才算是一种文化类型的知识?""在这样一个大的框架下,如何区分地方性知识内部不同的地方性知识子项?"其实这恰恰是需要基于各种的案例研究来分析提炼的。也正与库恩的"范式"说类似,"范式"的不同可以成为区分不同的具体的地方性知识的标志之一。说"之一",意在应该还会有其他的判别依据。

在前面提到的作为科学哲学重要流派的科学实践哲学,其代表性人物劳斯,则在使用"地方性知识"这一概念时,关注的角度有所不同。因为科学实践哲学突出地强调"实践"(其实对于何为"实践"其定义也仍然并非十分明确),一方面,他认为:"理解是地方性的、生存性的,指的是它受制于具体的情境,体现于代代相传的解释性实践的实际传统中,并且存在于由特定的情境和传统所塑造的人身上。"(劳斯.2004:66)但另一方面,他所关注的科学,是与其强调的实践场所,即科学家们工作的实验室(当然也可推及诊所、田野等场合)密不可分的。"科学知识的经验品格只有通过在实验室中把仪器运用于地方性的塑造时方能确立。"(劳斯.2004:113)我们可以看到,这样一来,其实他所谈论的那种源于在实验室的具体情境中实践的作为"地方性知识"的科学知识,只不过是广义的作为类型化的知识系统的"地方性知识"中的一种或一个子项而已。

三、何为"科学"

对于"地方性知识"的不同理解,其实背后还有一个重要因素的影响,这就是对于何为"科学"的理解。虽然在很大程度上,这是一个人为的分类问题,但分类问题却完全是有可能负载着价值的判断,并进而因为价值判断而影响到人们对于自然知识的评价和看法。

在过去,人们曾经非常激烈地争论像中国古代有无科学的问题。笔者当年也曾加入过有关的争论。随着思考,自己的认识也在不断的改变中。其实,在科学史等领域,一直也是存在着类似于悖论的纠结:一方面,许多人写出了以中国古代科学史等为题的大量的论著和论文;另一方面,人们却又一直在争论中国古代是否有科学的问题。

当然,人们可以说,这里所说的"科学",是指西方科学。而其实中国古代是有着"中国科学"的。但在这样的争论中,这样的辩解还是有问题。例如,为什么人们会在争论中,一般并不明确地加上"西方"这一对科学的限定词?而是将"科学"默认为"西方科学"?而且,在这样的前提下,如果问"为什么中国古代没有西方科学产生",这本身就成为一个荒唐的例题了。

之所以会有这样的情形出现,其实也还是与对科学的定义及相关的价值判断相联系的。除去那些坚定地认为只有西方科学才是真正的科学而否定其他"非西方科学"价值的人之外,即使在那些观念上更开放一些的学者中,其实对此也是有所分歧的。例如,在科学文化圈里一些坚持反对"科学主义"的学者中,也还有所谓被冠之以"宽面条"和"窄面条"隐喻的争论:"在国内的科学文化界,历来有所谓'宽面条'和'窄面条'派的争议。前者,是试图扩大'科学'的定义范围……把过去许许多多不被承认为科学的东西纳入到科学当中,最宽泛地讲,几乎可以把人类各种严肃地认识自然的系统知识或准系统性知识,以及用于改变自然的生活经验,都归到科学之中。后者,'窄面条'派,则坚持传统对科学的狭窄定义,但与此同时,却并不否认那些没有被归入科学定义范围的东西的价值,也不认为传统中狭义定义的科学,要比这些'非科学'更为正确。"(刘兵.2011)这也就是说,如果把人类的知识分为关于自然(人的自身的一部分也是自然)和社会文化两大类的话,我们其实可以将前者(也即关于自然的那类)都归于一种广义的"科学",而包括西方科学在内的各种相应的"地方性知识",都属于这种在 STS 意义上的"地方性知识"(这只是指其首位的指向,尽管它们不可能与后者截然分开,而且与后者必然有着二阶的密切关联)。这样的分类系统,才会更为一致和连贯。

而像科学实践哲学家劳斯的那种仅仅把现代西方科学的研究,在取消理论优位而更优先注重实验室的"实践"的前提下,作为"地方性知识"来看待的研究,固然也是在西方科学范围内的有益推进,但却只是涉及我们刚刚定义的那种"广义的科学"的"地方性知识"的一部分而已。如果是这样来理解,那么本文开头部分所引用的吴彤教授关于"科学实践哲学的开创者劳斯的'地方性知识'与吉尔兹的'地方性知识'以及一般人类学中通常的'地方性知识'概念就有本质上的不同"的说法就不再成立了,因为其间虽有差异,但绝非"本质上"的,而恰恰是反过来,只是"在分类上作为总类的地方性知识"和"在总类中具体特殊的地方性知识"的差别而已。甚至于那种看法背后,反倒是隐约地含有着某种关于西方科学的"优越"的意味。

查阅有关"地方性知识"的研究,有不少工作与中医相关。以此为例,我们也可以说,按照前面所理解的作为一种"文化类型"的说法,中医确实是一种地方性知识,而西医也同样是地方性知识。如果把对人体的认识也归入广义的科学的话,那么,自然也可以说,各种民族医学(ethno-medicines),作为广义的科学的一部分,也都同样是地方性知识。

四、关于"普遍性"

在关于地方性知识的讨论中,另一个相关的重要概念,是所谓的"普遍性知识"。或者,也可以说是涉及基于知识是否具有普遍性来对之分类和命名的问题。

许多学者认为,地方性知识的对立面,是所谓的普遍性知识。这种看法表面上初看上去似乎不无道理,但实际上却是大可争议的。虽然也可以认为,"地方性知识"的提出解构了"普遍性",在这种意义上两者形成对立的范畴。在前面所引用的吴彤教授对科学实践哲学家劳斯的评论中就指出:在科学实践哲学中,"在地方性知识的观点下,根本不存在普遍性知识。普遍性知识只是一种地方性知识转移的结果。"这一评论里,两次出现的"普遍性知识"一词,其实是在不同层面意义上使用的。一个是指就其本性而言是具有"普遍性"的"普遍性知识";另一个则是指被人们认为(而实则不一定)具有"普遍性"而将其称为"普遍性知识"的那种"普遍性知识"。

　　所谓"普遍性",按其本来含义,不过是指一种普适性,即我们过去经常习惯所说的"放之四海而皆准"。但实际上人们在使用这一概念时往往是在不同的语义层面上来用的。比如,一种是认为某些知识可以无条件地应用于时空中所有的对象,这种普遍性是近来包括劳斯的科学实践哲学在内科学哲学所消解了的;一种是认为某些知识在加了一定的约束条件限制之下,可以普遍地应用于时空中所有的对象,这大约是劳斯在其研究中"普遍性"一词的某种含义;另外,也还可以指有时人们由于意识形态、哲学立场等因素,仅仅是"相信"某些理论可以是"普遍性"的,而对于怎样来理解普遍性这样一种行为却未加深思。最后这种"普遍性",我们可以先不管,但对于前两种意义上的"普遍性",其成立也往往是基于某种信念而非经验证明。例如,牛顿的"万有引力定律",其命名中的"万有"(universal),就隐含了这种"普适性"的意味。那么,中医呢? 如果说万有引力定律在世界各地均普遍成立,那么中医是否对于中国以外的人也具有疗效? 当然这只是非常简化的说法,更细致地,还会涉及"证明"万有引力定律在某地成立所需要的具体条件;说中医对美国人也可能会有效,也会涉及作为其治疗对象的美国人是否相信中医以及连带地带来的心身相互作用对于疗效的影响等许许多多更复杂的因素。但如果仅一般性地说,如果按照归纳的经验"证明"方法,这两者在逻辑上均无法得到全称的肯定证明。因此可以说,某种理论或"知识"的"普遍性",其实只是人们基于信念的一种断言。

　　在劳斯的科学实践哲学中,把"普遍性"解释为是一种知识的标准化,通过"祛地方性""祛语境化"而实现的,是一种把(劳斯意义上的)地方性搬到了另一地方的过程。固然这可以成为一种解释和说明,是一种有益的尝试,但也是解释的一种而已。因为这样的说法并未充分说明:其一,为什么在现实中是西方科学成功地实现了这种标准化,而非西方科学却没有? 其二,当过于纠缠于定义并不清晰的"实践"概念而重点关注实验室的标准化推广时,忽视了哪怕在西方科学中存在的多样性。例如,西方数学,在现实中似乎也成功地标准化而被当成"普适的",而众多其他的"民族数学"(ethno-mathematics)却没有,而作为广义科学的一部分的数学其实并不需要实验室条件下的经验验证。这里,对于文化等其他因素的影响在相当的程度上被忽略。而像后殖民主义等学说,则在另外的意义上对于这种所谓"普遍性"看法的形成给出了文化殖民的解释。而且,作为科学实践哲学的前提,从理论优位(即把"科学视为一套全称命题陈述之网")而推出科学知识的普遍性,在逻辑上似乎也是有问题的。

再有,如吴彤教授所谈的:"以吉尔兹为代表的人类学的地方性知识概念最大的问题仍然是地方性知识无法普遍化,无法具有普遍性知识所具有的地位。在人类学那里,地方性知识与普遍性知识存在着尖锐的矛盾。""但是如何能够解决地方性与普遍性的矛盾呢?在人类学那里,西方学者对于其他地域的非西方知识的关注,虽然的确带来了对于地方性知识的认可,但是仍然视地方性知识为普遍性知识的对照者,是一种普遍性知识的补充而已。地方性始终兼有负面和有限制的意思。因此,从非西方知识入手去论证地方性知识如何补充了普遍性知识,无论如何也不能打破普遍性知识的幻觉和西方理性知识或者科学知识的垄断话语地位,而只能看着这条鸿沟的存在而无法跨越。""一个比较彻底的方案就是彻底解构普遍性。即证明根本不存在普遍性知识,所谓的普遍性知识是一种虚构,一种理想。看似普遍性的东西实际上是一种地方性知识经过标准化过程导致的表面的普遍性。"吴彤教授认为,劳斯虽然就是这样做的,但劳斯还是羞羞答答,仍然承认存在普遍性知识。这才会出现前述的劳斯对(西方)科学知识的普遍性的形成的前述解释方法,把科学知识普遍性认为是基于地方性的结果。"这虽然降低了两者的冲突和矛盾,但是事实上,就有可能倒退到人类学的地方性知识的观点上。"(吴彤. 2007)

对此,存在有几点可商榷之处:其一,认为源于人类学的地方性知识的最大问题是其无法普遍化。这种看法是有问题的,正如前面的讨论,其实地方性知识并非必然地含有非普遍化的意思。其二,也并非所有的人类学家都只是视地方性知识为普遍性知识的对照者。其三,说"科学实践哲学彻底解构了普遍性",这并不一定成立,何况劳斯还"羞羞答答"地承认普遍性知识(其实只是他谈论意义上的普遍性)。科学实践哲学只是表明了通过以实践为基础的科学的这种"地方性知识"通过标准化形成了被看作是"普遍性"的知识而已,只是说明了那种"普遍"源于实验室情境的复制。其实所有的知识(也即所有的地方性知识)在应用中,都会有其语境。也就是说,科学实践哲学重新把原来某种无条件的普遍性转变为在有应用语境下的普遍性而已。但这样的推论和解释逻辑,为什么不能适用于西方科学之外的其他地方性知识呢? 即其他地方性知识不都是也可以具有这种意义上的"普遍性"的可能吗? 就像在具体的语境下,中医也可以治疗美国人一样。其四,说"倒退"到人类学的地方性,则有对人类学地方性知识的歧视之嫌。我们前面也讨论过,虽然人类学家之间也并不完全一致,但在某种人类学家们的理解中,对地方性知识完全可以不是如此来看待的。

而且,就科学实践哲学所说的标准化而言,还有一个很麻烦的问题,即这与知识的可编码性又关系密切,而对于默会知识(它们也是地方性知识的重要组成部分,甚至在非西方科学的地方性知识中所占比重要更大)则相对困难。例如,以可编码化的烹调知识可以标准化为像麦当劳那样的快餐,而更为精妙的大厨掌握火候的厨艺却很难标准化,而更是基于默会知识的、个性化的高档餐饮技术。不过这里对此问题先暂不展开讨论了。

总之,更具体地说明一种地方性知识在传统那种普遍性意义上的适用性(或适用范围),及与之相关的看法的形成,确实是需要在特定的语境中进行具体研究的问题,而且也同样不可能脱离社会文化的因素。盛晓明也非常敏锐地看到了这一点,他指出:"人们总以为,主张地方性知识就是否定普遍性的科学知识,这其实是误解。按照地方性知识的观念,知识究竟在多大程度和范围内有效,这正是有待于我们考察的东西,而不是根据某种先天(apriori)原则被预先决定

了的。"(盛晓明. 2000)

总之,这里我们看到,其实地方性知识的对立面,在深层次上,并不是所谓的普遍性知识。那么,这个对立面又是什么呢?

五、文化相对主义

如果要挖出"地方性知识"真正的意义,找出其要否定的对立面是非常重要的。这就是关于科学知识的多元性与一元性之争,而与之相关的,则是关于绝对主义与文化相对主义的问题。

如前所述,其实关于普遍性与地方性的对立,只是一种表面上的假象。这一点,劳斯在讨论科学知识的地方性特征时不厌其烦地论证普遍性的形成机制时,就已经表明了论证方向的偏差。说"所有的知识都是地方性知识",这点是没错的。但作为一种地方性知识能够为一定的人所接受,这显然需要以这种知识的有效性作为基础和前提。当然何为有效性以及如何确定其判断标准,其实在不同的地方性知识中又非常不同。而作为地方性知识如何能够推广普及,那是另一个需要详细讨论的问题。如前所述,不同的理论也给了基于不同关注重点的不同解释。但有一点其实很重要,并隐藏在这样的讨论中,那就是:以往人们除了把西方科学当作一种普遍性的知识,背后经常还隐藏了另外一层理解,即认为科学知识是唯一客观、正确的有效知识。在这种一元论的立场下,自然非西方科学的知识就会被看作是不客观、不正确的"非科学",甚至于极端情况下被称为"伪科学"的知识了。

对于地方性知识的关注,深层意义之一,是在提醒人们那些非西方科学的"地方性知识"也是重要的,也是有效的,甚至在所有知识的应用都必须具有的语境的约束下,也可以是"普遍性"的。同为人的身体,同样作为"地方性知识"的不同医学,都可能会有"疗效"。作为建筑设计,基于牛顿力学是当代的方式,在没有牛顿力学的当年,中国人也可以根据其他的地方性知识建成著名的赵州桥。这样,多元的而非一元的"地方性的""科学知识"的成立和道理,就与科学的文化相对主义产生了关联。当然,这些"不同"的"地方性知识"彼此之间,就像库恩的"范式"一样,并不一定都是可通约的,但毕竟有着相同和不同的效能。

在国内早期介绍地方性知识概念的学者中,叶舒宪对此是看得非常清楚的。他在那篇引用率也很高的"论地方性知识"一文中明确指出:除了"从文化相对主义的立场出发,用阐释人类学的方法去接近'地方性知识',这种新的倾向在人类学的内外都产生了相当可观的反响"之外,"越来越多的人类学者借助于对文化他者的认识反过来观照西方自己的文化和社会,终于意识到过去被奉为圭臬的西方知识系统原来也是人为'建构'出来的,从价值上看与形形色色的'地方性知识'同样,没有高下优劣之分,只不过被传统认可(误认)成了唯一标准的和普遍性的。用吉尔兹的话说,知识形态从一元化走向多元化,是人类学给现代社会科学带来的进步。""'地方性知识'不但完全有理由与所谓的普遍性知识平起平坐,而且对于人类认识的潜力而言自有其不可替代的优势。""地方性知识的确认对于传统的一元化知识观和科学观具有潜在的解构和颠覆作用。"(叶舒宪.2001)

正如吉尔兹在《地方性知识》的绪言中所写的:"承认他人也具有和我们一样的本性则是一种最起码的态度。但是,在别的文化中间发现我们自己,作为一种人类生活中生活形式地方化的地方性的例子,作为众多个案中的一个个案,作为众多世界中的一个世界来看待,这将会是一个十分难能可贵的成就。"这里,已经相当明确地带有了多元性的意味。更具体地再到"科学",诚如哈丁所说:"'二战'后科学技术研究的两个学派均认为:不存在唯一的科学方法,不存在单一的'科学',也不存在单一形式的好的科学推理;因为无论是欧洲科学还是其他文明的科学,在不同的时代都是用不同的方法和不同形式的推理来探索解释自然规律的系统模式。"(哈丁.2002:71—72)

虽然地方性知识概念的广泛应和构成了对于多元的科学文化观,以及作为其基础的文化相对主义的支持,但由于传统的意识形态的力量和影响,还有许多人对多元的科学知识系统及文化相对主义并不认同。还是前面提到的叶舒宪对此曾有精辟的说法:"倘若按照后现代主义哲学家们的这种眼光来看,全球化也好,地球村也好,所应带给我们的绝不是什么'天下大同',也不是以西方资本主义为单一样板的'现代化',而是一个无限多种可能并存不悖而且能够相互宽容和相互对话的多彩世界。""从攻乎异端到容忍差异,从党同伐异到欣赏他者,这种认识上、情感上和心态上的转变并非一朝一夕可以完成,它要求人们的传统知识观、价值观等均有相应的改变。在这方面,当代人类学对'地方性知识'的论述可以提供很有参考价值的理论教材。"如果说这种向承认科学的多元文化观和文化相对主义立场的转变,是一种知识观、价值观的改变,也就是说,是一种哲学信念的转变,各种论述和争论都可能有助于这样的转变;但作为形而上学立场的转变,又不完全是由逻辑的推论而实现的。因此,仍然会有不同的立场存在,仍然会有对文化相对主义的不相信,仍然会有不同的关于科学知识的一元论和多元论的看法。在某种理解中的地方性知识及其应用,只是支持了多元论的和文化相对主义的一方而已。

六、结论

综合前面的分析讨论和争议,这里可以将本文的主要结论简要地总结如下:

第一,对于"地方性知识"这一源于人类学的重要概念,已经在诸多领域中被广泛应用,但人们对其的理解并不一致。

第二,从人类学的某种理解出发,可以将"地方性知识"的概念推广到人类学之外,作为产生于"地方"但又不限于"地方"的"知识类型"来看待。在这种意义上,所有的"知识"都是"地方性知识","科学"也是,"西方科学"也是,"非西方科学"也是,都是最普遍意义上的"一种"地方性知识。而在其内部,又有各种不同的子项,这些多元的子项,构成了下一层次的"多种"具体的"地方性知识"。区分人类学的和科学实践哲学的"两种"地方性知识的分类及对之给出的本质差异和价值差异的评判,是不恰当的。

第三,科学实践哲学中对于"地方性知识"的讨论是很重要的,对改变关于西方科学的传统看法有积极的意义,但又有其局限,对西方科学之外的其他"科学"知识的关注不够,对"普遍性知识"的分析讨论也有问题。实际上,在所有的知识都产生和应用于特定语境的前提下,地方性知识并不与普遍性构成对立。

第四,在本文中,地方性知识概念的提出和应用,恰恰与科学的文化多元性和文化相对主义的立场是一致的。地方性知识在深层意义上的对立面,其实是科学知识的一元论立场。关注地方性知识的研究,恰恰是对科学知识的文化多元性给出支持。

26 人类学对技术的研究与技术概念的拓展①

一、"技术"的概念

无论是对于技术哲学的研究,还是对于技术史的研究,"技术"的概念都是一个最为重要的研究前提。基于不同的技术概念,就会有不同的研究对象选择,也会对所研究的对象带来不同的理解和解释。当然,技术哲学本身也要研究技术的概念问题,这本是其内在的最本质、最重要的研究内容之一。

类似地,"科学"的概念自然既是科学哲学的研究对象,也是科学哲学和科学史研究的前提。不过,与"技术"相比,"科学"的定义要更为复杂得多,以至于至今在科学哲学中,关于科学的划界问题仍是一个充满了争议的论题。相形之下,"技术"的概念,或者说对于"技术"的定义,对于"技术"的本质等问题,在通常的讨论和作为研究前提时,就要清楚得多,也简单得多。这里,先以在两份美国的教育标准中对技术的理解为例来说明。不过,对于这个说明还需要说明的是:这两份教育标准都是属于基础教育范畴的,面向的是普通公众,而基础教育内容的一个特点是,尽量反映学界较无争议的观点,因此,它

---

① 本文作者刘兵,原载《河北学刊》,2004 年第 3 期。

们应该说是大致代表着目前美国学术界对于"技术"概念理解的最无争议的标准版本。

在《美国国家技术教育标准》中,关于"技术",是这样定义的:

> "技术",这个词包含有很多种意义和内涵。它可以指人类发明的产品和人工制品——盒式磁带录像机是一项技术,杀虫剂也是一项技术。它可以表示创造这种产品所需的知识体系。它还可以表示技术知识的产生过程以及技术产品的开发过程。有时,人们非常广义地使用"技术"这个词,表示的是包括产品、知识、人员、组织、规章制度和社会结构在内的整个系统,比如,谈到电力技术或因特网技术时便是这种广义的含义(国际技术教育协会.2003:21)。

而在另一份重要的科学教育改革文献,即美国的"2061计划"的核心文献《面向全体美国人的科学》中,也是强调科学与技术的差别,并将技术的本质描述为:

> 总的来看,技术是发展人类文明的强大动力,特别是技术与科学的紧密联系。技术与语言、宗教、社会准则、商业和艺术一样,是人类文化系统不可分割的一部分,并且,它还塑造和反映了这个系统的价值。在当今世界,技术变成了一项复杂的社会事业,不仅包括研究、设计和技巧,还涉及财政、制造、管理、劳动力、营销和维修(美国科学促进协会.2001:21)。

像这样的"技术"定义,虽然是出现在普及性的著作里,但它与我们通常在许多技术哲学和技术史研究中所用的概念,差别并不是很大。不过,在继续深入进行研究时,我们也会发现,这样的定义其实还是有些过于狭窄,因为在它背后所隐含的,是一种以西方近代技术的发展为模本的对技术的认识,即由近代科学革命带来了近代科学的诞生,而将近代科学的一些知识诉诸应用,则带来了近代的"工业革命",或者说"产业革命"。在这样的发展链条中,逐渐明确了一种实际上只是近代技术的样式。但如果我们把"技术"按其更原本的含义理解为一种技艺,一种人对自然的变革,一种对人工制品的制造及其联带的种种文化的话,这样的人类活动则远在近代技术产生之前就早已随着人类各种文明的发展而出现了,只是当时并无像现在这样的"技术"的明确概念。不过,在我们只是基于近代技术的概念框架在历史中追溯更早的"技术"发明和发展时,却只能"发现"一些与这种技术概念框架相符或相似的东西,而在这个过程中,因为与此框架不符而被忽略和丢掉的东西要更多。

也正是在这种意义上,我们注意到:近些年来,随着人类学研究从原来只是面向那些原初社会,到被应用于近代、当代主流社会人类不同群体的活动,以及被应用于广泛的历史研究,或远或近地与我们今天通常所理解的"技术"产生了直接或间接的关联时,这些研究中的某些成果实际上已经为"技术"概念的拓展做好了相当的准备。

二、技术人类学

关于人类学与历史的关系,也早已有了不少的讨论。正如国内一位人类学家所说的:"人类学是什么样的历史学? 或者说,什么样的历史学是人类学? 广泛地说,参照并同时超脱结构人类学的'野性思维',却能带着'冷逻辑'来思考'热历史',志在'解放''热历史'在它的'垃圾箱'中'关押的'、本来可以解释这种历史本身的'被忽略的历史'的历史学,即人类学。"(王铭铭. 2004:256)

其实,更早一些,人类学大家的工作就与对"技术"的广义理解有关了。早在 1936 年,法国人类学家毛斯(Marcel Mauss)就在其"身体技术的概念"一文中提出,对于一些人类的行为,只需要认为它是与传统的技术行为和传统的礼仪行为的区分有关的,所有这些行为就都是些技术,也即"身体的技术"。他这样说:"我们犯了一个根本的错误,而且我在许多年中也是如此,即认为只要有一种工具就会有一种技术。我们应该回到一些古代概念上去,回到柏拉图有关技术的观点上去,因为柏拉图谈过一种音乐技术,特别是一种舞蹈技术,而且我们还应该延伸这一概念。""我称一种有效的传统行为是技术(而且,你们看到在此,它不同于巫术的、宗教的、象征的行为),它必须是传统的与有效的。如果没有传统,那么就不会有技术与传播。正因为如此,人首先区别于动物:通过传播他的各种技术,而且极可能是通过对它们的口头传播。"(毛斯.2003:306)

更近一些,我们还可以注意到人类学家普法芬伯格(Bryan Pfaffenberger)的工作与观点。他将自己的研究称为"技术人类学",试图用这种技术人类学来揭示隐藏着的社会关系,并认为"人类学独一无二的田野方法,以及整体论取向,非常适用于对技术进行研究,而且是独一无二地适于研究在技术和文化之间的复杂关系"。在其20世纪80年代进行的一项以对斯里兰卡的灌溉技术的人类学研究中,他就已经在提炼和重新定义新的"技术"概念了,他说:"按照毛斯所使用的整体社会现象这种意义,即它同时既是物质的、社会的,也是符号式的。为了创造和使用技术,也就是说,要给自然打上人的印迹,就是要表达一种社会的观点,创造一种有力量的符号,并以一种生活的形式来从事它们。"(Pfaffenberger. 1988)而他也正是基本这种技术观,对斯里兰卡的基于殖民化方案的灌溉进行分析来说明。他指出:有一种观点认为,技术在伦理道德上是中性的,它既不好,也不坏,它的影响取决于如何使用它。而这种观点的错误则在于,它否认了技术以许多方式为人类生活提供结构与意义。在他看来,在人类学意义上定义的"技术",不是物质的文化,而是一种在毛斯所使用的意义上的整体的社会现象,即把物质的、社会的和象征性的东西在一个复杂的网络联系中联结起来的现象。

在这种观点中,"技术"不再仅仅是"制造"和"使用"的方式,随着技术被创造和付诸使用,它们就在"人类的活动和人类的建制的模式中"带来了"重要的变化"。如果认为技术就是人化的自然,也就是要坚持认为：它是一种根本性的社会现象；它是一种对于围绕着我们和在我们当中的自然的社会建构。一旦出现了，它就表达了一种嵌入的社会观点。简而言之，这种对于文化和自然的解释，就是毛斯已经称为整体的类型，即任何行为都是技术的，同时也是政治的、社会的和象征性的。它有法律的维度，有历史，它承担了一组社会关系，它有意义。相应地，这种观点，使得承认对于社会形式和意义系统的"技术"的解释在逻辑上成为必然。任何对于技术的"影响"的研究，都是对于在一种社会行为的形式与另一种社会行为的形式之间复杂的、互为因果的关系的研究。正是这样的研究以及从中得出的见解，迫使我们承认在人类的技术形式和人类的文化之间几乎令人难以相信的复杂性；同时承认，建构一种技术，不仅仅是利用物质的东西和技巧的东西，而且是建构社会与经济的联合体，创造一种新的为了满足社会关系的法律原则，为了文化准备的神话提供一种有力的新的媒介。

由于普法芬伯格认为人类学独一无二地适于研究在技术和文化之间的复杂关系，他后来继续沿着这个思路从人类学的立场深入讨论技术的概念，并发展完善了他对技术的理解。他提出："与关于标准但却夸张了的技术从简单工具到复杂机械的演化图景相反，社会技术系统（sociltechnical system）的概念提出了一种关于人类技术活动的普适的概念，在这种概念中，复杂的社会结构，非语言的活动系统，先进的语言交流，劳动在宗教仪式上的等同性，高级的人工物品的制造，在明显地有所不同的社会参与者和非社会参与者之间的关联，以及对人工制品不同的社会利用，都被看作是一个单个复合体的各组成部分。""大多数现代对技术的定义断言：与技术在前工业化时代的先行者不同，现代技术系统是应用科学的系统，从客观的、以语言来编码的知识中获得了其生产的力量。但在进一步的考察中，我们看到标准观点的神话的影响。技术史学家们告诉我们，实际上没有一种构成了我们当代社会景观的技术是因为应用了科学而产生的；相反，科学和有条理的客观知识在更常见的情形下是技术的结

果。"(Pfaffenberger. 1992)

三、一个对广义技术的人类学研究实例

如果说，前面所引用的普法芬伯格基于人类学研究对"技术"的理解，虽然也是建立在对于像斯里兰卡的灌溉技术这样的实证研究的基础上，但给人的感觉却更是一种理论性认识的话，那么，另外一项由技术史家应用人类学方法进行的技术史的实证研究，就更能直观地说明这种人类学方法对于"技术"概念之拓宽的有力性。

这里所谈的，恰恰就是那位作为李约瑟写作《中国科学技术史》的合作者之一的美国科学史家白馥兰(Francesca Bray)。1998年，在科学史刊物《俄赛里斯》(Osiris)的一期题为《超越李约瑟：东亚与南亚的科学、技术与医学》专号中，她发表了一篇有关中国技术文化史的论文(Francesca. 1998)。这篇论文的出发点，也是要将中国技术史的研究与人类学方法结合起来。白馥兰认为：在公元1000—1800年这段被称为"中华晚期帝国"(Late Imperial China)的社会与境下，可将家居建筑视为是一种技术，其重要性可与19世纪美国的机床设计相比。但她在这里所指的，主要并不是那些人们很容易直接联想到的具体的建筑工艺技术。在以往人们研究包括中国技术史在内的技术史时，都是关注那些与现代世界相联系的前现代技术，如工程、计时、能量的转化，以及像金属、食品和丝织等日用品的生产，换言之，也就是关注那些在我们看来似乎最重要的领域，因为它们构成了工业化的资本主义世界，从而认为西方所走的道路仍然是最"自然的"；与之相反，在所有非西方的社会中(包括中国)，技术进步的自然能力被某种方式阻止了走上这条自然的道路。所用的隐喻则是障碍、刹车(制动、闸)或陷阱。非西方的经验于是被表述为一种未能建立成就的失败，并被认为这种失败需要解释，于是通常受到责备的就是在认识论或建制的形式上的文化。她指出：李约瑟批判了利用科学来支撑西方至上的做法，但像他那一代的其他科学史家一样，他也

具有充分的"辉格立场"的目的论。《中国科学技术史》中是把技术分类为应用科学,而李约瑟对技术进步的道路的绘制,仍然是按照标准观点的判据。在技术史中,这种标准观点把工业化的资本主义的范畴强加在非西方的社会上,然后,通过辨认其未能走西方道路的原因来不恰当地表述它们。

在这种指导思想下,当辨别重要的技术时,关于那些对社会的本性的形成最有贡献的技术,中国技术史家通常沿袭西方历史学家的样子,关注带来工业世界的日常用品的技术——冶金、农业、丝织。然而,白馥兰看到,晚期帝国的中国不是资本主义,它特征性的社会秩序的组织,并不是按现代主义的目标和价值构成的。在建制中最本质地形成了晚期帝国的社会与文化的是等级联系。因此,她认为:与那种传统的将技术作为"生产的机器"来看待相对应,如果人们完全可以把"建筑设计"作为一种"生活的机器"(machines for living)来看待的话,那么就会发现后者其实是反映了特定的生活方式和价值。以前就有人类学和文化批评研究者表明,建筑并不是中性的。房子是一种文化的寺院,生活在其中的人,被培养着基本的知识、技能,以及这个社会特定的价值。例如,现在我们国内所流行的那种本是源于西方的大客厅、小卧室的单元居室。在西方,对于人们的人际观念、个人的独立性、隐私意识的确立等,是自儿童时代起就在其中对之产生着潜移默化的某种熏陶教育作用。因此,把这种意识用于对中国历史上家居建筑的研究,她选择了家居建筑中的宗祠作为中国技术史研究的对象。这一对象把所有阶级的家庭联系到历史和更广泛的政策中,它将特殊的意识形态与社会秩序结晶化,规范化了晚期帝国的社会。在对中国家居建筑的具体研究中,她主要是根据朱熹的著作以及《鲁班经》等文献进行分析,也包括风水等内容。她发现家祠是一种家族联系与价值的物质符号,从宋朝开始中国的知识与政治精英们就利用以宗祠为中心的仪式与礼节,来将人口中范围广泛的圈子合并到正统的信仰群体中,并提出:作为一种人造物,宗祠包含了不明确的意义,对应于道德的流变,帮助其成功地传播,并使它成为一种在面对潜在的破坏力量时使社会秩序重新产生的有力工具。总之,抛开具体的结论,关键点在于:白馥兰所关注的是那些在传统中被认为是"非生产性"技术起改变作用的影响,以便提出一种更为有机的、人类学的研究技术及其表现的方法。应用这样的新观念、新方法和新视角来重新思考非西方的技术史,就带来了一系列全新的理解过去的可能性,以及新的与其他历史和文化研究的分支对话的可能性。

四、结语

由以上的分析和讨论可见:在目前已渐成气候的将人类学方法应用于技术的历史、哲学和社会文化研究中,除了在研究方法上为那些传统已有的学科带来的新意之外,更重要的是,带来了一种新的视角、一种新的思考方式。正是在这样的对技术问题的研究之下,一个重要的副产品,就是对我们通常所用的狭义的"技术"概念的拓展,而这种拓展,显然对于技术哲学、技术史和技术社会学的研究都有着重要的启发意义。

27 科学史也可以这样写：评《历史上人类的科学》一书①

一、引子

通常，人们读书有趣，除了读者的因素之外，会用"引人入胜"来形容那本被阅读的书的魅力。不过，如果在科学史领域中，一本科学史的著作，能够将读者达到这种境界的，坦率地讲，确实并不多见。在这当中，可以有许多原因和理由。例如，多数的科学史著作是严肃的，是学术性的，在对严肃的学术性的著作的阅读中，自然不比阅读那些轻松的八卦作品，读者总是或多或少在某种沉重中严肃起来，而要想在这种严肃的阅读中仍然获得阅读的快感，读得有趣，能够达到这种境界的人，比例本来就不是很高。

科学史这门学科，虽然从根上说，在古希腊就可以找到其雏形，在其他的文化中，比如在中国古代的文献里，也很早很早就能看到其形态另有不同的萌芽，但如果从作为一门专业学科的建制化的角度来看，其历史也不过一百来年。但是，就是在这一百来年中，诸多前辈所做的工作也足够多了，多得超出人们能够阅读的极限。随着学

① 本文作者刘兵，原载《好的归博物》，江晓原、刘兵主编，华东师范大学出版社，2011年。

科的发展,也像其他一些做学问的领域一样,研究越做越细,让人几乎无法像人类学识发展的早期那样,成为"通才",不要说在整体的知识系统上,就是在子系统、子子系统中,也无法做到。当英国学者休厄尔写出了差不多可以算是第一部形式上的"综合性"的科学史,所谓归纳科学的"历史",或者,也可以叫做归纳科学的"通史"之后,不断地又有一些大家、名家和普通的研究者,在科学通史写作上努力。不过时至今日,由于知识的过度扩展,在西方国家,那些严肃的学者,基本上已经不再把科学通史作为研究性的著作来写,人们可以看到的新写出来的通史,往往或是教材,或是普及性的读物。那些部头巨大的多卷本,或者可以算作研究著作,或是可以看作综述性的准研究性著作的科学通史,现在差不多都是由在科学史不同分支不同子领域,甚至不同子问题上研究的专家们合作写出的。例如,具有相当权威性的、最新出版而且尚未出全的8卷本的《剑桥科学史》,就是可以表明当下这种情况的典型。

　　另外需要注意的是,从科学编史学的立场上来看,科学史是关于科学的过去的故事,它肯定有别于其他的历史,否则,也就不会有科学史与像宗教史、艺术史、文学史、政治史等不同历史领域的区分。带来这种区分的,就在于:尽管也可以与其他的历史分支有交叠,有间接的关系,但"科学史"之所以成为"科学史",是因为它必须与科学有直接的关系。科学,决定了科学史的内容、研究对象和研究兴趣与其他历史的差别。这种必须涉及科学的限定,决定了科学史研究中对史料的选择。但是,作为首位重要的前提,"科学"又是怎样定义的呢?究竟何为"科学",这本来又是一个科学哲学所研究的中心问题。时至今日,发展也还算是比较成熟的科学哲学领域中的诸多研究,却仍然没有为人们提供一个哪怕相对普遍被接受的科学的"标准"定义。用科学哲学的术语来说,也就是科学哲学仍然没有提出一个被人们普遍接受的关于科学的"划界标准"(即把科学与非科学区分开来的判据)。从这种局面来推论,可以很自然地看出:既然现在还没有统一的定义或标准,未来是否能够有这样的东西也还不好说,那么,不同的人采用不同的标准来理解究竟何为科学,并形成对科学的不同定义,就是很自然的事了。因此,从原则上讲,对科学持不同的判定标准的科学史家,当然是可以因其标准不同而写出不同的科学史的。不过,这又是一种理想的想象。因为,在实践的科学史家当中,过去大多数人所持的科学的标准,基本上是一种传统的、朴素的对科学的理解。就算现在,这样的科学史家们仍然为数众多,尽管在不同的国度,在不同的学术环境中,这样的科学史家在所有科学史家中所占的比例又会很有不同。

与此同时,我们也可以注意到,随着学术的发展,随着科学史这门学科的发展,还是有许多科学史家们对科学的看法和立场不同于传统的科学史家,他们将一些新的、不同的对科学的理解作为基础性的框架用于其研究中,并得出了诸多非常有新意的研究成果。阅读这些研究成果,经常也会给读者带来一种兴奋感,让人们觉得那才是有新意的研究,才是可以给人带来启发和思考的研究。或者,用今天在我们这里比较恶俗的却非常流行的说法,即具有"创新性"的研究。但是,正如前面所讲的,这样的科学史家们现在很少会以个人的视角去写一部"通史"。但科学的通史,却具有可以让人们用之来了解科学发展的整体脉络和整体图景的重要性。因而,在目前可见的科学通史著作中,尽管写作者也试图以与前人的作品有所不同的方式去构思和写作,但在整体性的框架上,这种变化还是不够大,还是受到诸多的约束。因而,如果读过若干部不同的科学通史,读者所获得的科学发展的整体图像,在本质上是差别不大的。

有了这样的对背景的认识,就比较容易理解本文所要评论的这本新书的意义及与众不同之处了。正是因为它带来了与传统的科学发展的理解有着极其不同的整体图景,所以,这样的新意,会让一本科学通史也具有了极大的震撼力和可读性,因而也"引人入胜"。

二、奇书

任何一部历史,包括科学史,其实都无法完整、严格地重现过去,都必须对过去所发生的无限多的事件进行删节。这就是历史,或者更严格地说,是被历史学家所写出历史的本性。正是因为删节的不可避免,所以就出现了选择的问题。究竟选择什么内容来写,对所选择的内容按什么力度,以什么篇幅来写,这实际上取决于作者本人对科学的认识。过去,在科学社会学领域以及科学计量研究中,曾有人选择对科学家传记中有关不同科学家条目长短字数的统计,来判别不同的科学家贡献和重要性的大小。类似地,在科学通史中,我们也会读到以不同的篇幅和详尽程度对不同的科学发现事件的描写,而更有众多的科学发现,在科学通史的有限篇幅中,根本就连出现的空间都没有。

从哪怕是比较初级的科学通史来看,如果没有讲到牛顿力学,没有讲到爱因斯坦的相对论,那几乎是不可想象的。实际上,按照刚刚提到的对科学家传记字数的统计研究,这两位科学界的"牛人",也当仁不让地被认为是有史以来顶级的科学大家。

另外,在现有的绝大部分科学通史中,作者所依据的科学评判标准虽然彼此间有所不同,但大体上讲,基本上还是以向着数理科学发展的模式来展开的,那些"前科学",也大多是因其与近现代数理科学的直接或间接相关性而被考虑的。

不过,在更为前沿性的专题科学史的研究中,我们会发现另外一种倾向的出现,即有越来越多的人开始关注非西方主流科学史的研究;但令人遗憾的是,这些研究的成果,还很少能有机会体现在科学通史当中。

但是,这一本新出版的名为《历史上人类的科学》的科学通史中,作者则是艺高人胆大地几乎彻底颠覆了那种以主流的近现代数理科学史为主线的选择标准。我们如果还是采用那种比较能够说明问题的篇幅统计的方法,我们会看到:哥白尼的"日心说"只有区区几百字,牛顿力学的发展只有接近一页纸的篇幅,而从 19 世纪末的物理学危机到量子力学和爱因斯坦的相对论的提出,也不过只有两页的篇幅。也就是说,这些原来在传统的科学通史中毫无疑问地占据核心位置的科学发现,现在在极大程度上被边缘化了。

常言说:"此消彼长",将传统中主流科学通史的重要内容边缘化,压缩其篇幅,是为了腾出空间让那些在传统的科学通史中一直被边缘化甚至于没有一席之地的"非西方主流科学"在书中出现,除了这些传统中被认为无足轻重的人类的科学认识之外,一些过去经常还会被人们视为"非科学""伪科学"的内容,在这本科学通史中也堂而皇之地闪亮登场。例如,博物学传统的科学探索这些在当下的主流科学中已经近乎消失的内容,在这本通史中,却在不同的位置,占据了长达上百页的篇幅。关于东亚、非洲、拉美从古代到近代的"科学研究",也都分别有着不短的介绍和讨论。传统的其实也经常包括了技术发展的科学通史(那些书中经常是以"工业革命"或"产业革命"的名义来处理),以及与近现代世界的资本主义工业化发展相联系的技术进展(而且经常还被表达为是"把科学的认识应用于实践"或科学"转化"为技术),在这本新的通史中,也只有寥寥几页;而对于从范围更广的地区的不同国家和文化传统中,乃至于土著人在生活实践中被广泛应用的传统的"地方性"技术,则有着与像博物学科学的内容不相上下的篇幅。医学,虽然另有其门的研究领域,即所谓的医学史,但在许多科学通史中,从古代到当代,或是在与人们对于身体和人体生理的认识的联系中,诸多医学史的内容也经常被包括进来。当然,这样的医学史,在终极目标上,也往往是指向一步步走向现代医学之胜利的辉格式历史。那些与之不同的传统中的医学,现在往往被人们归入另类医学,或者,试图在表现上说得好听些,叫"替代医学"。总之,不管叫什么,其中受歧视的味道总是无法消除。在辉格式的医学史中,往往这类的内容自然也是不会被包括的。再者,与其他技术相比,从人类学的立场来看,许多与医学相关的人类认识,都有一种生活的技术的意味。因而,此书对诸多在历史上对人类身体的治疗和保健实践起过实实在在作用的"替代医学",中医自不必说了,其他像藏医、蒙医、苗医、维吾尔医、阿拉伯医、印度医,也都有相当多的介绍和讨论,乃至于更多被人归于萨满传统的"跳大神",

也有着在人类学视野和立场上进行的尝试性分析。

上面所提到的，还仅仅是这本新的科学通史中一部分有突出代表性的与传统的科学通史的差异，实际上，像这样的差异还有很多。纵观全书，我们会发现，诸多像后现代主义、后殖民主义、女性主义、人类学、博物学和文化研究的理论、立场和研究方法，都被不同程度上用于此书。虽然，代价是在叙述的统一性上略显不够完美（或者也可以这样说，这种统一在某种程度上又何尝不是一种现代标准的体现？），但作为一种大胆而有益的探索，作为一种在初期阶段刚刚被尝试的科学史新表述，这样的代价当然是必须付出而且物有所值的。

三、写作

读到这本科学通史的新作，在兴奋之余，又感到某种失落：作为一个科学史研究者，为什么自己就没有大胆地做出这种尝试呢？这让我回想起几年前，一位合作过的很有见识的出版人曾找到我，让我看他所发现的诸如《人类的音乐》这样的书，并约我写一本类似的《人类的科学》，其主旨与这里所评论的那本科学通史颇有相似之处，是想把长期以来被科学史所忽略了的而在另外的视野中却显得非常重要的许多"科学"的内容写到科学史中。可惜的是，尽管我对此创意很有兴趣，但因为自觉对相关问题的研究还远不充分，所以推托说，"也许这样一本书可以在我有了更多的积累之后，在退休以后的年月再着手写作"。可是，机不可失，现在真有人提前写出了《历史上人类的科学》。按照优先权，后悔显然是没有用的。不过，好在以这种新方式写作科学史的空间远比传统的写法要大，所以在我的期望中，还会有更多以这样的方式写作科学史的不同尝试出现，希望那时，里面能有我的一本，哪怕一小本呢！

前面反复提到，这种写作与传统写作最大的不同，是出发点的不同，即对"科学"的定义不同。在国内的科学文化界，历来有所谓"宽面条"派和"窄面条"派的争议。前者，是试图扩大"科学"的定义范围,就像这本书一样,把过去许许多多不被承认为科学的东西纳入到科学当中。最宽泛地讲,几乎可以把人类各种严肃地认识自然的系统或准系统性知识,以及用于改变自然的生活经验,都归到科学之中。后者,"窄面条"派,则坚持传统对科学的狭窄定义,但与此同时,却并不否认那些没有被归入科学定义范围的东西的价值,也不认为传统中狭义定义的科学,要比这些"非科学"更为正确。

在一般性的争议中,这两种派别,其实是要达到相近或相同目标——即反对科学主义——的不同策略。但是,如果考虑到像这样撰写一本科学史的话,显然前者在命名的意义上更有合法性,后者恐怕就只能写出"科学外史"了,当然我相信那也会很有趣。

总之,从对科学撰写进行研究的学科,即科学编史学的立场上来看,或是用其专业术语来说,传统的科学通史,以及这里被评论的新派另类科学通史,其差别,只在于其编史纲领的不一样。

但是,还是回到历史上,在历史学家,包括科学史家当中,从来就没有过统一不变的编史纲领,只不过是在不同的时期不同的编史纲领占据着主流中心的地位而已(注意,这门在历史上也被称为"堪舆"的学问在此书中亦有一席之地)。俗话说,"风水轮流转,明天到我家"。其实,哪种编史纲领都有其合理性。

所以,科学史,当然也可以这样写。

为什么不呢?

附记:此篇文字,是在"新斋老蒋"蒋劲松的建议下,以及在刘华杰教授的鼓励下,才能够写出的效仿波兰著名作家莱姆在其《完美的真空》一书中的书评式样的新书评。在此,作者谨向两位有想象力的先生表示感谢!如果哪位读者没有读过莱姆的那本书评集,或是不了解其中写作内容和方式的读者,却在读过本文后,欲寻找这本《历史上人类的科学》来阅读,敬请其先阅读莱姆的《完美的真空》一书([波兰]斯坦尼斯拉夫·莱姆著,王之光译,商务印书馆,2005,定价:15 元)。

参考文献

［1］ _____. 200? Local and Indigenous Knowledge. http://www. unesco. org/new/en/natural-sciences/priority-areas/links/

［2］ Alpers, Svetlana. The Art of Describing: Dutch Art in the Seventeenth Century [M]. Chicago: University of Chicago Press, 1983.

［3］ Ashworth, E J. Giordano Bruno [M]//E. Craig. Routledge Encyclopedia of Philosophy. New York: Routledge, 1998(2):34 - 39.

［4］ Ashworth, William B, Jr. Marcus Gheeraerts and the Aesopic Connection in Seventeenth-Century Scientific Illustration [J]. Art Journal, 1984,44 (2):132 - 138.

［5］ Baldasso, Renzo. The Role of Visual Representation in the Scientific Revolution: A Historiographic Inquiry [J]. Centaurus, 2006(48):69 - 88.

［6］ Bazerman, Charles. Shaping Written Knowledge: The Genre and Activity of the Experimental Article in Science [M]. Madison: University of Wisconsin Press, 1988.

［7］ Berkhofer, R. F. Jr. 超越伟大故事:作为文本和话语的历史[M].邢立军, 译.北京:北京师范大学出版社,2008.

［8］ Biersack, Aletta. Local Knowledge, Local History: Geertz and Beyond [M]//Lynn Hunt. The New Cultural History: Berkeley, Los Angeles, London. Oakland: University of California Press, 1989:72 - 96.

［9］ Bloor, D. Review [J]. Social Studies of Science, 1991,21(1):186 - 189.

［10］ Bloor, D. Knowledge and Social Imagery [M]. Chicago: University of Chicago Press, 1991.

［11］ Blum, P. R. Istoriar la figura: Syncretism of Theories as a Model of Philosophy in Frances Yates and Giordano Bruno [J]. American Catholic Philosophical Quarterly, 2003,77(2):189 - 213.

［12］ Boas, F. Recent anthropology [J]. Science, 1943(98): 311 - 14.

［13］ Bray, F. Technology and Gender: Fabrics of Power in Late Imperial China [M]. Oakland: University of California Press, 1997.

［14］ Bredekamp, Horst. Gazing Hands and Blind Spots: Galileo as Draftsman ［J］. Science in Context, 2001,14(Supplement):178 - 179.

［15］ Breidbach, Olaf. Representation of the Microcosm: the Claim for Objectivity in 19th Century Scientific Microphotography ［J］. Journal of the History of Biology, 2002,35(2):221 - 250.

［16］ Brown, L. M. High-Energy Physics: Claims and Constraints ［J］. Science, 1985(228):857 - 58.

［17］ Brush, S. G. The History of Modern Science: A Guide to the Second Scientific Revolution, 1800 - 1950 ［M］. Ames: Iowa State University Press, 1988.

［18］ Brush, S. G. Should the History of Science be Rated X ［J］. Science, 1974 (183):1164 - 1172.

［19］ Busch, Lawrence. Science and Technology Studies. 1987,5:39 - 40.

［20］ Butterfield, H. The Whig Interpretation of History ［M］. G. Bell and Sons; AMS Press reprint, 1978.

［21］ Campbell, John Angus. Charles Darwin: Rhetorician of Science ［C］// Randy Allen Harris. Landmark Essays on the Rhetoric of Science. New Jersey: Lawrence Erlbaum Associates Publishers, 1997.

［22］ Cantor, Geoffrey. Michael Faraday: Sandemanian and Scientist : A Study of Science and Religion in the Nineteenth Century ［M］. New York: St. Martin's Press, 1991.

［23］ Cazort, Mimi. Photography's Illustrative Ancestors: The Printed Image ［M］//Ann Thomas. Beauty of Another Order: Photography in Science. New Haven: Yale University Press, 1997.

［24］ Chattopadhyaya, D. P. Anthropology and Historiography of Science ［M］. Athens: Ohio University Press, 1990.

［25］ Chen-Morris, Raz. From Emblems to Diagrams: Kepler's New Pictorial Language of Scientific Representation ［J］. Renaissance Quarterly, 2009, 62:134 - 170.

［26］ Cohen, Bernard. The American Historical Review, 1987. 92:658 - 659.

［27］ Cohen, I. B. The Eighteenth-Century Origins of the Concept of Scientific Revolution ［J］. Journal of the History of Ideas, 1976,37:257 - 288.

［28］ Cohen, I. B. Revolution in Science ［M］. Cambridge: The Belknap Press of Harvard University Press, 1985.

［29］ Crombie, Alistair C. Science and the Arts in the Renaissance: The Search for Truth and Certainty, Old and New ［M］//John W. Shirley and F. David Hoeniger. Science and the Arts in the Renaissance. London: Associated University Presses, 1985.

［30］ Crowther, J. G. Michael Faraday: 1791 - 1867 ［M］. Paris: Hermann,

1945.

[31] Cushing, J. T. Constructing Quarks (Book Reviews) [J]. American Association of Physics Teachers, 1986.

[32] Dalitz, R. H. Fundamental developments [J]. Nature, 1985,314:387 - 88.

[33] Daston, Lorraine. Human Nature is a Garden [J]. Interdisciplinary Science Reviews, 2010,35(3/4):215 - 230.

[34] Daston, Lorraine &. Galison, Peter. The Image of Objectivity [J]. Representations, 1992(40).

[35] Davis, E. A. &. Falconer, I. J. J. J. Thomson and the Discovery of the Electron [M]. Bristol, PA: Taylor and Francis, 1997:119.

[36] Delaney, M. K. Magic and Science: the Psychological Origins of Scientific [M]. Dallas: University of Dallas, 1991.

[37] Dibner, B. Sarton Letters at the Burndy Library [J]. Isis, 1984,75(276): 45 - 48.

[38] Elkana, Yehuda. A Programmatic Attempt at an Anthropology of Knowledge [M]//Everett Mendelsohn, Yehuda Elkana. Sciences and Cultures: Anthropological and Historical Studies of the Science. Dordrecht, Holland: D. Reidel Publishing Company, 1981:19 - 26.

[39] Feingold, Mordechai. The English Historical Review, 1991,106:187 - 188.

[40] Fisher, H. A. L. The Whig Historians [M]. London: Humphrey Milford Amen House, 1928.

[41] Foley, Robert A. Evolution and Human Cognitive Diversity: What Should We Expect? [J]. Interdisciplinary Science Reviews, 2010,35(3/4):241 - 252.

[42] Francesca, B. Technics and Civilization in Late Imperial China: An Essay in the Cultural History of Technology [J]. Osiris, 1998,13:11 - 33.

[43] Frangsmyr, T. Revolution or Evolution: How to Describe Changes in Scientific Thinking [M]//Shea, W. R. Revolution in Science. Science History Publication, 1988:164 - 173.

[44] Franklin, A. Review [J]. The British Journal for the Philosophy of Science, 1988:411 - 414.

[45] Furth, Charlotte. A Flourishing Yin: Chinese Medical History, 960 - 1665 [M]. Oakland: University of California Press, 1999a:960 - 965.

[46] Furth, Charlotte. Women as Healers in the Ming Dynasty China, in Current Perspectives in the History of Science in East Asia [M]. Seoul: Seoul National University Press, 1999b:467 - 477.

[47] Galison, P. Review [J]. Isis, 1986,77(1):118 - 120.

[48] Galison, P. How Experiment End [M]. Chicago: The University of Chicago

Press, 1987.

[49] Galison, P. Philosophy in the Laboratory [J]. The Journal of Philosophy, 1988,85(10):525 - 527.

[50] Galloway, John. Seeing the Invisible: Photography in Science [J]. Impact of Science on Society, 1992,42(4):329 - 343.

[51] Gatti, H. Frances Yates Hermetic Renaissance in the Documents Held in the Warburg Institute Archive [J]. Aries, 2002,2(2):193 - 211.

[52] Giere, Ronald N. History and Philosophy of Science: Intimate Relationship or Marriage of Convenience? [J]. The British Journal for the Philosophy of Science, 1973,24(3):282 - 297.

[53] Giles, T. Motives for Metaphor in Scientific and Technical Communication [M]. New York: Baywood Publishing Company, 2008:83 - 151.

[54] Ginn, Sheryl R. and Lorusso, Lorenzo. Brain, Mind, and Body Interactions With Art in Renaissance Italy [J]. Journal of the History of the Neurosciences, 2008,17(3):295 - 313.

[55] Gladstone, J. H. Michael Faraday [M]. London: Macmillan and Co, 1874.

[56] Golinski, Jan. Making Natural Knowledge: Constructivism and the History of Science [M]. Cambridge: Cambridge University Press, 1998.

[57] Goodman, Jordan. History and Anthropology [M]// Michael Bentley. Companion to Historiography. London: Routledge, 1997.

[58] Goody, J. Local Knowledge and Knowledge of Locality: The Desirability of Frames [J]. The Yale Journal of Criticism, 1992(2):137 - 147.

[59] Hacking, I. Representing and Intervening [M]. Cambridge: Cambridge University Press, 1983.

[60] Hacking, I. Book reviews [J]. The Journal of Philosophy, 1990,87(2):103 - 106.

[61] Hacking, I. Review [J]. The Journal of Philosophy, 1990. 2(87):103 - 106.

[62] Hacking, Ian. Styles of Scientific Thinking or Reasoning: A New Analytical Tool for Historians and Philosophers of the Sciences [M]//Kostas Gavroglu, Jean Christianidis &. Efthymios Nicolaidis. Trends in the Historiography of Science. Dordrecht: Kluwer Academic Publishers, 1994:31 - 48.

[63] Haisley, W. Constructing Quarks(Book Reviews) [J]. American Scientist, 1986,74:100.

[64] Hannaway, Owen. Technology and Culture, 1988. 29:291 - 294.

[65] Haraway, Donna Jeanne. Primate Visions: Gender, Race, and Nature in the World of Modern Science [M]. New York: Routledge, 1989.

[66] Harding, S. The Science Question in Feminism [M]. New York: Cornell

University Press，1986.

[67] Harris，M. The Nature of Cultural Things [M]. New York：Random House，1964.

[68] Heilbron，J. L. Constructing Quarks(Book Reviews)[J]. American Journal of Sociology，1986，91：1479 - 1481.

[69] Hess，David J. Introduction：the New Ethnography and the Anthropology of Science and Technology [M]//David J. Hess，Linda L. Layne. Knowledge and Society：The Anthropology of Science and Technology. London：JAI Press Inc，1992.

[70] Hill，Christopher. A New Kind of Clergy：Ideology and the Experimental Method [J]. Social Studies of Science，1986，16：726 - 735.

[71] Holton，G. Subelectrons，Presuppositions，and the Millikan - Ehrenhaft Dispute [M]. The Scientific Imagination：Case Studies. Cambridge：Cambridge University Press，1978：25 - 83.

[72] Pendleton，H. 25 Years of Elementary Particles：The Cultural Context [J]. Physics Today，1985(7)：75 - 76.

[73] Hord，T. F. 编. 牛津英语词源词典[M]. 上海：上海外语教育出版社，2000.

[74] Jacob，Margaret C. Isis，1986，77：719 - 720.

[75] Jardine，Nick. Etics and Emics (not to mention anemics and emetics) in the History of Science [J]. History of Science. xlii，2004：262 - 278.

[76] Jennings，Richard C. The British Journal for the Philosophy of Science，1988. 39：404.

[77] Jones，Caroline A. and Galison，Peter. Picturing Science，Producing Art [M]. New York：Routledge，1998：2.

[78] Jones，Henry Bence. The Life and Letters of Faraday [M]. London：Longmans，Green and co. ，1870.

[79] Keller，Evelyn Fox. Reflections on Gender and Science [M]. New Haven：Yale University Press，1985.

[80] Kemp，Martin and Wallace，Marina. Spectacular Bodies：the Art and Science of the Human Body from Leonardo to Now [M]. Oakland：University of California Press，2000.

[81] Kemp，Martin. Visualizations：the Nature Book of Art and Science [M]. Oxford：Oxford University Press，2000.

[82] Kessler，Elizabeth A. Resolving the Nebulae：the Science and Art of Representing [J]. Studies in History and Philosophy of Science，2007，38 (2)：477 - 491.

[83] Kim，Yung Sik & Bray，Francesca. Current Perspectives in the History of Science in East Asia [M]. Seoul：Seoul National University Press，1999.

[84] Klein，M. J. The Use and Abuse of Historical Teaching in Physics [M].

History in the Teaching of Physics. Lebanon: University Press of New England, 1972:112 - 118.

[85] Kragh, H. An Introduction to the Historiography of Science [M]. Cambridge: Cambridge University Press, 1987.

[86] Laderman, Carol. Malay Medicine, Malay Person [M]//Mark Nichter. Anthropological Approaches to the Study of Ethnomedicine. Switzerland: Gordon and Breach Science Publishers, 1992:191 - 206.

[87] Lafuente, Antonio. Enlightenment in an Imperial Context: Local Science in the Late-Eighteenth-Century Hispanic World [J]. Osiris, 2000,15:155 - 173.

[88] Lakatos, Imre. History of Science and Its Rational Reconstructions [C]// Proceeding of the Biennial Meeting of the Philosophy of Science Association, 1970:91 - 136.

[89] Lakoff, G. , Johnson M. Metaphors We Live By [M]. Chicago: Chicago University Press, 1980.

[90] Laudan, L. The History of Science and the Philosophy of Science [M]// R. C. Olby, et al. Companion to the History of Modern Science. London: Routledge, 1980: 47 - 59.

[91] Lloyd, G. E. R. History and Human Nature: Cross-cultural Universals and Cultural Relativities [J]. Interdisciplinary Science Reviews, 2010,35 (3 - 4):201 - 14.

[92] Lynch, Michael and Edgerton, Samuel Y. Jr. Aesthetics and Digital Image Processing: Representational Craft in Contemporary Astronomy [M]//Gordon Fyfe and John Law. Picturing Power: Visual Depiction and Social Relations. London: Routledge, 1988.

[93] Marilyn, Strathern. Writing in Kind [J]. Interdisciplinary Science Reviews, 2010,35(3/4):291 - 301.

[94] Martin, E. Giordano Bruno: Mystic and Martyr [M]. Kila, MT: Kessinger Publishing Company, 2003.

[95] McComas, W. F. and Almazroa, H. The Nature of Science in Science Education: An Introduction [J]. Science & Education, 1998(7):511 - 532.

[96] Merchant, Carolyn. The Death of Nature: Women, Ecology and the Scientific Revolution [M]. New York: Harper and Row, 1980.

[97] Merton, R. K. The Sociology of Science: Theoretical and Empirical Investigations [M]. Chicago: University of Chicago Press, 1973.

[98] Métailié, Georges. The Representation of Plants: Engravings and Paintings [M]// Francesca Bray, Vera Dorofeeva-Lichtmann and Georges Métailié. Graphics and Text in the Production of Technical Knowledge in China: the Warp and the Weft. Boston: Brill, 2007.

［99］ Nichter, Mark. Introduction ［M］//Mark Nichter. Anthropological Approaches to the Study of Ethnomedicine. Switzerland: Gordon and Breach Science Publishers, 1992.

［100］ Palladino, Paolo, Worboys, Michael. Science and Imperialism ［J］. Isis, 1993,84:91－102.

［101］ Pasveer, Bernike. Representing or Mediating: A History and Philosophy of X-ray Images in Medicine ［M］//Luc Pauwels. Visual Cultures of Science: Rethinking Representational Practices in Knowledge Building and Science Communication. Lebanon: University Press of New England, 2006.

［102］ Pauwels, Luc. A Theoretical Framework for Assessing Visual Representational Practices in Knowledge Building and Science Communications ［M］//Luc Pauwels. Visual Cultures of Science: Rethinking Representational Practices in Knowledge Building and Science Communication. Lebanon: University Press of New England, 2006.

［103］ Pfaffenberger, B. Social Anthropology of Technology ［J］. Annual Review of Anthropology, 1992,21:491－516.

［104］ Pfaffenberger, B. Fetishised Object and Humanised Nature: Towards an Anthropology of Technology ［J］. Man, 1988,23(2):236－252.

［105］ Pickering, A. Review ［J］. Isis, 1988,79(3):472－473.

［106］ Pickering, A. The Role of Interests in High-Energy Physics: The Choice between Charm and Colour ［M］//W. R. Knorr, R. Krohn, R. P. Whitley. The Social Process of Scientific Investigation. Dordrecht: Kluwer Academic publisher, 1981:107－138.

［107］ Pickering, A. Constructing Quarks: A Sociological History of Particle Physics ［M］. Chicago: University of Chicago Press, 1984a.

［108］ Pickering, A. Against Putting the Phenomena First: The Discovery of the Weak Neutral Current ［J］. Studies in History and Philosophy of Science, 1984b(2):85－117.

［109］ Pickering, A. Knowledge, Practice and Mere Construction ［J］. Social Studies of Science, 1990,20:682－729.

［110］ Pike, K. L. Language in Relation to a Unified Theory of the Structure of Human Behavior ［M］. Part1. Preliminary Edition. Summer Institute of Linguistics, 1954.

［111］ Pingree, David. Hellenophilia versus the History of Science ［J］. Isis, 1992,83:554－563.

［112］ Porter, R. The Scientific Revolution: A Spoke in the Wheel? ［M］// Porter, R., et al. Revolution in History. Cambridge: Cambridge University Press, 1986. 290－330.

[113] Prelli, Lawrence J. A Rhetoric of Science: Inventing Scientific Discourse [M]. Columbia: University of South Carolina Press, 1989.

[114] Pyenson, Lewis. Science and Imperialism [M]//R. C. Olby, et al. Companion to the History of Modern Science. Routledge, 1990:920 – 933.

[115] Reybrouck, David Van. Imaging and Imagining the Neanderthal: the Role of Technical Drawings in Archaeology [J]. Antiquity, 1998, 72 (275):56 – 64.

[116] Rijcke, Sarah de. Light Tries the Expert Eye: the Introduction of Photography in Nineteenth-century Macroscopic Neuroanatomy [J]. Journal of the History of the Neurosciences, 2008,17(3):349 – 366.

[117] Ritter, H. Dictionary of Concepts in History [M]. Greenwood Press, 1986:188 – 193.

[118] Ritterbush, Philip C. The Organism as Symbol: An Innovation in Art [M]//John W. Shirley and F. David Hoeniger. Science and the Arts in the Renaissance. London: Associated University Presses, 1985.

[119] Rochberg, F. The Cultures of Ancient Science: Some Historical Reflections—Introduction [J]. Isis, 1992,83:547 – 553.

[120] Rochberg, F. Beyond Binarism in Babylon [J]. Interdisciplinary Science Reviews, 2010, 35(3/4):253 – 265.

[121] Rosser, S. V. Feminist Scholarship in the Science: Where Are We Now and When Can We Expect a Theoretical Breakthrough? [M]//N. Tuana. Feminism and Science. Bloomington: Indiana University Press, 1989.

[122] Roth, P. and Barrett, R. Deconstructing Quarks [J]. Social Studies of Science, 1990,20:579 – 632.

[123] Rutherford E. The Structure of the Atom [J]. Scientia, 1914(16):337 – 351.

[124] Rutherford E. The Structure of the Atom [J]. Philosophical Magazine, 1914 (27):488 – 498.

[125] Rutherford, E. The Scattering of α and β Particles by Matter and the Structure of the Atom [J]. Philosophical Magazine, 1911(21):669.

[126] Sabra, A. I. Situation Arabic Science: Locality versus Essence [J]. Isis. 1996(87):654 – 670.

[127] Schiffer, Michael Brian. Toward an Anthropology of Technology [M]// Michael Brian Schiffer. Anthropological Perspectives on Technology. Albuquerque: University of New Mexico Press, 2001.

[128] Shapin, Steven &. Schaffer, Simon. Leviathan and the Air-Pump [M]. Princeton: Princeton University Press, 1985.

[129] Shirley, John W. and Hoeniger, F. David. Science and the Arts in the

Renaissance [M]. London：Associated University Presses，1985.

[130] Sivin，Nathan. Editor's Introduction，in Science and Civilisation in China [M]. Vol. 6，Biology and Biological Technology，Part Ⅵ：Medicine. Cambridge ：Cambridge University Press，2000：1－37.

[131] Thomas，Ann. Beauty of Another Order：Photography in Science [M]. New Haven；London；Yale University Press，1997.

[132] Thomas，John Meurig. Michael Faraday and the and Royal Institution (the genius of man and place). New York：A. Hilger，1991.

[133] Thomson，J. J. On the Structure of the Atom：An Investigation of the Stability and Periods of Oscillation of a Number of Corpuscles Arranged at Equal Intervals around the Circumference of a Circle；With Application of the Results to the Theory of Atomic Structure [J]. Philosophical Magazine，1904(39)：237.

[134] Thomson，J. J. The Corpuscular Theory of Matter [M]. New York：Scribner's，1907：157.

[135] Tyndall，John. Faraday as a Discoverer [M]. London：Longmans，Green，and co.

[136] Westfall，Richard S. Philosophy of Science，1987，54：128.

[137] Wheaton，B. R. Constructing Quarks(Book Reviews) [J]. Isis，1986，77：525－527.

[138] William，Berkson. Fields of Force：The Development of a World View from Faraday to Einstein [M]. New York：Wiley，1974.

[139] Williams，L. Pearce. Michael Faraday：A biography [M]. London：Chapman and Hall，1965.

[140] Williams，L. Pearce. Should Philosophers be Allowed to Write History? [J]. The British Journal for the Philosophy of Science，1975，26(3)：241－253.

[141] Yates，F. Giordano Bruno [M]//C. Gillispie. Dictionary of Scientific Biography. Vol. 1. NewYork：Scribner，1981：539－543.

[142] Yates，F. Giordano Bruno and the Hermetic Tradition [M]. London：Routledge & Kegan Paul，2002.

[143] Zhang Longxi. The Complexity of Difference：Individual，Cultural，and Cross-Cultural [J]. Interdisciplinary Science Reviews，2010，35，(3/4) ：341－352.

[144] ZHENG Jin-sheng. Female Medical Workers in Ancient China [M]// Yung Sik Kim and Francesca Bray. Current Perspectives in the History of Science in East Asia. Seoul：Seoul National University Press，1999：460－466.

[145] Zoonen，L. van. 女性主义媒介研究[M]. 曹晋，曹茂，译. 桂林：广西师范大

学出版社,2007.

[146] 阿伽西.法拉第传[M].鲁旭东,康立伟,译.北京:商务印书馆,2002.

[147] 艾芙·居里.居里夫人传[M].左名彻,译.北京:商务印书馆,1984.

[148] 巴恩斯.科学知识与社会学理论[M].鲁旭东,译.北京:东方出版社,2001.

[149] 巴特尔德.历史的辉格解释[M].张岳明,刘北成,译.北京:商务印书馆,2012.

[150] 布鲁尔.知识和社会意象[M].艾彦,译.北京:东方出版社,2002.

[151] 布鲁克.科学与宗教[M].苏贤贵,译.上海:复旦大学出版社,2001.

[152] 蔡仲.后现代思潮中的"科学大论战"[J].南京大学学报,2003(2):28 - 34.

[153] 蔡仲.析建构主义科学观——科学、修辞与权力[J].贵州师范大学学报(社会科学版),2006(2):1 - 5.

[154] 曹天予.社会建构论意味着什么?——一个批判性的评论[J].白彤东,译.自然辩证法通讯,1994(4):1 - 9

[155] 陈涵平.文化相对主义在比较文学中的悖论性处境[J].外国文学研究,2003(4):135 - 140.

[156] 川原秀城.日本学者如何研究中国科学史(上)[J].自然科学史研究,1993(3):227 - 219.

[157] 崔妮蒂.博物学编史纲领三人谈[M]//江晓原,刘兵,主编.好的归博物,上海:华东师范大学出版社,2011:3 - 21.

[158] 杜维运.史学方法论[M].北京:北京大学出版社,2006.

[159] 傅斯年.史料论略及其他[M].沈阳:辽宁教育出版社,1997.

[160] 高之栋.自然科学史讲话[M].西安:陕西科学技术出版社,1986.

[161] 戈德史密斯.执著的天才玛丽·居里的魅力世界[M].郭红梅,曹军,译.长沙:湖南科学技术出版社,2006.

[162] 吉尔兹.文化的解释[M].韩莉,译.南京:译林出版社,1999.

[163] 关士续.科学技术史简编[M].哈尔滨:黑龙江科学技术出版社,1984.

[164] 关士续.科学技术史教程[M].北京:高等教育出版社,1989.

[165] 郭金彬,王渝生.自然科学史导论[M].福州:福建教育出版社,1988.

[166] 郭书春.五十年来自然科学史研究所的数学史研究[J].中国科技史杂志,2007(4):356 - 365.

[167] 郭奕玲,沈慧君.物理学史[M].北京:清华大学出版社,2005.

[168] 国际技术教育协会.美国国家技术教育标准[M].黄军英,等译.北京:科学出版社,2003.

[169] 哈丁.科学的文化多元性——后殖民主义、女性主义和认识论[M].夏侯炳,谭兆民,译.南昌:江西教育出版社,2002.

[170] 哈里斯.文化人类学[M].李培荣,译.北京:东方出版社,1988.

[171] 哈里斯.主位与客位辨异的评说与意义[M].马光亭,译.民间文化论坛,

2006(4):80-90.

[172] 何传启. 第六次科技革命的战略机遇[M]. 北京:科学出版社,2011.

[173] 胡化凯. 关于中国未产生近代科学的原因的几种观点[M]. 大自然探索, 1998(3).

[174] 荒林. 中国女性主义 8[M]. 桂林:广西师范大学出版社,2007.

[175] 黄世瑞. 略论中国科技史研究中史料考据的几个问题[J]. 自然辩证法通讯,2002(6):57-59.

[176] 黄一农. e-考据时代的新曹学研究:以曹振彦生平为例[J]. 中国社会科学,2011(2):189-227.

[177] 吉尔兹. 地方性知识——阐释人类学论文集[M]. 王海龙,张家瑄,译. 北京:中央编译出版社,2000.

[178] 吉尔兹. 地方性知识:阐释人类学论文集[M]. 王海龙,张家瑄,译. 北京:中央编译出版社,2004.

[179] 纪荷. 居里夫人寂寞而骄傲的一生[M]. 尹萍,译. 北京:九州出版社,2004.

[180] 江泓. 世界著名科学家与科技革命[M]. 天津:南开大学出版社,1992.

[181] 江晓原. 为什么需要科学史——《简明科学技术史》导论[J]. 上海交通大学学报(社科版),2000(4).

[182] 江晓原. 艺术:在本质上能和科学相通吗?[N]. 科学时报,2007-9-14.

[183] 江晓原. 描述当头,观点也就在其中了[EB/OL]. http://www.shc2000.com/article4/miaoshu.htm.

[184] 蒋大椿. 傅斯年史学即史料学析论[J]. 史学理论研究,1996(6):44-50.

[185] 解恩泽. 在科学的征途上——中外科技史例选[M]. 北京:科学出版社,1979.

[186] 解恩泽. 科学蒙难集[M]. 长沙:湖南科学技术出版社,1986.

[187] 居里小姐. 战地行[M]. 朱葆光,译. 重庆:中外出版社,1944.

[188] 卡尔. 历史是什么?[M]. 陈恒,译. 北京:商务印书馆,2007.

[189] 柯尔. 物理与头脑相遇的地方[M]. 丘宏义,译. 长春:长春出版社,2002.

[190] 科尔. 科学的制造——在自然界与社会之间[M]. 林建成,王毅,译. 上海:上海人民出版社,2001.

[191] 克拉夫. 科学史学导论[M]. 任定成,译. 北京:北京大学出版社,2005.

[192] 库恩. 科学史和科学哲学之间的关系[J]. 李宝恒,译. 自然辩证法通讯.1980(05).

[193] 库恩. 科学革命的结构[M]. 金吾伦,胡新和,译. 北京:北京大学出版社,2003.

[194] 库恩. 必要的张力[M]. 纪树立,等译. 福州:福建人民出版社,1981.

[195] 拉卡托斯. 科学研究纲领方法论[M]. 兰征,译. 上海:上海译文出版社,1999.

[196] 莱德曼,等编. 星光璀璨[M]. 涂泓,等译. 上海:上海科技教育出版社,

2009.

[197] 劳埃德. 古代世界的现代思考:透视希腊、中国的科学与文化[M]. 钮卫星,译. 上海:上海科技教育出版社,2008.

[198] 劳斯. 知识与权力——走向科学的政治哲学[M]. 盛晓明,等译. 北京:北京大学出版社,2004.

[199] 勒高夫. 新史学[M]. 上海:上海译文出版社,1989.

[200] 李迪,查永平,编. 中国历代科技人物生卒年表[M]. 北京:科学出版社,2002.

[201] 李娜,刘兵. 对居里夫人传记在中国传播的初步考察[J]. 科普研究,2007(3):51-58.

[202] 李娜. 居里夫人绯闻考[M]//江晓原,刘兵,主编. 我们的科学文化·科学的异域. 华东师范大学出版社,2008:221-232.

[203] 李文芳. 世界摄影史[M]. 哈尔滨:黑龙江人民出版社,2004.

[204] 李小江,等. 历史、史学与性别[M]. 南京:江苏人民出版社,2002.

[205] 李俨,钱宝琮. 李俨钱宝琮科学史全集(卷八)[M]. 沈阳:辽宁教育出版社,1998.

[206] 李俨,钱宝琮. 李俨钱宝琮科学史全集(卷九)[M]. 沈阳:辽宁教育出版社,1998.

[207] 李俨,钱宝琮. 李俨钱宝琮科学史全集(卷十)[M]. 沈阳:辽宁教育出版社,1998.

[208] 李银河. 妇女:最漫长的革命[M]. 北京:三联书店,1997.

[209] 梁启超. 清代学术概论[M]. 北京:东方出版社,2012.

[210] 廖育群,主编. 中国古代科学技术史纲·医学卷[M]. 沈阳:辽宁教育出版社,1996.

[211] 林德宏. 科学思想史[M]. 南京:江苏科学技术出版社,1985.

[212] 林毓生. 中国传统的创造性转化(增订本)[M]. 北京:三联书店,2011.

[213] 刘兵,江洋. 科学史与教育[M]. 上海:上海交通大学出版社,2008.

[214] 刘兵. 克丽奥眼中的科学[M]. 济南:山东教育出版社,1996.

[215] 刘兵. 历史的辉格解释与科学史[M]. 自然辩证法通讯,1991(1):44-52.

[216] 刘兵. 面对可能的世界:科学的多元文化[M]. 北京:科学出版社,2007.

[217] 刘兵. 克丽奥眼中的科学:科学编史学初论(增订版)[M]. 上海:上海科技教育出版社,2009.

[218] 刘兵. 科学史也可以这样写——评《历史上人类的科学》[M]//江晓原,刘兵,主编. 好的归博物. 上海:华东师范大学出版社,2011:28-34.

[219] 刘兵. STS与基础科学教育[J]. 内蒙古大学学报(人文社会科学版),2002(6):7-13.

[220] 刘兵. 若干西方学者关于李约瑟工作的评述——兼论中国科学技术研究的编史学问题[J]. 自然科学史研究,2003(1):69-82.

[221] 刘兵. 人类学对技术的研究与技术概念的拓展[J]. 河北学刊,2004(3):

20－23.

[222] 刘兵等.新编科学技术史教程[M].北京:清华大学出版社,2011.

[223] 刘华杰.科学元勘中 SSK 学派的历史与方法论述评[J].哲学研究,
2000(1).

[224] 刘华杰.相对主义优于绝对主义[J].南京社会科学哲学研究,2004(12):
1－4.

[225] 刘华杰.大自然的数学化 & 科学危机与博物学[J].北京大学学报(哲学
社会科学版),2010a(3):64－73.

[226] 刘华杰.理解世界的博物学进路[J].安徽大学学报(哲学社会科学版),
2010b(6):17－23.

[227] 刘华杰.博物学、科学传播与民间组织[J].科普研究,2011(3):32－38.

[228] 刘建统.科学技术史[M].长沙:国防科技大学出版社,1986.

[229] 刘君灿.科技史与文化[M].台北:华世出版社,1983.

[230] 刘珺珺.科学社会学的"人类学转向"和科学技术人类学[J].自然辩证法
通讯,1998(1):24－30.

[231] 刘亚猛.追求象征的力量:关于西方修辞思想的思考[M].北京:生活·读
书·新知三联书店,2004.

[232] 路甬祥.科学之旅[M].沈阳:辽宁教育出版社,2001.

[233] 罗钢,刘象愚,主编.后殖民主义文化理论[M].北京:中国社会科学出版
社,1999.

[234] 马尔库斯,费彻尔.作为文化批评的人类学[M].北京:生活·读书·新知
三联书店,1998.

[235] 毛斯.社会学与人类学[M].佘碧平,译.上海:上海译本出版社,2003.

[236] 美国科学促进协会.面向全体美国人的科学[M].中国科学技术协会,译.
北京:科学普及出版社,2001.

[237] 孟强.科学的权力知识考察[J].自然辩证法研究,2004(4):53－56.

[238] 孟强.从表象到介入——科学实践的哲学研究[D].浙江大学,2006.

[239] 内格尔.科学的结构[M].徐向东,译.上海:上海译文出版社,2005.

[240] 皮尔托,皮尔托.人类学中的主位和客位研究法[M]//胡燕子,译.民族译
丛,1991(4):20－28.

[241] 皮克斯通.认识方式:一种新的科学、技术和医学史[M].上海:上海科技
教育出版社,2008.

[242] 漆永祥.乾嘉考据学研究[M].北京:中国社会科学出版社,1998.

[243] 钱宝琮.钱宝琮自我检查.未刊稿,1952.

[244] 钱永红.钱宝琮年谱节选(1964—1974).未刊稿.

[245] 秦海鹰.克里斯特瓦的互文性概念的基本含义及具体应用[J].法国研究,
2006:4.

[246] 秦红增.人类学视野中的技术观[J].广西民族学院学报(自然科学版),
2004(5):67－78.

［247］邱仁宗. 论科学史中内在主义与外在主义之间的张力［J］. 自然辩证法通讯，1987(1).

［248］萨顿. 科学的生命［M］. 刘珺珺，译. 北京：商务印书馆，1987.

［249］萨顿. 科学史和新人文主义［M］. 陈恒六，刘兵，仲维光，译. 北京：华夏出版社，1989.

［250］沈振辉. 评四库全书总目正史类提要对于历史考据学的贡献［C］//中国历史文献研究会第 26 届年会论文集，2005：1 - 7.

［251］盛晓明. 地方性知识的构造［J］. 哲学研究，2000(12)：36 - 44.

［252］石奕龙. 克利福德. 吉尔兹和他的解释人类学［J］. 世界民族，1996(3)：32 - 42.

［253］特拉维克. 物理与人理——对高能物理学家社区的人类学考察［M］. 刘珺珺，张大川，等译. 上海：上海科技教育出版社，2003.

［254］童. 女性主义思潮导论［M］. 艾晓明，等译. 武汉：华中师范大学出版社，2002.

［255］王铭铭. 走在乡土上——历史人类学札记［M］. 北京：中国人民大学出版社，2004.

［256］王铭铭. 从“当地知识”到“世界思想”［J］. 西北民族研究，2008(4)：60 - 82.

［257］王铭铭. 格尔兹的解释人类学［J］. 教学与研究，1999(4)：31 - 37.

［258］王铭铭. 人类学是什么［M］. 北京：北京大学出版社，2002.

［259］王铭铭. 格尔兹与解释人类学［M］//王铭铭. 西方与非西方. 北京：华夏出版社，2003.

［260］王士舫，董自励. 科学技术发展简史［M］. 北京：北京大学出版社，1997.

［261］王兴文. 也谈中国科技史的史料考据问题［J］. 自然辩证法通讯，2003(6)：84 - 87.

［262］王彦雨. 科学世界的话语建构——马尔凯话语分析研究纲领探析［D］. 山东大学，2009.

［263］王玉苍. 科学技术史［M］. 北京：中国人民大学出版社，1993.

［264］王岳川. 后殖民主义与新历史主义文论［M］. 济南：山东教育出版社，1999.

［265］魏屹东，邢润川. 国际科学史刊物 ISIS(1913—1992 年)内容计量分析［J］. 自然科学史研究，1995(2).

［266］魏屹东. 科学史研究为什么从内史转向外史［J］. 自然辩证法研究，1995(11).

［267］魏屹东. 科学史研究的语境分析方法［J］. 科学技术与辩证法，2002(5).

［268］温科学. 20 世纪西方修辞学理论研究［M］. 北京：中国社会科学出版社，2006.

［269］沃尔什. 历史哲学——导论［M］. 何兆武，张文杰，译. 北京：商务印书馆，1991.

［270］吴国盛. 科学思想史指南［M］. 成都：四川教育出版社，1994.

[271] 吴彤. 两种"地方性知识"——兼评吉尔兹和劳斯的观点[J]. 自然辩证法研究,2007(11):87-94.

[272] 吴小英. 科学、文化与性别——女性主义的诠释[M]. 北京:中国社会科学出版社,2000.

[273] 吴泽义. 文艺复兴时代的巨人[M]. 北京:人民出版社,1987.

[274] 夏建中. 文化人类学理论学派:文化研究的历史[M]. 北京:中国人民大学出版社,1997.

[275] 夏平. 科学革命:批判性的综合[M]. 徐国强,等译. 上海:上海科技教育出版社,2004.

[276] 肖运鸿. 科学史的解释方法[J]. 科学技术与辩证法,2004(3).

[277] 亚里士多德. 修辞学[M]. 罗念生,译. 北京:三联书店,1991.

[278] 严济慈. 居里和居里夫人[M]. 北京:科学技术文献出版社,1989.

[279] 叶舒宪. "地方性知识"[J]. 读书,2001(5):121-125.

[280] 岳天明. 浅谈民族学中的主位研究和客位研究[J]. 中央民族大学学报(哲学社会科学版),2005(2):41-46.

[281] 詹金斯. 论"历史是什么"——从卡尔和艾尔顿到罗蒂和怀特[M]. 江政宽,译. 北京:商务印书馆,2007.

[282] 张光直. 商文明[M]. 张良仁,等译. 北京:三联书店,2013.

[283] 张沛. 隐喻的生命[M]. 北京:北京大学出版社,2004.

[284] 张岂之. 中国近代史学学术史[M]. 北京:中国社会科学出版社,1996.

[285] 张文彦. 科学技术史概要[M]. 北京:科学技术文献出版社,1989.

[286] 张旭东. "全球化"时代的中国文化反思——我们现在怎样做中国人?——张旭东教授访谈录[N],中华读书报. 2002-7-17. http://www.china.org.cn/chinese/ch-yuwai/174765.htm.

[287] 赵乐静,郭贵春. 科学争论与科学史研究[J]. 科学技术与辩证法,2002(4):43-48.

[288] 赵万里. 科学的社会建构——科学知识社会学的理论与实践[M]. 天津:天津人民出版社,2002.

[289] 郑金生. 明代女医谈允贤及其医案《女医杂言》[J]. 中华医史杂志,1999(3):153-156.

[290] 朱健榕. 哥白尼学说在当时影响了谁[J]. 科学对社会的影响,2002(2):22-24.

跋

科学编史学,是我许多年来一直重点研究的领域之一,关于"何为科学编史学","其学术价值何在"等问题。在本书的序言中,以及在本书的内容里均有论述,这里不再多谈。

1996年,我在山东教育出版社出版的《克丽奥眼中的科学:科学编史学初论》一书的导言中,曾说过:"本书自然远未穷尽(也不可能穷尽)科学编史学的全部内容,只是对于笔者认为重要而且在现有研究条件下可先进行研究的若干问题,在西方对这些问题的有关研究成果基础上进行了一些讨论。因此,本书只是一种阶段性的研究总结,故被命名为《初论》。或者,用早已为人们所用俗了的说法,也可算做我国科学编史学研究的'引玉'之'砖'吧。当然,若有可能,笔者当继续为《续论》的问世而努力。"

2009年,我在上海科技教育出版社出版的《克丽奥眼中的科学:科学编史学初论》(增订版)的后记中,又说道:"在此后的十多年中,我虽然一直在继续关注和研究科学编史学,但也越来越感到,仅凭一人之力,要相对较全面、较深入地再写一本《续论》的巨大困难,再加上后来其他的种种杂务也越来越多,所以,我采取了另一种办法,即在我指导博士和硕士研究生时,让他们也参与到科学编史学的研究中,选取了一些我希望研究但自己又无足够精力研究的编史学问题作为他们的学位论文方向。令人欣慰的是,他们中许多人已经在这方面做了很好的工作。""我希望在不久的将来,能在我指导的那些学生的工作基础上,以他们的学位论文为主要内容,再编一本更有前沿性的《后现代科学编史学》作为此书的姊妹篇。"

这部计划中的后续的科学编史学之作,由于种种原因,到现在仍未能够完成。不过,在这些年中,我自己也还是写了一些涉及科学编史学的论文,而在我指导的包括专门做科学编史学研究方向的和其他研究方向的研究生(硕士及博士生)中,也陆续发表了不少科学编史学方面的论文。这些论文的内容,也基本上都是《克丽奥眼中的科学》一书(包括修订版)中所没有涉及或没有充分展开讨论的。因此,现在这本《科学编史学研究》,就是在这些论文中,精选出一些有代表性的或是有较重要意义的文章,汇集在一起,权可作为那本一直在计划中的《科学编史学续论》问世之前的中间阶段的成果吧。其实,这种汇集也有其自身的好处,即作为论文,其讨论的方式,通常要比专著更加专门化、更加精炼、更有前沿性。在此汇编过程中,除个别字句为了适应全书的体例格式的统一而做了些许调整之外,基本上保持了原来论文发表的形式。但为了读者的阅读方便以及节省篇幅,将参考文献统一做了整理和标注,并将文献一并列在书后。

可以说,这是我以及我所指导的研究生的一本集体研究之作,在这里,我要感谢这些与我合作的学生们,没有他们的努力,这些成果的问世是不可能的。同时,在这里我还要感谢刘华杰教授对作者们的一贯支持以及为本书所作之序。感谢上海交通大学出版社韩建民社长对学术的鉴赏力和对本书出版的大力支持,感谢唐宗先的编辑工作。

最后,依然要感谢那些阅读此书的读者们,因为你们的阅读是使得这些研究变得有意义的重要方式之一。

刘 兵

2015 年春节于北京清华园荷清苑